连续材料与结构中损伤和裂纹的计算理论模型及方法

Calculation Theories Models and Methods on Damage and Crack in Continuous Materials and Structures

虞岩贵 著

国防工业出版社
·北京·

内 容 简 介

本书基于作者提出的在力学和工程领域存在类似于生命科学领域的基因理念，采用数学方法，用常用参数和材料常数将工程连续材料和结构在外力加载下引发的损伤体和裂纹体放在一起论述，就其强度、演化速率、寿命预测，提出了4种计算模型（σ-型、β-型、γ-型和K-型）和计算方法。

本书就疲劳、损伤、裂纹问题分别提出了诸多静强度和疲劳强度计算式和计算准则，损伤值和裂纹尺寸的计算模型，损伤门槛值和裂纹门槛值尺寸的计算模型，损伤各临界值和裂纹各临界尺寸的计算模型，以及一系列在低周、高周、超高周、多轴疲劳加载下速率和寿命预测的计算模型。

本书适用于力学、材料、建筑、机械、航天航空、军事工程、交通运输等领域的研究人员与高校相关专业的教师、研究生与本科生阅读，也可供上述行业机械工程专业的工程技术人员参阅。

图书在版编目（CIP）数据

连续材料与结构中损伤和裂纹的计算理论模型及方法 /
虞岩贵著 . -- 北京：国防工业出版社，2025.6.
ISBN 978-7-118-13720-0

Ⅰ. TB30

中国国家版本馆 CIP 数据核字第 2025E01U52 号

※

国防工业出版社出版发行
（北京市海淀区紫竹院南路23号　邮政编码100048）
北京凌奇印刷有限责任公司印刷
新华书店经销

*

开本 787×1092　1/16　印张 15½　字数 352 千字
2025 年 6 月第 1 版第 1 次印刷　印数 1—1200 册　定价 108.00 元

（本书如有印装错误，我社负责调换）

国防书店：(010) 88540777　　书店传真：(010) 88540776
发行业务：(010) 88540717　　发行传真：(010) 88540762

前　言

传统材料力学和结构力学是可计算的学科，它们至今为各个行业的工程机械和结构设计奠定了可计算的基础，这些学科通常都能应用于单调和复杂载荷下的强度计算，但是还不能用于结构或材料受到外力作用出现损伤或裂纹时的强度和寿命的预测计算。这是因为在它们的计算模型中未考虑在各种形式载荷条件下所产生的损伤和裂纹，因而在计算模型中，没有包含损伤变量或裂纹尺寸的变量、参数和相应的常数。

众所周知，如今各个行业工程领域中的机械和结构，大多是基于传统的工程材料科学、材料力学和结构力学从事实验、计算、设计和制造的。虽然许多结构体在强度设计和计算时已满足了安全要求，但灾难性事故仍时有发生。例如：有的强度原设计足够的飞机却发生了机毁人亡；有的强度原设计足够的压力容器却发生了爆炸；有的强度原设计足够的桥梁却发生了断裂；等等。殊不知，这是结构体材料在外力作用下因应力集中而引发损伤或出现裂纹造成的后果。大大小小的应力集中，几乎在铸造、焊接、机械加工中很容易产生。有应力集中的结构和材料，在反复载荷下，损伤或裂纹必然会扩展以至断裂。这是材料力学和结构力学无法计算的新难题。损伤力学和断裂力学就是在这种背景下能解决此难题而产生的新学科。

现代疲劳学科，可应用于材料的寿命预测计算，但其实际上主要是依赖于实验。正因如此，它所经历的实验周期十分漫长，投入的设备、人力和资金巨大，至今已建立可计算的数学模型，还远不能满足大量工程设计和计算的需求。

现代损伤力学，时下是从理论到理论，基本上还停留在理论层面。某些学者认为它只适用于在材料出现裂纹之前的损伤分析和计算；与材料力学和断裂力学相比，其更没有明确而具体的计算量纲和计算单位；从某种意义上说，实际上它还更远离于工程的实际应用。

现代断裂力学学科具有应力参数和裂纹尺寸的明确量纲和单位，目前较多地应用于材料在出现裂纹之后剩余强度和剩余寿命的计算和设计。但其也还是主要依赖于实验，其在工程的实际应用（如在宏观裂纹出现之前，对小裂纹扩展行为的计算）也还有很长的路要走。

因此总的来说，对疲劳、损伤、断裂三门学科，许多学者付出了大量的辛勤劳动，也作出了巨大的贡献。如今，三门学科主要都还依赖于大量的实验，在特定的加载条件下，用实验所取得某些数据，建立数学模型而进行某种条件下的应用计算。而对于带有损伤、含有裂纹的各种各样的材料与结构，在各种形式的载荷加载下，要想从微损伤或微裂纹到长裂纹解决全过程强度计算、损伤或裂纹扩展速率计算、寿命预测计算，还要从物理意义和几何意义的理论上，从数学模型到几何图形的描述和计算方法上考虑。因此，用于疲劳、损伤、断裂三门学科的实验的周期、时间和能源的消耗，以及投入的人力、设备和资金都将是巨大的。

笔者曾经思考：力学与结构设计学科具有什么关联和差异？传统的材料力学和现代的疲劳力学、损伤力学、裂纹力学（或断裂力学）具有什么关联和差异？材料科学和材料力学中各个数学模型中的参数、常数之间具有什么关联和差异？

作者基于上述问题的思考和研究，基于长期从事工程技术、机械设计和科学研究相融合中的灵感积累与研究，发现在传统力学、现代力学、材料科学诸学科和诸工程领域中，存在类似于生命科学中的基因原理。作者以往曾在国内外诸多场合提出了"基因原理"的理念，在国内外已出版的中文、英文、俄文7部学术著作中，使损伤力学与裂纹力学建立联系和沟通，借助材料科学中常用的计算参数和材料常数，用数学方法在各个阶段以至全过程为裂纹扩展行为建立并提出了诸多计算模型。其中，有损伤或裂纹扩展驱动力模型、强度准则、损伤或裂纹扩展速率，以及损伤体或裂纹体寿命预测计算，都分别提供了较全面、较系统的可计算数学表达式和计算方法；试图不但能在材料出现裂纹之后具有可计算的功能，也能在宏观裂纹出现之前具有可计算的功能；试图为一些金属材料，在不同的加载条件下，从微观损伤或微裂纹到宏观损伤或长裂纹以至全过程，也具有可计算的功能。

本书是就连续材料和结构的损伤体和裂纹体的强度、速率、寿命计算式有意地放在一起做对照论述和计算，在此情况下，提出了四种类型的数学模型和计算方法。有趣而有实际意义的是：

（1）当今国内外在对疲劳、损伤、断裂三门学科的研究中，材料行为的参数，材料性能常数，描述材料行为的强度、速率、寿命的计算式，都主要依赖于实验取得。本书基于静力常数 π、E、K、n、σ_f、b，提出了可计算的静强度计算式和强度准则；基于常用常数 π、E、b，以及低周疲劳下性能常数 K'、n'、σ_f'，提出了疲劳加载下的损伤值和裂纹尺寸计算模型（计算式），门

前言

槛值、各临界损伤值和临界尺寸计算模型,疲劳加载下的强度和强度准则计算模型,疲劳加载下的低周、高周、超高周速率和寿命预测计算等一系列计算模型;针对疲劳、损伤、裂纹三门学科的研究,基本上实现了上述诸多问题的可计算性。

(2) 各类损伤计算结果与裂纹计算结果等效一致。

(3) 第一类和第二类计算式其因子计算值与加载的应力数据等效一致。

(4) 在新提出的 4 种类型（σ-型、β-型、γ-型和 K-型）的计算模型和计算方法中,尽管它们计算式的结构和参数差异较大,但其都能用单一计算式计算低周高应力、高周低应力,甚至是超高周低应力,不同类型计算式的计算结果的数据能达到相似和相近的结果。

(5) 4 种类型计算式的计算速率的数据都能分别与寿命计算式计算数据的倒数达到完全一致的结果。

本书是一本理论学术著作,内容涉及线弹性和弹塑性金属材料;书中提到的载荷形式涉及单调和疲劳载荷;疲劳载荷涉及低周、高周、超高周以及多轴疲劳下的多形式载荷。书中所论述的与不同加载方式相对应的各个临界点,各段直线和全过程曲线,以及由它们构成的各个几何图形,都分别给出了相对应的计算参数,或相对应的材料常数,或相对应的损伤或裂纹计算的表达式;对重要的参数分别给出了物理和几何意义上的理论解释。在各章末尾,结合实际工程应用,分别给出了材料或机械构件的具体计算实例,并给出了具体的计算方法和计算步骤,数据表格以及与计算式相对应的形象曲线。在全书最后,还给出了归纳性的表格和材料行为综合图,从而使读者阅读全书后能对连续材料行为的描述和计算从总体上形成全面而具体的概念,为工程结构的损伤体或裂纹体的强度和寿命预测计算提供了计算路线,从理论上提供全面而系统的计算式与相应的计算方法。

本书是一本力求集数学、物理、材料力学、工程材料、机械结构与现代疲劳、损伤力学与裂纹力学于一体的学术理论著作。它为缩短疲劳、损伤与断裂学科漫长的实验周期,降低能量消耗,助力全球关注的碳排放与碳中和工程,为工程机械结构的设计计算、安全评定及运行中的失效分析奠定了良好的基础,从而必将节省大量实验设备、人力与资金投入。本书围绕设计计算大量的数学模型,为与数字化及人工智能（AI）技术结合创造了良好的条件,对加速与实验检验、验证和修正,推动在航空、国防、交通运输、石油化工、建筑与农业等机械工程领域的应用,促进学科自身的发展,都具有实际意义。

本书的绪论部分论述了力学和工程领域中的基因原理,回答了作者为什么能从理论上建立并提出如此多数学模型的问题。第 1 章介绍了损伤体与裂纹体材料和结构的强度计算问题。第 2 章介绍了损伤与裂纹扩展全过程速率的计算问题。第 3 章介绍了损伤体与裂纹体的寿命预测计算问题。第 4 章介绍了机械结构件损伤体与裂纹体的强度、速率和寿命预测计算问题。第 5 章对前几章材料的损伤和裂纹行为的演化过程，同数学模型与相对应曲线的关系，用材料行为综合图形象地加以全面描绘；还用表格形式做出划分和归类，以简要的概念给予解释；对全书做出梳理和归纳，试图为读者阅读全书后能获得较全面、较系统和较清晰的知识和整体概念。

笔者还应说明：虽然此书针对材料和结构的微观、细观和宏观损伤体或裂缝体的强度、演化速率和寿命预测等主题，致力于围绕工业工程领域机械设备的设计计算和安全以及失效分析，提供了书中大量可计算的数学模型和计算表达式。但是，从研究、探索至数学模型的建立，要做大量的具体计算和验算，工作量极大；而且许多计算模型的建立主要依赖相关文献与材料手册中的实验数据，依赖用数学分析方法取得的理论成果。虽然实例计算中提供计算的步骤、方法较为具体和实用，但在诸多计算中，因缺乏足够的实验数据，许多场合还只能采用假设的方式取值和求解（如有些要等待实验取得的修正系数 α、β、φ 等），其目的是为读者先提供容易接受的认识思路和容易理解的思维方法。因此，在工程应用计算之前，必须依赖大量的实验数据做检验、比较、验证和修正。因作者能力有限，书中难免有疏漏，作者真诚地希望相关行业的读者在用于实验检验中或阅读之后能提供宝贵意见，以便作者能及时得到进一步的修正，共同为发展和繁荣祖国的科学事业贡献力量。为此，向读者表示衷心的感谢！

虞岩贵

2024 年 6 月

目　　录

绪论 ··· 1
第1章　连续材料和结构中损伤体与裂纹体的强度计算 ······························ 5
  1.1　静（单调）载荷作用下损伤体与裂纹体的强度计算 ···················· 7
    1.1.1　损伤体损伤门槛值 D_{th}（裂纹体门槛尺寸 a_{th}）的计算 ········ 8
    1.1.2　单调载荷下损伤体损伤值（裂纹体裂纹尺寸）与相关
         常数的计算 ··· 9
    1.1.3　单调载荷下损伤体与裂纹体的强度准则 ······························· 15
    计算实例 ··· 17
    1.1.4　复杂应力下损伤体与裂纹体的强度计算 ······························· 25
    计算实例 ··· 32
  1.2　疲劳载荷下损伤体与裂纹体的强度计算 ······································· 37
    1.2.1　单轴疲劳载荷下损伤体与裂纹体损伤值（裂纹体
         裂纹尺寸）与相关常数的计算 ··· 39
    计算实例 ··· 46
    1.2.2　单轴疲劳载荷下损伤体与裂纹体的强度准则 ······················· 47
    1.2.3　多轴疲劳载荷下损伤体与裂纹体的强度计算 ······················· 54
    计算实例 ··· 63
  参考文献 ··· 66
第2章　连续材料和结构中损伤与裂纹的速率计算 ···································· 69
  2.1　单轴疲劳载荷下损伤与裂纹扩展全过程速率计算 ························ 70
    2.1.1　方法1：σ-型 ·· 70
    2.1.2　方法2：β-型 ·· 73
    计算实例 ··· 75
    2.1.3　方法3：γ-型 ·· 83
    计算实例 ··· 85
    2.1.4　方法4：K-型 ·· 91
    计算实例1 ··· 94

VII

　　　　计算实例 2 ·· 98
　2.2　多轴疲劳载荷下损伤与裂纹扩展全过程速率计算 ············· 103
　　　2.2.1　方法 1：σ-型 ··· 103
　　　2.2.2　方法 2：β-型 ··· 107
　　　2.2.3　方法 3：γ-型 ··· 111
　　　2.2.4　方法 4：K-型 ··· 117
　　　计算实例 ·· 121
　参考文献 ··· 123

第 3 章　连续材料损伤体与裂纹体寿命预测计算 ···················· 126
　3.1　单轴疲劳载荷下损伤体与裂纹体全过程寿命预测计算 ············ 127
　　　3.1.1　方法 1：σ-型 ··· 127
　　　3.1.2　方法 2：β-型 ··· 131
　　　计算实例 ·· 136
　　　3.1.3　方法 3：γ-型 ··· 144
　　　计算实例 ·· 146
　　　3.1.4　方法 4：K-型 ··· 149
　　　计算实例 1 ·· 151
　　　计算实例 2 ·· 152
　3.2　多轴疲劳载荷下损伤体与裂纹体全过程寿命预测计算 ············ 158
　　　3.2.1　方法 1：σ-型 ··· 159
　　　3.2.2　方法 2：β-型 ··· 163
　　　3.2.3　方法 3：γ-型 ··· 168
　　　3.2.4　方法 4：K-型 ··· 173
　　　计算实例 ·· 177
　参考文献 ··· 180

第 4 章　机械结构件损伤体与裂纹体的强度、速率和寿命预测计算 ········ 183
　4.1　活塞杆损伤体与裂纹体的强度、速率和寿命预测计算 ············ 184
　　　4.1.1　活塞杆损伤体与裂纹体的强度计算 ··································· 185
　　　4.1.2　活塞杆损伤体与裂纹体的速率和寿命预测计算 ··············· 187
　4.2　曲轴损伤体与裂纹体的强度、速率和寿命预测计算 ··············· 193
　　　4.2.1　曲轴裂纹体的强度计算 ·· 193
　　　计算实例 ·· 194
　　　4.2.2　曲轴裂纹体的裂纹速率和寿命预测计算 ··························· 197
　4.3　飞机机翼大梁螺纹连接损伤体与裂纹体的强度、速率和

寿命预测计算 ………………………………………………………… 201
　　4.3.1 飞机机翼大梁螺纹连接损伤体与裂纹体的强度计算 ……… 201
　　　计算实例 ……………………………………………………………… 204
　　4.3.2 飞机机翼大梁螺纹连接损伤体与裂纹体的速率和
　　　寿命预测计算 ………………………………………………………… 206
　　　计算实例 ……………………………………………………………… 208
　参考文献 ……………………………………………………………………… 211
第5章 材料行为综合图与主要数学模型简要理论解释 ……………………… 213
　5.1　材料行为综合图 ……………………………………………………… 213
　　5.1.1 坐标系的组成及其各区间与学科之间的对应关系 ……………… 215
　　5.1.2 横坐标轴上的强度参数与变量、常量的关系 …………………… 216
　　5.1.3 纵坐标轴上各区间材料行为演化曲线与各阶段速率、
　　　寿命的对应关系 ……………………………………………………… 217
　　5.1.4 综合图中相关曲线的几何意义和对应的物理意义 ……………… 218
　5.2　主要数学模型简要理论解释 ………………………………………… 220
　　5.2.1 σ-型数学模型损伤体和裂纹体的强度计算 …………………… 220
　　5.2.2 σ-型数学模型损伤体和裂纹体的速率和寿命预测计算 ……… 223
　参考文献 ……………………………………………………………………… 229
术语和符号 ……………………………………………………………………… 232

绪 论

1. 自然科学和社会科学中在基因问题上的普遍规律——浅谈认识论与方法论上的一点认识

生命科学中的基因原理和技术，通常是指基因单元体与基因结构体之间的特性、原理和技术。而单元体与结构体的关系，从广义上说，各个领域都普遍存在，举例如下：

（1）有生命科学中的单元体与结构体之间的关系，例如，细胞是一个结构体，它是由各种蛋白质、碳水化合物以及各元素的单元体组成的。

（2）有物理学中单元体与结构体之间的关系，例如，分子是一个结构体，它是由各个原子、原子核与电子的单元体组成的。

（3）有工程学中的单元体与结构体之间的关系，例如，汽车、飞机、计算机各类大大小小机器是一个结构体，它是由各个部件、零件、元件的单元体组成的。

（4）有数学和力学中的单元体与结构体之间的关系，例如，各种方程式、计算式，其简单和复杂的表达式都是一个结构体，它是由各个数学符号、计算参数和材料常数的单元体组成的。

（5）有文字与语言中的单元体与结构体之间的关系，例如，文章中各种简单和复杂的词语、句子是一个结构体，它是由各个文字、字母和符号的单元体组成的。

（6）有社会组织与社会团体的单元体与结构体之间的关系，例如，学校、企业、家庭是一个结构体，它是由个人和成员的单元体组成的。

如此等等，还有很多。所有的单元体都类似于生命科学中的基因，所有的结构体都类似于生命科学中的基因结构体。所有的单元和结构体都有如下共性：

（1）都具有自身的固有特性，都有遗传性。

（2）都有可移植性、可转移性、可复制性。

（3）都可重新组合，能构成新的结构体再发育、再生长或再发展。

这就是自然界科学和社会科学中在基因问题上的共性和普遍规律。

2. 关于工程领域中存在类似于基因原理的认识和理念

众所周知,生命科学中的基因,本质上是生物体中的最小单元体。这些最小单元体在某一结构体中都具有自身的遗传性、可移植性、可重新组合的固有特性。当它发生新的移植后,虽然新组成的结构体具有新的特性,但是,此单元体原有的遗传性、可转移性、可组合性的固有特性是不变的。

对于传统的材料力学来说,虽然它不能计算出现裂纹以后的强度和寿命问题,但是在其原有的计算模型中,在描述材料行为和其强度问题时,它所用的主要参数有应力 σ、应变 ε(无量纲)以及它们的相关材料常数,如屈服应力 σ_s、弹性模量 E、圆周率 π 等。在这里,可将应力 σ 及它们的材料常数 E、σ_s 等单元体所具有的原有特性作为遗传基因。

对材料与疲劳学科而言,由实验模型中所使用的疲劳强度系数 σ'_f(MPa)、疲劳强度指数 b(无量纲)、疲劳延性系数 ε'_f(无量纲)、疲劳延性指数 c(无量纲)、循环强度系数 K'(MPa)、应变硬化指数 n'(无量纲)等材料常数,将这些常数及原有的特性参数作为单元体,也可将它们作为遗传基因。但这两个学科还不具备像现代损伤力学和断裂力学那样,当出现损伤或出现裂纹时,具有对其损伤体(或裂纹体)的强度和寿命计算的计算功能。应该指出,损伤力学虽然较传统的学科有了进步和发展,但其当前讨论和研究的问题,目前还仍处于抽象的理论论述阶段。例如,其损伤值的量纲和单位,至今仍无具体物理概念上的确定值。

笔者研究认为,如果既考虑材料受不同外力作用下产生不同的应力 σ_i、应变的规律;又考虑它在外力作用下,材料发生损伤的必然性;再将上述某些传统的参数 σ 和常数 E、π 等移植到损伤力学中,探索和研究其演变规律,采用一个损伤变量 D_i 给它建立一个新的损伤体演变的数学模型。举例如下:

(1)对于连续材料,在不同应力 σ_i 下,给它一个变量 D_i 来表达其在全过程演化中的变化,从而建立损伤值的计算式:

$$D_i = \left(\sigma_i^{(1-n)/n} \cdot \frac{E\pi^{1/2n}}{K^{1/n}} \right)^{\frac{2mn}{2n-m}} (\text{damage-unit}) \tag{1}$$

上式的优点对于连续介质而言,它能表达随着应力的增加,损伤值也随之增加。式中的参数大多是常用的材料常数,只有一个 D_i 作为损伤力学中的新变量。而且,还可以建立其损伤强度计算准则,即

$$\sigma'_I = \left(\frac{KD_i^{(2nb+1)/2}}{E^n \pi^{1/2}} \right)^{\frac{1}{1-n}} \leqslant \sigma'_{IC} (\text{MPa}) \tag{2}$$

笔者经过研究以及根据书中的大量计算,并与相关手册中的实验数据比对

认为,客观上确实存在这一等效的规律,这是一个新的发现。

在现代断裂力学中,欧文作出了巨大的贡献,他提出了一个含有裂纹的裂纹体材料的强度计算准则:

$$K_I = \sigma \times \phi \sqrt{\pi a} \leq K_{IC} (\text{MPa}\sqrt{\text{m}}) \tag{3}$$

但此准则适用于发生宏观裂纹阶段的强度计算。相对损伤力学中一些计算式而言,它有一个优点,那就是在某一应力 σ_i(单位为 MPa)作用下,产生了多大裂纹长度(尺寸)的物理概念,即"m"(米)。但是,欧文的计算模型对于微观裂纹体的强度计算就不适用了。

笔者考虑,断裂力学与损伤力学有何关联和差异?断裂力学又与上述疲劳学科、材料科学又有何关联和差异?作者提出的上述能计算当量损伤值的新的损伤计算,是否也能以"裂纹力学"的名义建立对裂纹体强度的计算呢?

将材料科学中的这些应力 σ 及其相关常数 σ_s 和 E 等参数当作单元体,作为类似生命科学中的基因,用这些单元体也可组成计算裂纹体的计算强度准则,举例如下:

对于连续材料(或无裂纹构件),在不同外力下引发的微观裂纹扩展到宏观裂纹的全过程的裂纹计算式,其可以用下式计算:

$$a_i = \left(\sigma_i^{(1-n)/n} \cdot \frac{E \pi^{1/2n}}{K'^{1/n}} \right)^{\frac{2mn}{2n-m}} c_1 (\text{mm}) \tag{4}$$

式中如果没有参数 c_1,则计算结果是一个无量纲的数值;加入 c_1 单位转换系数后,其在某一应力 σ_i 下表达了形成的裂纹尺寸,a_i 的单位是 mm。

同理,可以建立裂纹体的强度计算准则:

$$\sigma_I = \left(\frac{K a^{(m-2n)/2m}}{E^n \pi^{1/2}} \right)^{\frac{1}{1-n}} c_1 \leq [\sigma_I] = \sigma_{IC}/n (\text{MPa} \cdot \text{mm}) \tag{5}$$

将 σ_I 定义为 σ_I-型的裂纹应力强度因子,将 σ_{IC} 定义为 σ_I-型裂纹体临界强度因子。式(3)与式(2)、式(5)构成了材料在单调载荷下裂纹体强度计算准则。

但式(2)、式(5)与欧文提出的式(3)不同的是,式(3)是剩余强度的概念;而式(2)、式(5)中的 σ_I'(σ_I)因子不是剩余强度的物理概念。它们能计算在外力产生的内应力而引发微观损伤(或萌生微裂纹)至宏观损伤(或宏观裂纹)的损伤体(或裂纹体)的强度。更有趣和更有意义的是,此损伤因子 σ_I'(MPa·damage-unit)或裂纹因子 σ_I(MPa·mm)值与相对应的应力值 σ(MPa)相当一致。虽然单位不同,但计算结果的数值是等效一致的。由此可见,特别接近屈服极限应力 σ_s(MPa)时的传统应力,实际上材料内部已经出现微观损伤或微裂纹，只不过肉眼观察不到。

显然，将上述参数和材料常数与生命科学中的参数进行比较，由于学科不同，其性能也是不同的，但都遵循类似于生命的规律。对于既具有自身固有特性，又具有可转移、可重新组合特性的参数和常数，它们在认识论上和方法论上是相似的。

基于以上认识和理念，笔者在材料力学-材料-断裂力学之间建立了某种联系，在损伤与裂纹之间建立了某种关系，并对它们的数学模型的结构及其参数之间的相互关系进行了物理和几何意义上的分析，对它们的方程进行了推导，对单位之间的相互关系进行了换算，然后对新建立的损伤力学计算模型（计算式）和裂纹力学的模型（计算式）进行了反复计算、检查和验证，最后提供了大量的方程式。其目的是试图使传统的材料学科、力学学科与现代裂纹力学，损伤体的损伤强度、演化速率、寿命预测计算，以及裂纹体强度、裂纹扩展速率、裂纹体寿命预测计算之间建立联系，使这些学科新建立的可计算的计算模型能像材料力学和结构力学的方程那样，逐步变成可计算的数学模型。实现这个目标，对于工程设计及机械结构安全评定和控制中的计算分析，都将有重要的实际意义。

根据笔者长达45年的研究结果，基于本书有关疲劳、损伤、裂纹的强度、演化速率和寿命预测计算和论述，提出了σ-型、β-型、γ-型、K-型4种数学模型（计算式）和计算方法，具有全面、系统、大量的计算模型和相应的论述。如果进一步在实验检验、验证和修正的情况下，疲劳、损伤、裂纹三门学科变成可计算的学科，将有了可能。如果这些学科能进一步同数字化和人工智能技术结合，一些计算模型就能加速验证、修正，也就有可能加速应用于工程领域，随之而来，也就会将可能性变成可行性。这是笔者的主观愿望，能否如愿，取决于客观力量的强有力的推动与否。

第1章 连续材料和结构中损伤体与裂纹体的强度计算

首先说明，本书所说连续材料与结构是指连续介质的材料和结构；本书将损伤问题和裂纹问题放在一起论述，甚至有意将数学模型（计算式）、图、表和理论论述也放在一起来描绘和阐述[1-15]，目的是便于读者比较，揭示损伤力学与裂纹力学之间新的关系，实现两者之间的沟通。本书与国内外对损伤力学与断裂力学关系的认知具有明显的差异，这也是本书的一大特点。

为描述材料损伤演变（或裂纹扩展）在不同过程中的不同行为，为明确损伤力学或断裂力学计算参数与损伤力学计算参数之间的关系，首先要对一些变量和参数做如下定义：

（1）材料从微观损伤（或小裂纹）至失效断裂的整个过程，采用一个参数"D"（或）"a"作为全过程变量。

（2）材料从出现微观损伤（或小裂纹萌生）至宏观损伤（或长裂纹形成）的阶段（第一阶段），其微观损伤萌生至宏观损伤形成阶段的损伤值大小（损伤单位：damage-unit）等效于裂纹尺度大小。这一阶段的损伤值 $D_{th} \approx 0.2$ damage-unit 和 $D_{tr} \approx 0.3$ damage-unit 等效于裂纹的长度，大约是 0.02mm 至裂纹过渡尺寸 $a_{tr} \approx 0.3$ mm；采用的微观损伤和细观损伤变量"D_1"等效于短裂纹变量"a_1"。

（3）有关损伤计算式中出现参数的量纲和单位，例如：应力 σ（MPa），应变 ε（%），同小裂纹或短裂纹计算式中出现材料常数的量纲和单位相同；损伤计算中的损伤应力强度因子 σ'_1（MPa·unit）= σ'_1（MPa·损伤单位）同裂纹计算中的裂纹应力强度因子 σ_1（MPa·mm）= σ_1（MPa·mm）等效[1-15]；损伤计算中出现的因子 K'_1（MPa$\sqrt{1000\text{个损伤单位}}$）与断裂力学中的裂纹应力强度因子 K_{IC}（MPa$\sqrt{m}$）等效。

（4）计算式中的一些参数、材料常数的物理意义和几何意义，同材料力学和损伤计算的计算式中的参数、材料常数的物理意义和几何意义相同或类似。

（5）传统力学与材料学科及其参数 σ、ε，常数 σ_f、ε_f 等同现代力学与材

料学科及其参数 K_I、σ'_I、D、σ_I、a，常数 K_{IC}、σ'_{IC}、D_c、σ_{IC}、a_{IC} 等之间的关系；现代损伤力学、疲劳学科及其参数 σ'_I、D，常数 σ'_{If}、D_f，与现代裂纹力学及其参数 σ_I、a，常数 σ_{If}、a_f 等之间的关系；材料微观、细观阶段及其表现的曲线 $D'D_1$、$A'A_1$，同材料的宏观阶段行为及其全过程的行为及其表现曲线 B_1D_2 之间的关系；材料损伤体演化速率 dD/dN（裂纹体扩展速率 da/dN）及其所表达的正向纵坐标同材料损伤体或裂纹寿命 N 及其所表达的反向纵坐标之间的关系；材料演化过程的应变、损伤程度（裂纹扩展长短）及其 7 条横坐标轴表达参数含义之间的关系；材料行为演化过程及其表达的曲线同对应数学模型中各参数、常数之间的关系。所有各种各样之间的关系，表达它们的物理意义和几何意义，都集中于材料行为综合图之中，如图 1-1 所示[1-18]。

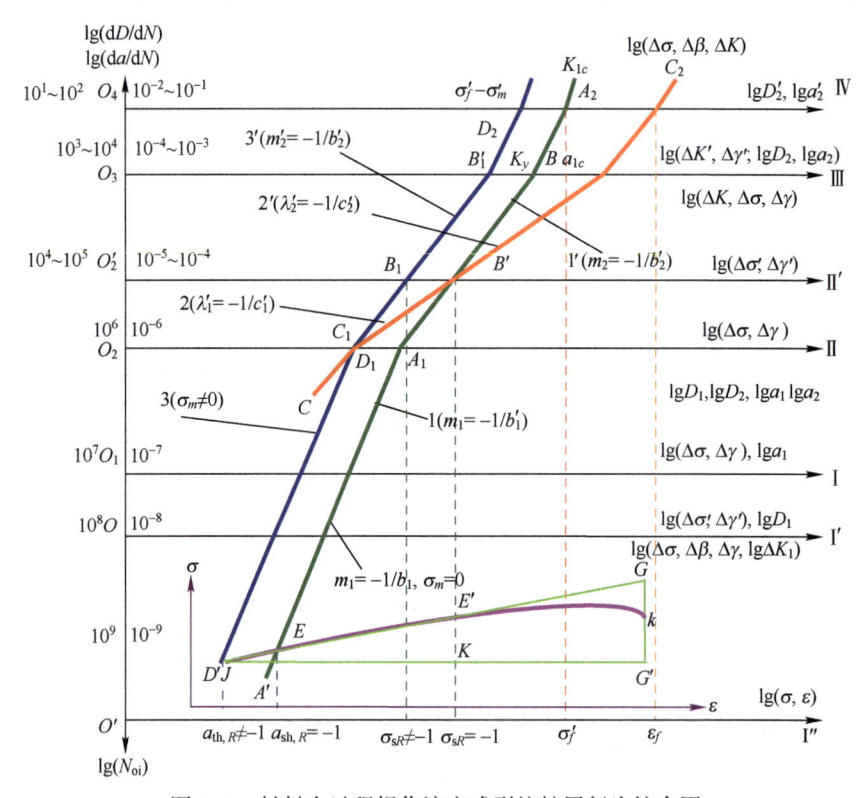

图 1-1 材料全过程损伤演变或裂纹扩展行为综合图

在图 1-1 中有两组曲线：一组是强度问题的曲线，是材料在单调加载或疲劳加载下，材料抵抗外力作用所表现出的强度行为的曲线，其用紫红色曲线 $JEE'k$ 表示；另一组是损伤演化速率（裂纹扩展速率）和寿命问题的曲线，是在疲劳加载产生应力或应变作用下，材料所表现出的损伤扩展速率（裂纹扩展速率)和寿命行为的演化曲线。对于低周疲劳,图 1-1 中用曲线 $C_1B'C_2$ (红色的) 表示;对于高周和超高周疲劳,其用曲线 $A'A_1BA_2$ (绿色的,$R=-1$,$\sigma_m=0$)和 $D'D_1D_2$ (蓝色的,$R\neq -1$,$\sigma_m\neq 0$)表示。

关于工程领域的安全设计和失效分析,人们最关心的通常是两大问题:其一,结构的强度问题;其二,结构的寿命问题。因此,本书内容围绕这两大问题展开详细论述。

针对强度问题,因结构受加载的载荷形式不同,强度设计和计算必须建立许多不同形式的模型,用不同的方法实现。因此,强度问题再分两个主题来论述:①静(单调)载荷作用下损伤体与裂纹体的强度计算;②疲劳载荷下损伤体与裂纹体的强度计算。

1.1 静(单调)载荷作用下损伤体与裂纹体的强度计算

在实际工程中,如果构件只受拉伸载荷作用,其只产生单向拉伸应力作用;但是有时受到扭转加载,就会发生扭转剪应力;有时发生弯曲加载,就在弯曲中产生拉应力和横向剪应力;有时几种加载形式同时存在,就会产生几种应力形式同时存在的更加复杂的应力作用。因此,我们分别要加以详细地讨论和叙述。

在载荷作用下损伤体(裂纹体)的强度计算的各章节中,提出了一些有关损伤或裂纹强度计算的理论、数学模型、计算参数和材料常数,以及强度计算准则,其中有损伤门槛值 D_{th}(裂纹门槛尺寸 a_{th})、损伤门槛应力强度因子 $K'_{th}(K_{th})$、损伤临界值 D_{1c}(裂纹临界尺寸 a_{1c})、损伤临界应力强度因子 K'_{1c}(裂纹伤临界应力强度因子 K_{1c})等[1-7]。这些参数属于单调加载下的计算参数。

本书的最大特点是,借用数学、力学、材料和工程结构中常用的参数和材料性能常数来建立可计算的模型,实现为工程设计计算和失效分析计算服务的目标。表 1-1 给出了单调载荷下某些材料的性能数据。

表 1-1 单调载荷下某些材料的性能数据[19-20]

材 料	σ_b	σ_s	E	σ_f	b	ε_f	c	K	n
Q235A,循环硬化	470.4	324.6	198753	976.4	-0.0709	1.0217	-0.496	928.2	0.259
16Mn,循环硬化	572.5	360.7	200741	1118	-0.0943	1.0729	-0.540	856.1	0.1813
钢 45,循环软化	897.7	816.9	193500	1512	-0.0704	0.8393	-0.734	928.7	0.0369
LC4CS	613.9	570.8	72572	710.6	-0.0727	0.18	-0.776	775	0.063

续表

材料	σ_b	σ_s	E	σ_f	b	ε_f	c	K	n
9262	1000	786	200850	1220	−0.073	0.41	−0.6	1358	0.14
30CrMnSiA	1177	1104	203005	1795	−0.0859	0.773	−0.771	1475.8	0.063
QT600-2，循环硬化	677	521	150377	888.8	−0.1056	0.0377	−0.339	1621.5	0.1834
ZG35，循环硬化	572.3	366.27	204555	809.4	−0.0988	0.2383	−0.508	1218.1	0.285
60Si2Mn，循环软化	1505	1369.4	203395	2172	−0.1130	0.4557	−0.583	1721.2	0.035
40Cr，循环软化	1085	1020	202860	1265	−0.0789	0.7319	−0.577	1285	0.0512
QT800-2，循环硬化	913.0	584.32	160500	947	−0.0830	0.0456	−0.579	1777	0.2034
4340(40CrNiMo)	1241	1172	203005	1655	−0.076	0.84	−0.62	1579	0.066
30CrMnSiNi2A	1655	1308	200063	2601	−0.1026	0.74	−0.782	2355	0.091
40CrMnSiMoVA（GC-4）	1875.3	1513.2	200455.1	3511	−0.1054	0.6332	−0.785	3150.2	0.1468

1.1.1 损伤体损伤门槛值 D_{th}（裂纹体门槛尺寸 a_{th}）的计算

国内外学者在现代力学的材料体强度、裂纹扩展速率、寿命预测计算中讨论和关注较多的一个参数就是裂纹萌生的门槛值 a_{th}。各种各样的材料，性能差异甚大，经笔者研究发现，对于一般的钢材来说，尽管加载方式不同，或者加载在不同的应力水平下，但材料总是存在如图1-1所指出的大约在 A'、D' 点附近位置的损伤或裂纹门槛值，这个损伤门槛值 D_{th}（裂纹门槛尺寸 a_{th}）只与呈现材料特性的参数 $b_1 = b$ 有关。其中，b 是材料在单调加载下的强度指数。$D_{th}(a_{th})$ 只借助 b 的大小，可用下式计算[1-7]：

$$D_{th} = D_{th-1} = \left(\frac{1}{\pi^{0.5}}\right)^{\frac{1}{0.5+b}} = (0.564)^{\frac{1}{0.5+b}} (\text{damage-unit}) \quad (1-1)$$

$$a_{th} = a_{th-1} = \left(\frac{1}{\pi^{0.5}}\right)^{\frac{1}{0.5+b}} \times c_1 = (0.564)^{\frac{1}{0.5+b}} \times 1 (\text{mm}) \quad (1-2)$$

从表1-2中所计算的数据来看，损伤门槛值 D_{th}（裂纹门槛尺寸 a_{th}）的大小在 0.21~0.275 damage-unit 的范围内，相当于 0.21~0.275mm 短裂纹尺寸的范围。

表1-2 损伤门槛值 D_{th}（裂纹门槛尺寸 a_{th}）计算数据

材料[7-9]	σ_b	σ_s	E	K	n	b_1	$D_{th}(a_{th})$
QT600-2	748	456	150376	1440	0.1996	−0.0777	0.258

续表

材料[7-9]	σ_b	σ_s	E	K	n	b_1	$D_{th}(a_{th})$
QT800-2	913.0	584	160500	1777.3	0.2034	-0.083	0.253
ZG35	572.3	366	204555	1218	0.285	-0.0988	0.240
60Si2Mn	1504.8	1369	203395	1721	0.035	-0.1130	0.228
16MnL	570		200700			-0.1066	0.233
16Mn	572.5	360.7	200741	856.1	0.1813	-0.0943	0.244
钢 20	432	307				-0.12	0.222
40CrNiMoA	1167					-0.061	0.271
BHW35	670	538				-0.0719	0.262

笔者发现，这个门槛值，这里定义"D_{th-1}"为在静载荷下的损伤（裂纹 a_{th-1}）第一门槛值，其有别于后面提出的第二损伤门槛值 D_{th-2}（第二裂纹门槛尺寸 a_{th-2}）。

1.1.2 单调载荷下损伤体损伤值（裂纹体裂纹尺寸）与相关常数的计算

损伤体与裂纹体尺寸计算的模型和方法[1-7]较多，这里提供几种计算结果较一致的方法。

方法 A

1. 一定应力下当量损伤值 D_i（当量裂纹尺寸 a_i）的计算

如果某一材料或构件在某一载荷加载下，材料内部晶粒产生位错或滑移，本书认为发生了损伤。对于某一确定应力下的损伤值的计算，可用下式等效计算：

$$D_i = \left(\sigma_i^{(1-n')/n'} \cdot \frac{E \times \pi^{1/2n}}{K'^{1/n}} \right)^{\frac{2bn'}{b(2bn'+1)}} \text{（损伤单位）} \quad (1-3)$$

式中：D_i 为当量损伤值；K' 为强度系数；b 为材料强度指数；n 为应变硬化指数；E 为常用的弹性模量。

损伤计算中常用的变量"D"是无量纲的量，为了有效地建立损伤力学与裂纹力学之间的联系和沟通，必须定义用抽象的无量纲的名称"一个损伤单位的量值，等效于 1mm 的裂纹长度"，单位标号为"1damage-unit"；而"1000 个损伤单位的量值"，等效于"1m 长度的裂纹"，单位标号为"1000-damage-unit"[1-7]。这样，损伤力学就变成了与传统的材料力学那样，有了明确的物理意义，有了具体的量纲和计算单位，便于工程应用。

对应的当量（等效）裂纹尺寸 a_i 的计算，用下式计算：

$$a_i = \left(\sigma^{(1-n)/n} \cdot \frac{E \times \pi^{1/2 \times n}}{K^{1/n}} \right)^{-\frac{2m \times n}{2n-m}} \times c_1 (\text{mm}) \tag{1-4}$$

式中：c_1 为一个单位转换系数，$c_1 = 1\text{mm}$；$m = -1/b$。

实际上损伤值随着应力 σ_i 的增加而增长，当 $\sigma \leq \sigma_s$ 时，按其变化规律可以建立一条按损伤量计算的强度准则：

$$D_i = \left(\sigma_i^{(1-n')/n'} \cdot \frac{E \times \pi^{1/2n}}{K'^{1/n}} \right)^{\frac{2bn'}{b(2bn'+1)}} \leq [D] = \frac{D_{1c}}{n_1} (\text{损伤单位}) \tag{1-5}$$

式中：$[D]$ 为许用损伤量；D_{1c} 为达到屈服应力时的临界损伤量；n_1 为一个安全系数。对于脆性和线弹性材料，$n_1 \approx 3$；对于弹塑性材料，$n_1 \approx 1.6 \sim 2$。上述材料常数，都是单调载荷下的参数。但它们的取值大小还只是理论上和经验上的估计，在应用计算时还必须慎重地用实验验证来确定。而式（1-5）中的临界损伤值，建议用下式计算[9]：

$$D_{1c} = \left(\sigma_s^{(1-n)/n} \cdot \frac{E \times \pi^{1/2 \times n}}{K^{1/n}} \right)^{-\frac{2m \times n}{2n-m}} (\text{damage-unit}) \tag{1-6}$$

还应该说明，此临界损伤值 D_{1c} 的物理含义正是材料从弹性应变刚刚向塑性应变过渡时相对应的转折点上的损伤值，其等效于临界裂纹尺寸 a_{1c}。

类似地，也可以建立一条按裂纹尺寸计算的强度准则[2-3,9]，即

$$a_i = \left(\sigma^{(1-n)/n} \cdot \frac{E \times \pi^{1/2 \times n}}{K^{1/n}} \right)^{-\frac{2m \times n}{2n-m}} \times c_1 \leq [a] = a_{1c}/n_1 (\text{mm}) \tag{1-7}$$

式中：$[a]$ 为许用裂纹长度尺寸。

当应力 $\sigma > \sigma_s$ 时，还存在另一个损伤临界值 D_{2c}，它是对应于断裂应力 σ_f 的后一阶段的临界值，即

$$D_{2c} = \left(\sigma_f^{(1-n)/n} \cdot \frac{E \times \pi^{1/2 \times n}}{K^{1/n}} \right)^{-\frac{2m \times n}{2n-m}} (\text{damage-unit}) \tag{1-8}$$

相对应裂纹体断裂的临界值计算式，即

$$a_{2c} = \left(\sigma_f^{(1-n)/n} \cdot \frac{E \times \pi^{1/2 \times n}}{K^{1/n}} \right)^{-\frac{2m \times n}{2n-m}} \times c_1 (\text{mm}) \tag{1-9}$$

从上述这些计算模型中可知，那些损伤值 D、D_c（裂纹尺寸 a、a_c）也可作为一个强度概念，它是指行为能连续的材料，在某一应力 σ 作用下，而导致材料损伤量大小（裂纹长短）的程度。

2. 材料相关常数的计算

上述各式中，弹性模量"E"为指数"$m=-1/b$"的微分（极限值）的积分（叠加值），即 $E=\int dm$。其中，m 为在几何上是弹性阶段的斜率，物理意义是材料在弹性行为演化阶段的变化率；E 同其他常数存在如下关系：

$$E=\left(\frac{K\times D_i^{(m-2n)/2m}}{D_i^{1-n}\times\pi^{1/2}}\right)^{\frac{1}{n}}(\text{MPa}) \tag{1-10}$$

$$E=\left(\frac{K\times a_i^{(m-2n)/2m}}{\sigma_i^{1-n}\times\pi^{1/2}}\right)^{\frac{1}{n}}(\text{MPa}) \tag{1-11}$$

式中：K 为强度系数，它是指数"$\lambda=-1/c$"的微分（极限值）的积分（叠加值），即 $K=\int d\lambda$；"λ"在几何上是塑性阶段的斜率，物理意义是材料在塑性行为演化阶段的变化率。K 同其他常数存在如下关系：

$$K=\frac{\sigma_i^{1-n}E^n\times\pi^{1/2}}{D_i^{(2nb+1)/2}}(\text{MPa}) \tag{1-12}$$

若用裂纹体概念表达时，则为

$$K=\frac{\sigma_i^{1-n}E^n\times\pi^{1/2}}{a_i^{(2nb+1)/2}}(\text{MPa}) \tag{1-13}$$

方法 B

1. 一定应力下当量损伤值 D_i（当量裂纹尺寸 a_i）的计算

在某一应力下产生的当量损伤值，建议用下式计算：

$$D_i=\frac{\sigma_i^{2(1-n)}\times E^{2n}\times\pi}{K^2}(\text{damage-unit}) \tag{1-14}$$

在某一应力下产生的当量裂纹尺寸为

$$a_i=\frac{\sigma_i^{2(1-n)}\times E^{2n}\times\pi}{K^2}\times c_1(\text{mm}) \tag{1-15}$$

式中各参数的含义如上所述。当 $\sigma\leq\sigma_s$ 时，按损伤演化的规律可建立一条按擦伤值计算的强度准则：

$$D_i=\frac{\sigma_i^{2(1-n)}\times E^{2n}\times\pi}{K^2}\leq[D]=D_{1c}/n_1(\text{damage-unit}) \tag{1-16}$$

式中的损伤临界值建议按下式计算：

$$D_{1c}=\frac{\sigma_s^{2(1-n)}\times E^{2n}\times\pi}{K^2}(\text{damage-unit}) \tag{1-17}$$

同样，按裂纹扩展的规律可建立一条按裂纹尺寸计算的强度准则[2-3,9]：

$$a_i = \frac{\sigma^{2(1-n)} \times E^{2n} \times \pi}{K^2} \times c_1 \leq [a] = a_{1c}/n_1 \text{(mm)} \qquad (1-18)$$

上式中的临界裂纹尺寸，建议用下式计算：

$$a_{1c} = \frac{\sigma_s^{2(1-n)} \times E^{2n} \times \pi}{K^2} \times c_1 \text{(mm)} \qquad (1-19)$$

还应该说明，此临界裂纹尺寸 a_{1c} 的物理含义也是材料从弹性应变刚刚向塑性应变过渡时相对应的转折点上的裂纹长度。

当应力 $\sigma > \sigma_s$ 时，还存在另一个损伤临界值 D_{2c}，它是对应于断裂应力 σ_f 的后一阶段的临界值，此临界值可用 σ_f 取代 σ_s 用下式计算：

$$D_{2c} = \frac{\sigma_f^{2(1-n)} \times E^{2n} \times \pi}{K^2} \text{(damage-unit)} \qquad (1-20)$$

若以裂纹临界尺寸 a_{2c} 取代，对应于断裂应力 σ_f 的后一阶段的临界长度，用下式求得

$$a_{2c} = \frac{\sigma_f^{2(1-n)} \times E^{2n} \times \pi}{K^2} \times c_1 \text{(mm)} \qquad (1-21)$$

2. 材料相关常数的计算

上述诸式中弹性模量"E"，实际上也同其他参数存在如下关系：

$$E = \left(\frac{K}{\sigma_i^{1-n} \times \sqrt{\frac{\pi}{D_i}}} \right)^{\frac{1}{n}} \text{(MPa)} \qquad (1-22)$$

若用裂纹体概念表达时，则为

$$E = \left(\frac{K}{\sigma_i^{1-n} \times \sqrt{\frac{\pi}{a_i}}} \right)^{\frac{1}{n}} \text{(MPa)} \qquad (1-23)$$

应该说明，用此式计算的弹性模量 $E'(E)$ 值同实验取得的弹性模量 E 的数值是一致的，它与应力大小和损伤值大小（裂纹尺寸）无关，这就呈现了材料常数的特性。

这里的强度系数"K"其物理与几何意义同上所述。K 也同其他参数存在可计算关系，即

$$K = \sigma_i^{1-n} \times E^n \times \sqrt{\frac{\pi}{D_i}} \text{(MPa)} \qquad (1-24)$$

第 1 章 连续材料和结构中损伤体与裂纹体的强度计算

$$K = \sigma_i^{1-n} \times E^n \times \sqrt{\frac{\pi}{a_i}} \ (\text{MPa}) \tag{1-25}$$

需要指出，用此式计算的强度系数 K 值同实验得到的 K 值是一致的，它与应力大小和损伤值大小（裂纹尺寸）无关，这就呈现了材料行为的物理意义以及在数学上表达为常数的科学性。

方法 C

1. 一定应力下当量损伤值 D_i（当量裂纹尺寸 a_i）的计算

在一定应力下产生的当量损伤值的计算方法，还有如下公式：

$$D_i = \left(\frac{\gamma'}{\sigma_i}\right)^{-n} = \left(\frac{K'}{\sigma_i}\right)^{-n} (\%) \tag{1-26}$$

式中：γ' 为一个常数值，在数值上与单调加载下 K 值相等，$\gamma' = K$。D_i 定义它称比值损伤量，它不是实际的当量损伤量。计算结果的单位是一个百分比，其物理含义是在某一应力作用下损伤量值达到临界值（大约是 100%）的百分之多少。实际损伤量要借助式（1-16）、式（1-20）计算。

这种形式其损伤体的强度准则，应该是

$$D_i = \left(\frac{\lambda'}{\sigma_i}\right)^{-n} = \left(\frac{K}{\sigma_i}\right)^{-n} \leq [D] = D_{1c}/n_1, \quad \text{或} \ D_{2c}/n_2(\%) \tag{1-27}$$

而临界损 D_{2c} 的具体损伤值可用方法 1 或方法 2 计算，不是"100%"的具体量值。

而此式自身的临界值，对应于屈服应力时，其为

$$D_{1c} = \left(\frac{K}{\sigma_s}\right)^{-n} (\%) \tag{1-28}$$

对应于断裂应力时，其为

$$D_{2c} = \left(\frac{K}{\sigma_f}\right)^{-n} = [D] = D_{2c}/n_2(\%) \tag{1-29}$$

对裂纹体而言，在一定应力下产生当量裂纹尺寸的计算式：

$$a_i = \left(\frac{\gamma}{\sigma}\right)^{-n} = \left(\frac{K}{\sigma}\right)^{-n} \times c_1 (\text{mm}, \%) \tag{1-30}$$

式中：γ 为一个常数值，在数值上与单调加载下 K 值相等，$\gamma = K$。a_i 定义它称比值裂纹尺寸，其不是实际的当量裂纹尺寸。计算结果的含义为：当量裂纹尺寸已扩展到临界尺寸的百分数，单位是（mm,%）。当量的裂纹尺寸要借助式（1-18）和式（1-21）计算。此种形式用裂纹尺寸作为的强度准则为

$$a = \left(\frac{K}{\sigma}\right)^{-n} \times c_1 \leq [a] = a_{1c}/n_1, \quad \text{或} \ a_{2c}/n_2 (\text{mm}, \%) \tag{1-31}$$

13

而临界尺寸 a_{2c} 的具体裂纹长，也可用方法 A 或方法 B 计算出。式（1-31）自身的临界值，对应于屈服应力时，其为

$$a_{1c} = \left(\frac{K}{\sigma_s}\right)^{-n} \times c_1 (\mathrm{mm}, \%) \tag{1-32}$$

对应于断裂应力时，其为

$$a_{2c} = \left(\frac{K}{\sigma_f}\right)^{-n} \times c_1 = [a] = a_{2c}/n_2 (\mathrm{mm}, \%) \tag{1-33}$$

2. 材料相关常数的计算

上面诸式中，各常数有着如下关系：

$$K = D_{1c} \times \sigma_s^{-n} (\mathrm{MPa}) \tag{1-34}$$

$$K = a_{1c} \times \sigma_s^{-n} (\mathrm{MPa} \cdot \mathrm{mm}) \tag{1-35}$$

$$K = D_{2c} \times \sigma_f^{-n} (\mathrm{MPa}) \tag{1-36}$$

$$K = a_{2c} \times \sigma_f^{-n} (\mathrm{MPa} \cdot \mathrm{mm}) \tag{1-37}$$

方法 D

1. 一定应力下当量损伤值 D_i（当量裂纹尺寸 a_i）的计算

此方法在一定应力下产生的当量损伤值计算如下：

$$D_i = \frac{K^2}{\sigma_i^2 \times \pi} (\mathrm{damage\text{-}unit}) \tag{1-38}$$

式中：K 为单调加载下损伤应力强度因子，其等效于单调加载下强度系数 K，单位为 $\mathrm{MPa} \cdot \sqrt{\mathrm{damage\text{-}unit}}$ 或 $\mathrm{MPa} \cdot \sqrt{\mathrm{mm}}$。

这种形式其损伤体的强度准则，即

$$D_i = \frac{K^2}{\sigma_i^2 \times \pi} \leqslant [D] = \frac{D_{1c}}{n_1}, \quad 或 \frac{D_{2c}}{n_2} (\mathrm{damage\text{-}unit}) \tag{1-39}$$

式中的损伤临界值按下式求得

$$D_{1c} = \frac{K^2}{\sigma_s^2 \times \pi} (\mathrm{damage\text{-}unit}) \tag{1-40}$$

$$D_{2c} = \frac{K^2}{\sigma_f^2 \times \pi} (\mathrm{damage\text{-}unit}) \tag{1-41}$$

对裂纹体而言，在一定应力下产生当量裂纹尺寸的计算式为

$$a_i = \frac{K^2}{\sigma_i^2 \times \pi} \times c_1 (\mathrm{mm}) \tag{1-42}$$

此形式裂纹体的强度准则如下：

$$a_i = \frac{K^2}{\sigma_i^2 \times \pi} \leqslant [a] = \frac{a_{1c}}{n_1}, \quad 或 \frac{a_{2c}}{n_2} (\mathrm{mm}) \tag{1-43}$$

式中的裂纹临界值按下式求得

$$a_{1c} = \frac{K^2}{\sigma_s^2 \times \pi} \times c_1 \, (\text{mm}) \tag{1-44}$$

$$a_{2c} = \frac{K^2}{\sigma_f^2 \times \pi} \times c_1 \, (\text{mm}) \tag{1-45}$$

上述四种方法中，方法A、方法B、方法C随着应力的增加，其损伤值（裂纹尺寸）也随之增长。方法D却相反，它随着应力的增加，其损伤值（裂纹尺寸）反而随之减小。所以，这种方法是允许的损伤值减少了（允许的裂纹尺寸减小了），是一种剩余的损伤值（剩余的裂纹尺寸）的概念。

2. 材料相关常数的计算

上面诸式中，各常数具有如下关系：

$$K = \sigma_s \times \sqrt{\pi \times D_{1c}} \, (\text{MPa}\sqrt{\text{damage-unit}}) \tag{1-46}$$

$$K = \sigma_f \times \sqrt{\pi \times D_{2c}} \, (\text{MPa}\sqrt{\text{damage-unit}}) \tag{1-47}$$

$$K = \sigma_s \times \sqrt{\pi \times a_{1c}} \, (\text{MPa}\sqrt{\text{mm}}) \tag{1-48}$$

$$K = \sigma_f \times \sqrt{\pi \times a_{2c}} \, (\text{MPa}\sqrt{\text{mm}}) \tag{1-49}$$

1.1.3 单调载荷下损伤体与裂纹体的强度准则

针对单调载荷下损伤与裂纹强度计算，文献［1-7］中提出了H型法、I型法、二参数乘积法、三参数比值法等多种计算模型和计算方法。而本书再提出4种新形式的计算模型和方法。

本节所说的损伤体与裂纹体的强度准则，区别于1.1.2节中以损伤量或裂纹尺寸大小所建立的准则，本节是因子型的强度准则。

方法1：σ_I-型

按照上述理论，我们可以建立按应力水平计算的损伤强度准则，即

$$\sigma_I' = \left(\frac{K \times D_i^{(2nb+1)/2}}{E^n \times \pi^{1/2}}\right)^{\frac{1}{1-n}} \leq [\sigma_I'] = \frac{\sigma_{IC}'}{n_1 \text{ 或 } n_2} (\text{MPa} \cdot \text{damage-unit}) \tag{1-50}$$

式中：σ_I'为σ_I-型损伤应力强度因子，它是损伤扩展的驱动力；$[\sigma_I']$为损伤应力强度因子的许用值，要按不同性能材料取值。对于脆性材料，取$[\sigma_I] = \sigma_{IC}/n_1 (\text{MPa})$，也可以取$[\sigma] = \sigma_s/n_1$，它是对应于屈服应力$\sigma_s$的许用值；对于延性材料，取$[\sigma_I] = \sigma_{IC}/n_2$，也可以取$[\sigma] = \sigma_f/n_2$，它是对应于断裂应力$\sigma_f$的许用值。其中，$\sigma_{IC}$的物理含义是材料达到断裂时所做的全部功，或者是材料断裂时所释放的全部能量。σ_{IC}的几何意义是图1-1中用绿色描绘的整个图形（$JE'GG'KJ$）相对应的面积。计算式中的安全系数n_1和n_2必须由实验

决定。

按裂纹扩展规律建立的强度准则为

$$\sigma_{\mathrm{I}} = \left(\frac{K \times a_i^{(2nb+1)/2}}{E^n \times \pi^{1/2}}\right)^{\frac{1}{1-n}} \times c_1 \leqslant [\sigma_{\mathrm{I}}] = \frac{\sigma_{\mathrm{IC}}}{n_1 \text{ 或 } n_2} (\mathrm{MPa \cdot mm}) \quad (1-51)$$

式中：σ_{I} 为 σ_{I}-型裂纹应力强度因子，它是裂纹扩展的驱动力；$[\sigma_{\mathrm{I}}]$ 为裂纹应力强度因子的许用值。其他物理意义和几何意义，同上所述。

方法 2：β-型

第二种损伤因子强度准则，被称为 β-型，其准则形式如下：

$$\beta_{\mathrm{I}}' = \left(\frac{K^2}{E^{2n}} \times \frac{D_i}{\pi}\right)^{\frac{1}{2(1-n)}} \leqslant [\beta_{\mathrm{I}}'] = \frac{\beta_{\mathrm{IC}}'}{n_2} (\mathrm{damage\text{-}unit/MPa}^{-n})^{1/2(1-n)} \quad (1-52)$$

上式的单位，严格上是 $(\mathrm{damage\text{-}unit/MPa}^{-n})^{1/2(1-n)}$，简化结果是 MPa。式中的 β_{I}'、β_{IC}' 和 $[\beta_{\mathrm{I}}']$（β_{I}、β_{IC} 和 $[\beta_{\mathrm{I}}]$）的物理意义与 σ_{I}、$[\sigma_{\mathrm{I}}]$ 和 σ_{IC} 相同，安全系数 n_2 也必须由实验决定。

β-型裂纹强度准则为

$$\beta_{\mathrm{I}} = \left(\frac{K^2}{E^{2n}} \times \frac{a}{\pi}\right)^{\frac{1}{2(1-n)}} \leqslant [\beta_{\mathrm{I}}] = \frac{\beta_{\mathrm{IC}}}{n_2} [(\mathrm{mm \cdot MPa}^{-n})^{1/2(1-n)}, \text{或 } \mathrm{MPa \cdot mm}] \quad (1-53)$$

方法 3：γ_{I}-型

第三种损伤体强度准则被命名为 γ_{I}-型，其计算式如下：

$$\gamma_{\mathrm{I}}' = \sigma \times D^{-n} \leqslant [\gamma_{\mathrm{I}}'] = \gamma_{\mathrm{IC}}'/n (\mathrm{MPa \cdot damage\text{-}unit}^{-n}, \text{或 } \mathrm{MPa}) \quad (1-54)$$

式中：

$$\gamma_{\mathrm{IC}} = \sigma_f \times a_{2c}^{-n} (\mathrm{MPa \cdot a}^{-n}) \quad (1-55)$$

第三种裂纹强度准则，其计算式为

$$\gamma_{\mathrm{I}} = \sigma \times a^{-n} \leqslant [\gamma_{\mathrm{I}}] = \gamma_{\mathrm{IC}}/n (\mathrm{MPa \cdot a}^{-n}) \quad (1-56)$$

式中：

$$\gamma_{\mathrm{IC}} = \sigma_f \times a_{2c}^{-n} (\mathrm{MPa \cdot a}^{-n}) \quad (1-57)$$

方法 4：K_{I}-型

K_{I}-型损伤体强度准则，其表达式为

$$K_{\mathrm{I}}' = \sigma \times \phi \times \sqrt{\pi D_i} = [K_{\mathrm{I}}'] = K_{\mathrm{IC}}'/n (\mathrm{MPa \cdot \sqrt{damage\text{-}unit}}, \text{或 } \mathrm{MPa}) \quad (1-58)$$

$$K_{\mathrm{IC}}' = \sigma_f \times \sqrt{\pi D_{2c}} = [K_{\mathrm{I}}'] = K_{\mathrm{IC}}'/n (\mathrm{MPa \cdot \sqrt{damage\text{-}unit}}, \text{或 } \mathrm{MPa}) \quad (1-59)$$

第四种裂纹强度准则，其计算式如下：

$$K_{\mathrm{I}} = \sigma \times \phi \times \sqrt{\pi a_i} = [K_{\mathrm{I}}] = K_{\mathrm{IC}}/n (\mathrm{MPa \cdot mm}, \text{或 } \mathrm{MPa \cdot mm})$$

$$K_{\mathrm{IC}} = \sigma_f \times \sqrt{\pi a_{2c}} = [K_{\mathrm{I}}] = K_{\mathrm{IC}}/n (\mathrm{MPa \cdot \sqrt{mm}}, \text{或 } \mathrm{MPa \cdot mm}) \quad (1-60)$$

式中：K_I 为裂纹应力强度因子式；K_{IC} 为断裂韧性，或称临界应力强度因子值。这个准则本质上是裂纹体剩余强度的计算准则，与方法1、方法2、方法3不一样，方法4的物理意义，即 K_I-型随着应力 σ_i 的增加而增加；但应力 σ_i 的增加，允许（或剩余）的损伤值 D（裂纹尺寸 a）缩小了，这一点与方法1、方法2、方法3不一样。系数 ϕ 为与损伤或裂纹形状和尺寸有关的修正系数。

式（1-60）其结构形状像欧文提出的裂纹应力因子。欧文为断裂力学作出了宝贵的贡献，而欧文的应力强度因子临界值（断裂韧性 K_{IC}）是依赖于实验的。作者发现，此 K_{IC} 同低周疲劳下的强度系数 K' 有着等效的关系，因此是可计算的。

计算实例

实例1

假设有一种线弹性材料球墨铸铁 QT800-2[19]，其性能数据列在表1-3中。

表1-3 材料在单调载荷下某些材料的性能数据

材料[19-20]	σ_b	σ_s	E	σ_f	b/m	ε_f	c	K	n
QT800-2 循环硬化	913.0	584.32	160500	947	-0.0830/12.048	0.0456	-0.579	1777	0.2034

如果在不同载荷加载下，材料内部晶粒会产生位错或滑移，并可能发生不可见的微观损伤或微裂纹。试用下文不同方法的计算式做比较计算，计算其当量损伤值（裂纹尺寸）；再用计算数据绘制两种方法在不同应力下当量损伤值（当量微裂纹尺寸）与应力之间关系的比较曲线。

1. 用方法1计算不同应力下的当量损伤值和裂纹尺寸

用下式计算的损伤值：

$$D_i = \left(\sigma_i^{(1-n)/n'} \cdot \frac{E \times \pi^{1/2n}}{K'^{1/n}} \right)^{\frac{2bn'}{b(2bn'+1)}}$$

$$= \left(\sigma_i^{(1-0.2034)/0.2034} \cdot \frac{160500 \times \pi^{1/2 \times 0.2034}}{1777^{1/0.2034}} \right)^{\frac{2 \times (-0.083) \times 0.2034}{-0.083[2 \times (-0.083) \times 0.2034 + 1]}}$$

$$= \left(\sigma_i^{3.916} \cdot \frac{160500 \times \pi^{2.458}}{1777^{4.916}} \right)^{0.421} \quad （损伤单位）$$

用下式计算的当量裂纹尺寸：

$$a_i = \left(\sigma_i^{(1-n)/n} \cdot \frac{E \times \pi^{1/2 \times n}}{K^{1/n}} \right)^{-\frac{2m \times n}{2n-m}} \times c_1$$

$$= \left(\sigma_i^{(1-0.2034)/0.2034} \cdot \frac{160500 \times \pi^{1/2 \times 0.2034}}{1777^{1/0.2034}} \right)^{-\frac{2 \times 12.048 \times 0.2034}{2 \times 0.2034 - 12.048}} \times 1$$

$$= \left(\sigma_i^{3.916} \cdot \frac{160500 \times \pi^{2.458}}{1777^{4.916}} \right)^{0.421} \times 1 \, (\text{mm})$$

2. 用方法 2 计算不同应力下的损伤值（裂纹尺寸）

用下式计算的损伤值：

$$D_i = \frac{\sigma_i^{2(1-n)} \times E^{2n} \times \pi}{K^2} \times c_1 = \frac{\sigma_i^{2(1-0.2034)} \times 160500^{2 \times 0.2034} \times \pi}{1777^2} \times 1$$

$$= \frac{\sigma_i^{1.5932} \times 160500^{0.4068} \times \pi}{3157729} \times 1 \, (\text{damage-unit, 损伤单位})$$

再用下式计算某一应力下产生的当量裂纹尺寸：

$$a_i = \frac{\sigma_i^{2(1-n)} \times E^{2n} \times \pi}{K^2} \times c_1 = \frac{\sigma_i^{2(1-0.2034)} \times 160500^{2 \times 0.2034} \times \pi}{1777^2} \times 1$$

$$= \frac{\sigma_i^{1.5932} \times 160500^{0.4068} \times \pi}{3157729} \times 1 \, (\text{mm})$$

将计算的损伤值与裂纹尺寸列于表 1-4 中。

表 1-4 球墨铸铁 QT800-2 损伤值（裂纹尺寸）随不同应力下的计算数据

σ_i/MPa	150	275	400	500	584.3	650	800	946.8	方法
D_i/damage-unit; a_i/mm	0.370	1.004	1.862	2.69	3.478	4.146	5.838	7.71	方法 1
D_i/damage-unit; a_i/mm	0.39	1.026	1.8635	2.67	3.408	4.04	5.63	7.354	方法 2

再将表中用不同方法计算式计算的数据绘制成比较曲线，绘制结果如图 1-2 所示。

从表中的计算数据可见，损伤计算式的计算数据与裂纹计算式的计算数据只是单位不同，但数值上等效一致。

从曲线演化趋势可以看出，用方法 1 和方法 2 计算结果的数据绘制成的比较曲线，在各点相同的应力（蓝线）下，方法 1（红线）与方法 2（绿线）重叠在一起。这说明，尽管计算式结构和各参数差异颇大，但计算结果的数据比较接近。

第1章 连续材料和结构中损伤体与裂纹体的强度计算

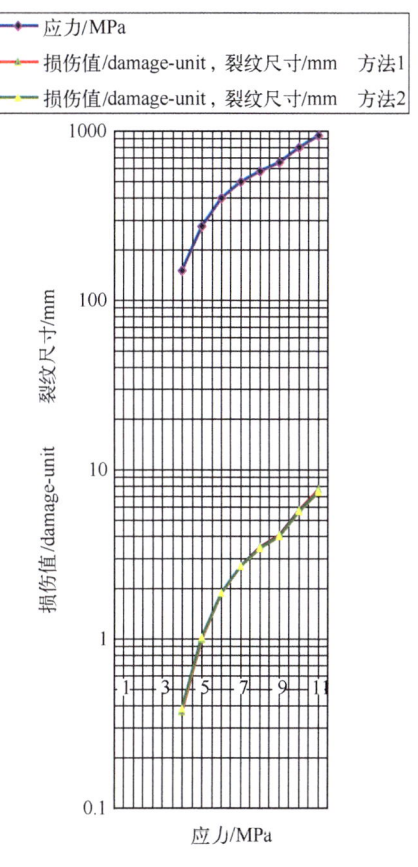

图1-2 球墨铸铁QT800-2损伤值（裂纹尺寸）
在不同应力下两种计算方法曲线的比较

实例2

有一种弹塑材料钢16Mn[19]，其性能数据列在表1-5中，随着应力σ逐渐增加，试用下文不同方法的计算式做比较计算，计算其损伤值（裂纹尺寸）；再用表1-5中的计算数据绘制两种方法在不同应力下当量损伤值（当量微裂纹尺寸）与应力之间关系的比较曲线。

表1-5 材料16Mn在单调载荷下的性能数据

材料[19-20]	σ_b	σ_s	E	σ_f	b/m	ε_f	c	K	n
16Mn，循环硬化	572.5	360.7	200741	1118	−0.0943/10.6	1.0729	−0.540	856.1	0.1813

1. 用方法 1 计算不同应力下的损伤值和裂纹尺寸

将相关性能数据代入如下计算式,计算其不同应力下的损伤值:

$$D_i = \left(\sigma_i^{(1-n)/n'} \cdot \frac{E \times \pi^{1/2n}}{K'^{1/n}} \right)^{\frac{2bn}{b(2bn+1)}}$$

$$= \left(\sigma_i^{(1-0.1813)/0.1813} \cdot \frac{200741 \times \pi^{1/2 \times 0.1813}}{856.1^{1/0.1813}} \right)^{\frac{2 \times (-0.0943) \times 0.1813}{-0.0943[2 \times (-0.0943) \times 0.1813+1]}}$$

$$= \left(\sigma_i^{4.516} \cdot \frac{200741 \times \pi^{2.758}}{856.1^{5.516}} \right)^{0.375} (\text{损伤单位})$$

再用下式计算其不同应力下的裂纹尺寸:

$$a_i = \left(\sigma_i^{(1-n)/n} \cdot \frac{E \times \pi^{1/2 \times n}}{K^{1/n}} \right)^{-\frac{2m \times n}{2n-m}} \times c_1$$

$$= \left(\sigma_i^{(1-0.1813)/0.1813} \cdot \frac{200741 \times \pi^{1/2 \times 0.1813}}{856.1^{1/0.1813}} \right)^{-\frac{2 \times 10.6 \times 0.1813}{2 \times 0.1813 - 10.6}} \times 1$$

$$= \left(\sigma_i^{4.516} \cdot \frac{200741 \times \pi^{2.758}}{856.1^{5.516}} \right)^{0.375} \times 1 (\text{mm})$$

2. 用方法 2 计算不同应力下的裂纹尺寸

将相关性能数据代入如下计算式,计算其不同应力下的损伤值:

$$D_i = \frac{\sigma_i^{2(1-n)} \times E^{2n} \times \pi}{K^2} = \frac{\sigma_i^{2(1-0.1813)} \times 200741^{2 \times 0.1813} \times \pi}{856.1^2}$$

$$= \frac{\sigma_i^{1.6374} \times 200741^{0.3626} \times \pi}{856.1^2} (\text{damage-unit})$$

在某一应力下产生的当量裂纹尺寸,计算如下:

$$a_i = \frac{\sigma_i^{2(1-n)} \times E^{2n} \times \pi}{K^2} \times c_1 = \frac{\sigma_i^{2(1-0.1813)} \times 200741^{2 \times 0.1613} \times \pi}{856.1^2} \times 1$$

$$= \frac{\sigma_i^{1.6374} \times 200741^{0.3626} \times \pi}{732907} \times 1 (\text{mm})$$

再将表中用不同方法计算式计算的数据绘制成比较曲线,绘制结果如图 1-3 所示。

由表 1-6 中的计算数据可见,损伤计算式的计算数据与裂纹计算式的计算数据,只是单位不同,数值上等效一致。

第1章 连续材料和结构中损伤体与裂纹体的强度计算

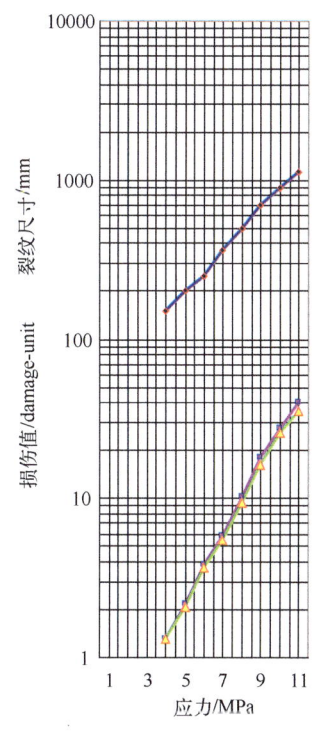

图 1-3 钢 16Mn 在单调加载不同应力下损伤值（裂纹尺寸）用两种计算方法绘制曲线的比较

表 1-6 钢 16Mn 损伤值（裂纹尺寸）在不同应力下两种计算方法计算数据的比较

σ/MPa	150	200	280	360.7	方法
D_i/damage-unit; a_i/mm	1.324	2.156	3.81	5.85	方法 1
D_i/damage-unit; a_i/mm	1.312	2.102	3.646	5.52	方法 2
σ/MPa	500	700	900	1118.3	方法
D_i/damage-unit; a_i/mm	10.17	17.98	27.5	39.76	方法 1
D_i/damage-unit; a_i/mm	9.422	16.35	25.7	35.2	方法 2

从图中可见方法 1 和方法 2 计算结果的数据，两者绘制成的比较曲线，在各点相同的应力（蓝线）下，方法 1（粉红线）与方法 2（黄绿线）几乎重

叠。这表明，虽然计算式结构和各参数差异颇大，但计算结果的数据还是比较接近的。

实例 3

有一种弹塑材料钢 Q235A[19]，性能数据列在表 1-7 中。

表 1-7　材料钢 Q235A 在单调载荷下的性能数据

材料[19-20]	σ_b	σ_s	E	σ_f	b/m	ε_f	c	K	n
Q235A，循环硬化	470.4	324.6	198753	976.4	−0.0709/14.104	1.0217	−0.496	928.2	0.259

随着应力 σ 的逐渐增加，试用下文诸计算式计算对应的损伤值 D_i，损伤应力强度因子 K'_1 及其强度系数 K。计算结果的各类数据再绘制各种参数的关系曲线。

计算方法和步骤如下：

方法 A

（1）按照表 1-7 中设定各个应力数据，针对各个应力值计算出各当量损伤值 D_i 和裂纹尺寸 a_i。

按照下式代入各常数的数据，首先计算当量损伤值 D_i，计算如下：

$$D_i = \left(\sigma_i^{(1-n)/n'} \cdot \frac{E \times \pi^{1/2n}}{K'^{1/n}} \right)^{\frac{2bn}{b(2bn+1)}}$$

$$= \left(\sigma_i^{(1-0.259)/0.259} \cdot \frac{198753 \times \pi^{1/2 \times 0.259}}{928.2^{1/0.259}} \right)^{\frac{2 \times (-0.0709) \times 0.259}{-0.0709[2 \times (-0.0709) \times 0.259 + 1]}}$$

$$= \left(\sigma_i^{2.861} \cdot \frac{198753 \times \pi^{1.9305}}{928.2^{3.861}} \right)^{0.538} （损伤单位）$$

用下式计算的当量裂纹尺寸：

$$a = \left(\sigma^{(1-n)/n} \cdot \frac{E \times \pi^{1/2n}}{K^{1/n}} \right)^{\frac{-2 \times m \times n}{2 \times n - m}} \times c_1$$

$$= \left(\sigma^{(1-0.259)/0.259} \cdot \frac{198753 \times \pi^{1/2 \times 0.259}}{928.2^{1/0.259}} \right)^{\frac{-2 \times 14.1 \times 0.259}{2 \times 0.259 - 14.1}} \times 1$$

$$= \left(\sigma^{2.861} \cdot \frac{198753 \times \pi^{1.9305}}{928.2^{3.861}} \right)^{0.538} \times 1(\text{mm})$$

将计算结果的数据，再列入表 1-7 中。

（2）计算各级损伤应力强度因子 σ'_1 和裂纹因子 σ_I。

第1章 连续材料和结构中损伤体与裂纹体的强度计算

取表1-7各级损伤值D_i，计算损伤应力强度因子σ'_1，计算如下：

$$\sigma'_1 = \left(\frac{K \times D_i^{(2nb+1)/2}}{E^n \times \pi^{1/2}}\right)^{\frac{1}{1-n}} = \left(\frac{928.2 \times D_i^{[2 \times 0.259 \times (-0.0709)+1]/2}}{198753^{0.259} \times \pi^{1/2}}\right)^{\frac{1}{1-0.259}} (\text{MPa} \cdot \text{damage-unit})$$

同样地，取表1-7各裂纹尺寸，计算裂纹应力强度因子σ_1（也是此种形式，但单位不同），例如：

$$\sigma_1 = \left(\frac{K \times a^{(2nb+1)/2}}{E^n \times \pi^{1/2}}\right)^{\frac{1}{1-n}} = \left(\frac{928.2 \times a^{[2 \times 0.259 \times (-0.0709)+1]/2}}{198753^{0.259} \times \pi^{1/2}}\right)^{\frac{1}{1-0.2593}} (\text{MPa})$$

（3）按下式，代入Q235A的相关性能数据，再将各个应力值和损伤值（裂纹尺寸）代入，计算各个损伤值下强度系数K：

$$K = \frac{\sigma_i^{1-n} E^n \times \pi^{1/2}}{D_i^{(2nb+1)/2}} = \frac{\sigma_i^{1-0.259} 198753^{0.259} \times \pi^{1/2}}{D_i^{[2 \times 0.259 \times (-0.0709)+1]/2}}$$

$$K = \frac{\sigma_i^{1-n} E^n \times \pi^{1/2}}{a_i^{(2nb+1)/2}} \times c_1 = \frac{\sigma_i^{1-0.259} 198753^{0.259} \times \pi^{1/2}}{a_i^{[2 \times 0.259 \times (-0.0709)+1]/2}} \times 1 (\text{mm})$$

按照各个计算式计算结果的数据，将各相关数据列在表1-8中；根据表中的各类数据绘制成当量损伤值（裂纹尺寸）、损伤或裂纹应力因子和强度系数的曲线于图1-4、图1-5。

表1-8　Q235A在各应力、损伤值（裂纹尺寸）以及强度系数的计算数据

σ/MPa	150	200	240	280	324.6	400	500	650	800	976.4
D/damage-units；a/mm	3.56	5.55	7.35	9.31	11.69	16.13	22.74	34.05	46.87	60.73
K/MPa（计算值）	928	927.8	927.6	928	927.5	927.6	927.56	927.55	927.5	948.1
K/MPa（实验值）	\multicolumn{10}{c}{928.2}
损伤σ'_1-因子，计算值；裂纹σ_1-因子，计算值	150	200	240.2	280.12	324.8	400.4	500.5	650.7	800.6	947.8

由表1-8中的计算数据可见：各种方法的损伤因子值σ'_1(MPa·damage-unit)，裂纹的因子值σ_1(MPa·mm)，计算结果同应力大小σ(MPa)是一致的，只是单位不同而已。这充分说明，在各级应力下，实际上材料内部已出现不同程度的损伤或微裂纹，只是肉眼观察不到而已。

从表1-8和图1-4、图1-5也可以看出，在任何一个应力值和任何一个损伤值（裂纹尺寸）下，计算出的强度系数K的实际数值都保持不变（常数），与应力大小无关，与不同应力作用下产生的损伤值（或裂纹尺寸）无关。计算出的强度系数K的各个数据，证明与原先的实验性能数据是一致的。这表

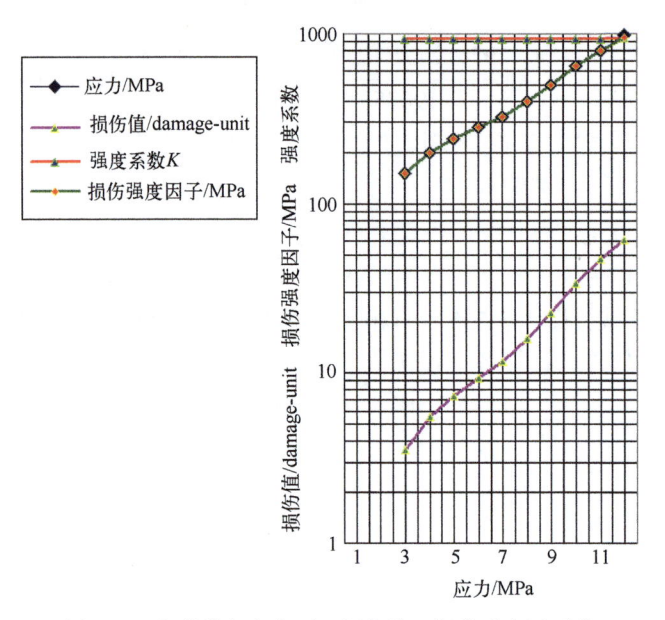

图 1-4 在递增各应力下，损伤值、损伤强度因子值
与强度系数 K 的曲线

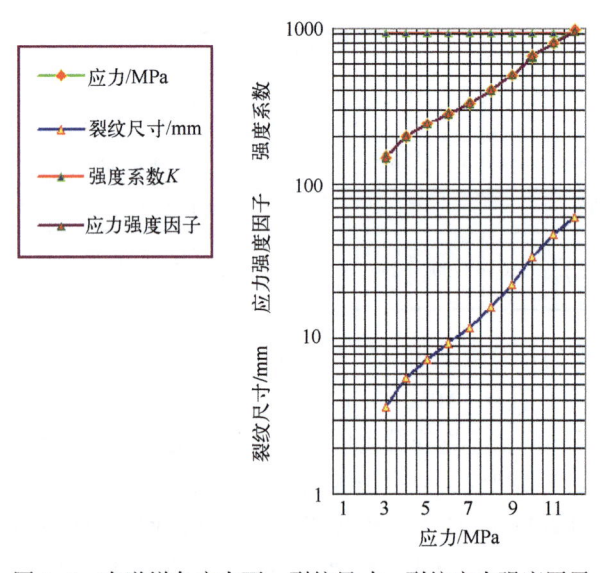

图 1-5 在递增各应力下，裂纹尺寸、裂纹应力强度因子
与强度系数 K 的曲线

24

明，这个强度系数 K 的物理意义是材料进入塑性阶段其行为演变过程具有确定值的变化率，其几何意义是塑性应变曲线上的一条切线，相当于综合图 1-1 中绿色大三角形 $JE'GG'KJ$ 后一部分梯形部分 $E'GG'K$ 的斜线 $E'G$。笔者认为，以后从其他材料的计算数据和实验数据中将会得到验证。

1.1.4 复杂应力下损伤体与裂纹体的强度计算

在实际工程中，结构处于单向静载荷下较少，因此材料力学中提出了在复杂静载荷下的强度计算问题的计算，于是出现了众所周知的第一、第二、第三、第四强度理论等论述[21-22]。而材料力学关于复杂应力下的这几大强度理论，都是基于结构材料受力过程中未出现损伤或裂纹的状态下提出的强度问题的计算和方法的论述。但是，历史和客观事实都证明，即使时代发展至数字化和人工智能的新时代，这几个基于静载荷复杂应力状态下强度理论至今仍然为工程设计和计算广泛地应用。因此它也为现代损伤力学和现代裂纹力学的创新奠定了坚实的基础；其许多理念、参数和方法，仍然为笔者作为宝贵的基因来继承和发展，从而研究和建立新的理论、数学模型和方法应用。

那么在复杂应力状态下，现代损伤力学和现代裂纹力学如何建立新的计算式？如何继承和应用？下文论述在静载荷下如何求解这些问题。

作者仍然基于"基因原理"的理念，对连续介质材料在复杂应力下，从微观损伤（微裂纹）的萌生，向细观损伤演化（细观裂纹生长）至宏观扩展过程中，提出了损伤力学和裂纹力学中新的驱动力模型，以及新的损伤体（裂纹体）强度计算问题的计算模型。

方法 1：σ-型

1. 损伤体（裂纹体）第一强度理论与损伤体当量（裂纹体当量）应力强度因子

无损伤（无裂纹）的连续介质材料，在三向应力状况下，如果三个主应力的关系是 $\sigma_1 > \sigma_2 > \sigma_3$，第一种损伤体（裂纹体）强度理论认为最大拉伸应力是引起材料损伤（或萌生裂纹）而导致破坏的主要因素[17-18]。此时，σ_1 为最大的拉伸应力，认为当量应力 σ_{equ} 与最大主应力的关系是 $\sigma_{equ} = \sigma_1 = \sigma_{max}$。

按照这个逻辑，本文定义第一种损伤体（裂纹体）强度理论，建立损伤体当量应力强度因子 σ'_{1-equ}（或裂纹体当量应力强度因子 σ_{1-equ}），它们等效于最大损伤应力强度因子 σ'_{1max}，即 $\sigma'_{1-equ} = \sigma'_{1max}$；最大的裂纹应力强度因子，即 $\sigma_{1-equ} = \sigma_{1max}$。

损伤体当量应力强度因子 σ'_{1-equ} 的表达式如下：

$$\sigma'_{1\text{-equ}} = \left(\frac{K \times D_{\text{equ}}^{(m-2\times n)/2\times m}}{E^n \times \pi^{1/2}}\right)_{1\text{-equ}}^{\frac{1}{1-n}} (\text{MPa}) \qquad (1-61)$$

式中：D_{equ} 为当量损伤值，可按式（1-3）计算得出。而裂纹体当量应力强度因子 $\sigma_{1\text{-equ}}$ 的表达式为

$$\sigma_{1\text{-equ}} = \sigma_{1\text{-max}} = \left(\frac{K \times a_{\text{equ}}^{(m-2\times n)/2\times m}}{E^n \times \pi^{1/2}}\right)_{1\text{-equ}}^{\frac{1}{1-n}} \times c_1 (\text{MPa} \cdot \text{mm}) \qquad (1-62)$$

式中：a_{equ} 为当量裂纹尺寸，可按式（1-4）计算。

按此强度理论，建立"$\sigma'_{1\text{-equ}}$-型的当量损伤应力强度因子"（$\sigma'_{1\text{-equ}}$-型）的强度准则如下：

$$\sigma'_{1\text{-equ}} = \left(\frac{K \times D_{\text{equ}}^{(2nb+1)/2}}{E^n \times \pi^{1/2}}\right)^{\frac{1}{1-n}} \leqslant [\sigma'_1] = \frac{\sigma'_{\text{IC}}}{n_1 \text{ 或 } n_2} (\text{MPa} \cdot \text{damage-unit}) \qquad (1-63)$$

建立"$\sigma_{1\text{-equ}}$-型当量裂纹应力强度因子"的强度准则为

$$\sigma_{1\text{-equ}} = \left(\frac{K \times a_{\text{equ}}^{(2nb+1)/2}}{E^n \times \pi^{1/2}}\right)^{\frac{1}{1-n}} \leqslant [\sigma_1] = \frac{\sigma_{\text{IC}}}{n_1 \text{ 或 } n_2} (\text{MPa} \cdot \text{mm}) \qquad (1-64)$$

式中，"$\sigma'_{1\text{-equ}}$"的完整定义是：按第一种损伤或裂纹强度理论所建立的 $\sigma'_{1\text{-equ}}$（$\sigma_{1\text{-equ}}$）型的当量损伤或裂纹应力因子；σ'_{IC}（σ_{IC}）是其临界应力强度因子。

因为第一种裂纹强度理论未考虑 σ_2 和 σ_3 的影响，在纯剪切的条件下最大的拉应力等于剪应力，$\sigma_1 = \tau$，得出 $\sigma_1 = \tau \leqslant [\sigma]$。根据文献[1-4]推导和论述，在纯剪切的条件下，损伤体或裂纹体其拉伸型和剪切之间的逻辑关系，使Ⅰ-型当量损伤因子等于Ⅱ-型当量损伤裂纹因子，$\sigma'_{1\text{-equ}} = \sigma'_{\text{Ⅱ}}$；Ⅰ-型当量裂纹因子等于Ⅱ-型当量裂纹因子，$\sigma_{1\text{-equ}} = \sigma_{\text{Ⅱ}}$。

因此，可得出Ⅱ-型损伤强度因子 $\sigma'_{\text{Ⅱ}}$ 的强度准则：

$$\sigma'_{\text{Ⅱ}} = \left(\frac{K \times D_{\text{equ}}^{(2nb+1)/2}}{E^n \times \pi^{1/2}}\right)^{\frac{1}{1-n}} \leqslant [\sigma'_1] = \frac{\sigma'_{\text{IC}}}{n_1 \text{ 或 } n_2} (\text{MPa} \cdot \text{damage-unit})$$

Ⅱ-型裂纹应力因子强度因子 $\sigma'_{\text{Ⅱ}}$ 的强度准则：

$$\sigma_{\text{Ⅱ}} = \left(\frac{K \times a_{\text{equ}}^{(2nb+1)/2}}{E^n \times \pi^{1/2}}\right)^{\frac{1}{1-n}} \leqslant [\sigma'_1] = \frac{\sigma_{\text{IC}}}{n_1 \text{ 或 } n_2} (\text{MPa} \cdot \text{mm}) \qquad (1-65)$$

2. 损伤体（裂纹体）第二强度理论与损伤体当量（裂纹体当量）应力强度因子

对于连续介质的材料，在复杂应力下，第二种损伤体（裂纹体）强度理论，假定最大拉伸引起的线应变量 ε 是材料引发损伤（萌生裂纹）导致断裂的主要因素。根据这一思路，三个主应力 σ_1、σ_2 和 σ_3 对损伤体（裂纹体）

第1章 连续材料和结构中损伤体与裂纹体的强度计算

强度问题的影响所建立的当量应力强度因子 $\sigma_{2\text{-equ}}$，有如下关系：

$$\sigma_{2\text{-equ}} = \tau = \sigma_1 - \mu(\sigma_2 + \sigma_3) = (0.7 \sim 0.8)\sigma_1 \leq [\sigma] = \sigma_s/n \quad (1\text{-}66)$$

式中：μ 为一个泊松比，$\mu = 0.25 \sim 0.42$。所以，第一种损伤体（裂纹体）强度理论的当量值 $\sigma_{1\text{-equ}}$ 与第二种损伤体（裂纹体）强度理论的当量值 $\sigma_{2\text{-equ}}$ 之间的关系为

$$\sigma_{2\text{-equ}} = (0.7 \sim 0.8)\sigma_{1\text{-equ}} = (0.7 \sim 0.8)\sigma_{1\max} \quad (1\text{-}67)$$

由此推导建立第二种当量损伤应力强度因子如下：

$$\sigma'_{2\text{-equ}} = (0.7 \sim 0.8)\left(\frac{K \times D_{\text{equ}}^{(m-2\times n)/2\times m}}{E^n \times \pi^{1/2}}\right)_{1\text{-equ}}^{\frac{1}{1-n}} (\text{MPa}) \quad (1\text{-}68)$$

当量裂纹体应力强度因子为

$$\sigma_{2\text{-equ}} = (0.7 \sim 0.8)\left(\frac{K \times a_{\text{equ}}^{(m-2\times n)/2\times m}}{E^n \times \pi^{1/2}}\right)_{1\text{-equ}}^{\frac{1}{1-n}} \times c_1 (\text{MPa} \cdot \text{mm}) \quad (1\text{-}69)$$

因此，按此强度理论所建立的Ⅱ-型损伤体强度准则如下：

$$\sigma'_{2\text{-equ}} = (0.7 \sim 0.8)\left(\frac{K \times D_{\text{equ}}^{(m-2\times n)/2\times m}}{E^n \times \pi^{1/2}}\right)_{1\text{-equ}}^{\frac{1}{1-n}} \leq [\sigma'_1] = \frac{\sigma'_{\text{IC}}}{n} (\text{MPa}) \quad (1\text{-}70)$$

Ⅱ-型裂纹体强度准则为

$$\sigma_{2\text{-equ}} = (0.7 \sim 0.8)\left(\frac{K \times a_{\text{equ}}^{(m-2\times n)/2\times m}}{E^n \times \pi^{1/2}}\right)_{1\text{-equ}}^{\frac{1}{1-n}} \leq [\sigma_1] = \frac{\sigma_{\text{IC}}}{n} (\text{MPa}) \quad (1\text{-}71)$$

式中，$\sigma'_{2\text{-equ}}$ 的完整定义是：按第二种损伤体（裂纹体）强度理论所建立的 $\sigma'_{2\text{-equ}}$-型（$\sigma_{2\text{-equ}}$-型）当量损伤体（裂纹体）应力因子。

还必须指出，式中符号的物理概念上的区别：$\sigma'_{1\text{-equ}}(\sigma_{1\text{-equ}})$ 为按第一损伤体（裂纹体）强度建立的当量损伤体（裂纹体）强度应力因子。其含有复杂应力下的组合应力的概念；而 $\sigma'_1(\sigma_1)$ 为Ⅰ-型损伤体（裂纹体）因子，其是复杂应力下最大拉应力 σ_1 对应的因子。

3. 损伤体（裂纹体）第三强度理论与损伤体当量（裂纹体当量）应力强度因子

对于连续介质材料，在复杂应力下，第三种裂纹强度理论认为最大剪应力是引起材料产生损伤或裂纹导致断裂的主要因素。

按照这一理论，它考虑主应力 σ_1 和 σ_3 对强度的影响是主要的因素。因此，它建立的当量应力 $\sigma_{3\text{-equ}}$ 的强度准则应该是如下形式：

$$\sigma_{3\text{-equ}} = \sigma_1 - \sigma_3 \leq [\sigma] = \sigma_s/n \quad (1\text{-}72)$$

在纯剪切条件下

$$\tau \leqslant \frac{[\sigma]}{2} = [\tau] \tag{1-73}$$

而损伤体当量应力强度因子 σ'_{3-equ} 的表达式为

$$\sigma'_{3-equ} = 0.5 \left(\frac{K \times D_{equ}^{(m-2 \times n)/2 \times m}}{E^n \times \pi^{1/2}} \right)_{1-equ}^{\frac{1}{1-n}} (\mathrm{MPa}) \tag{1-74}$$

裂纹体当量应力强度因子 σ_{3-equ} 的表达式为

$$\sigma_{3-equ} = 0.5 \left(\frac{K \times a_{1-equ}^{(m-2 \times n)/2 \times m}}{E^n \times \pi^{1/2}} \right)_{1-equ}^{\frac{1}{1-n}} \times c_1 (\mathrm{MPa \cdot mm}) \tag{1-75}$$

按此强度理论，建立"σ'_{3-equ}-型的当量损伤应力强度因子"的强度准则如下：

$$\sigma'_{3-equ} = 0.5 \left(\frac{K \times D_{equ}^{(2nb+1)/2}}{E^n \times \pi^{1/2}} \right)^{\frac{1}{1-n}} \leqslant [\sigma'_3] = 0.5 \frac{\sigma'_{IC}}{n_1 \text{ 或 } n_2} (\mathrm{MPa \cdot damage-unit}) \tag{1-76}$$

建立"σ_{3-equ}-型的当量裂纹应力强度因子"的强度准则为

$$\sigma_{3-equ} = 0.5 \left(\frac{K \times a_{equ}^{(2nb+1)/2}}{E^n \times \pi^{1/2}} \right)^{\frac{1}{1-n}} \times c_1 \leqslant [\sigma_{3-equ}] = 0.5 \frac{\sigma_{IC}}{n_1 \text{ 或 } n_2} (\mathrm{MPa \cdot mm}) \tag{1-77}$$

式中：σ_{3-equ} 的完整定义是：按第三种损伤体（裂纹体）强度理论所建立的 σ_{3-equ}-型当量损伤体（裂纹体）应力因子。

4. 损伤体（裂纹体）第四强度理论与损伤体当量（裂纹体当量）应力强度因子

对于连续材料，在复杂应力下，第四种损伤体（裂纹体）强度理论认为形状改变比能是引起材料流动产生损伤或裂纹而导致断裂的主要原因。

根据这一理论，主应力 σ_1、σ_2 和 σ_3 对强度的影响，其建立的当量应力 σ_{4-equ} 的强度准则为[21-22]

$$\sigma_{4-equ} = \frac{\sigma_{1-equ}}{\sqrt{3}} \leqslant [\sigma] = \frac{\sigma_{Ifc-equ}}{n\sqrt{3}} (\mathrm{MPa}) \tag{1-78}$$

例如，

$$\sigma_{4-equ} = \sqrt{0.5[(\sigma_1-\sigma_2)^2+(\sigma_2-\sigma_3)^2+(\sigma_3-\sigma_1)^2]}$$
$$= \sqrt{0.5[(\tau-0)^2+(0+\tau)^2+(-\tau-\tau)^2]} = \sqrt{3} \cdot \tau = (\sigma_1/\sqrt{3}) \leqslant [\sigma] (\mathrm{MPa}) \tag{1-79}$$

按照上述关系，也可以按此理论推导并建立其损伤体（裂纹体）应力强度因

第1章 连续材料和结构中损伤体与裂纹体的强度计算

子的计算式。

损伤体（裂纹体）应力强度因子的计算式如下：

$$\sigma'_{4\text{-equ}} = \frac{1}{\sqrt{3}} \left(\frac{K \times D_{\text{equ}}^{(m-2\times n)/2\times m}}{E^n \times \pi^{1/2}} \right)_{1\text{-equ}}^{\frac{1}{1-n}} (\text{MPa}) \qquad (1\text{-}80)$$

裂纹体应力强度因子的计算式为

$$\sigma_{4\text{-equ}} = \frac{1}{\sqrt{3}} \left(\frac{K \times a_{\text{equ}}^{(m-2\times n)/2\times m}}{E^n \times \pi^{1/2}} \right)_{1\text{-equ}}^{\frac{1}{1-n}} \times c_1 (\text{MPa} \cdot \text{mm}) \qquad (1\text{-}81)$$

按此强度理论，建立"$\sigma'_{4\text{-equ}}$-型的当量损伤应力强度因子"的强度准则如下：

$$\sigma'_{4\text{-equ}} = \frac{1}{\sqrt{3}} \left(\frac{K \times D_{\text{equ}}^{(2nb+1)/2}}{E^n \times \pi^{1/2}} \right)^{\frac{1}{1-n}} \leq [\sigma'_{4\text{-equ}}] = \frac{1}{\sqrt{3}} \times \frac{\sigma'_{\text{IC}}}{n_1 \text{ 或 } n_2} (\text{MPa} \cdot \text{damage-unit})$$

$$(1\text{-}82)$$

当量裂纹体应力强度因子为

$$\sigma_{4\text{-equ}} = \frac{1}{\sqrt{3}} \left(\frac{K \times a_{\text{equ}}^{(2nb+1)/2}}{E^n \times \pi^{1/2}} \right)^{\frac{1}{1-n}} \times c_1 \leq [\sigma_{4\text{-equ}}] = \frac{1}{\sqrt{3}} \times \frac{\sigma_{\text{IC}}}{n_1 \text{ 或 } n_2} (\text{MPa} \cdot \text{mm}) \qquad (1\text{-}83)$$

式中，$\sigma'_{2\text{-equ}}$的完整定义是：按第四种损伤体（裂纹体）强度理论所建立的$\sigma'_{4\text{-equ}}$-型（$\sigma_{4\text{-equ}}$-型）当量损伤体（裂纹体）应力因子。

方法 2：β-型

1. 损伤体（裂纹体）第一强度理论与损伤体当量（裂纹体当量）应力强度因子

在三向应力状况下，第一种损伤体（裂纹体）强度理论认为最大拉伸应力是引起材料损伤（或萌生裂纹）而导致破坏的主要因素，此时，当量应力σ_{equ}与最大主应力的关系是$\sigma_{\text{equ}} = \sigma_1 = \sigma_{\max}$。因此，采用方法2（$\beta$-型）时，其损伤体当量应力强度因子$\beta'_{1\text{-equ}}$的表达式如下：

$$\beta'_{1\text{-equ}} = \left(\frac{K^2}{E^{2n}} \times \frac{D_{\text{equ}}}{\pi} \right)^{\frac{1}{2(1-n)}} (\text{MPa}) \qquad (1\text{-}84)$$

其当量损伤因子强度准则，形式如下：

$$\beta'_{1\text{-equ}} = \left(\frac{K^2}{E^{2n}} \times \frac{D_{\text{equ}}}{\pi} \right)^{\frac{1}{2(1-n)}} \leq [\beta'_1] = \frac{\beta'_{\text{Ifc}}}{n} (\text{MPa}) \qquad (1\text{-}85)$$

式中：D_{equ}为当量损伤值，可按式（1-14）计算得出。

而裂纹体当量应力强度因子$\beta_{1\text{-equ}}$的表达式为

$$\beta_{1\text{-equ}} = \left(\frac{K^2}{E^{2n}} \times \frac{a_{\text{equ}}}{\pi} \right)^{\frac{1}{2(1-n)}} (\text{MPa}) \qquad (1\text{-}86)$$

其裂纹体当量应力强度因子准则为

$$\beta_{1\text{-equ}} = \left(\frac{K^2}{E^{2n}} \times \frac{a_{\text{equ}}}{\pi}\right)^{\frac{1}{2(1-n)}} \times c_1 \leq [\beta'_{\text{I}}] = \frac{\beta_{\text{Ifc}}}{n}(\text{MPa}) \qquad (1-87)$$

式中：a_{equ} 为当量裂纹尺寸，可按式（1-15）计算。

正如上文所述，同样地，在纯剪切的条件下最大拉应力等于剪应力，$\sigma_1 = \tau$，得出 $\sigma_1 = \tau \leq [\sigma]$。Ⅰ-型当量裂纹因子等于Ⅱ-型当量裂纹因子，因此，$\beta_{1\text{-equ}} = \beta_{\text{II}}$。

因此，可得出Ⅱ-型损伤强度因子 β'_{II} 的强度准则：

$$\beta'_{\text{II}} = \beta'_{1\text{-equ}}\left(\frac{K^2}{E^{2n}} \times \frac{D_{\text{equ}}}{\pi}\right)^{\frac{1}{2(1-n)}} \leq [\beta'_{\text{I}}] = \frac{\beta'_{\text{Ifc}}}{n} = \frac{\sigma'_{\text{Ifc}}}{n}(\text{MPa}) \qquad (1-88)$$

式中：D_{equ} 为当量损伤值，可按式（1-14）计算得出。而裂纹体当量应力强度因子 $\beta_{1\text{-equ}}$ 的表达式为

$$\beta_{1\text{-equ}} = \left(\frac{K^2}{E^{2n}} \times \frac{a_{\text{equ}}}{\pi}\right)^{\frac{1}{2(1-n)}}(\text{MPa}) \qquad (1-89)$$

其裂纹体当量应力强度因子准则为

$$\beta_{1\text{-equ}} = \left(\frac{K^2}{E^{2n}} \times \frac{a_{\text{equ}}}{\pi}\right)^{\frac{1}{2(1-n)}} \times c_1 \leq [\beta_{\text{I}}] = \frac{\beta_{\text{Ifc}}}{n} = \frac{\sigma_{\text{Ifc}}}{n}(\text{MPa}) \qquad (1-90)$$

2. 损伤体（裂纹体）第二强度理论与损伤体当量（裂纹体当量）应力强度因子

第二种损伤体（裂纹体）强度理论认为，最大拉伸引起的线应变量 ε 是材料引发损伤（萌生裂纹）导致断裂的主要因素。

用 β-型方法，按此强度理论，其当量损伤应力强度因子应是如下形式：

$$\beta'_{2\text{-equ}} = (0.7 \sim 0.8)\left(\frac{K^2}{E^{2n}} \times \frac{D_{\text{equ}}}{\pi}\right)_{\text{equ}}^{\frac{1}{2(1-n)}}(\text{MPa}) \qquad (1-91)$$

而裂纹体当量应力强度因子 $\beta_{2\text{-equ}}$ 的表达式为

$$\beta_{2\text{-equ}} = (0.7 \sim 0.8)\left(\frac{K^2}{E^{2n}} \times \frac{a_{\text{equ}}}{\pi}\right)_{\text{equ}}^{\frac{1}{2(1-n)}} \times c_1(\text{MPa} \cdot \text{mm}) \qquad (1-92)$$

其当量损伤因子强度准则，形式如下：

$$\beta'_{2\text{-equ}} = (0.7 \sim 0.8)\left(\frac{K^2}{E^{2n}} \times \frac{D_{\text{equ}}}{\pi}\right)^{\frac{1}{2(1-n)}} \leq [\beta'_{\text{I}}] = \frac{\beta'_{\text{Ifc}}}{n}(\text{MPa}) \qquad (1-93)$$

第1章 连续材料和结构中损伤体与裂纹体的强度计算

当量裂纹体应力强度因子强度准则为

$$\beta_{2\text{-equ}} = (0.7 \sim 0.8) \left(\frac{K^2}{E^{2n}} \times \frac{a_{\text{equ}}}{\pi} \right)^{\frac{1}{2(1-n)}} \times c_1 \leq [\beta_1'] = \frac{\beta_{\text{Ifc}}'}{n} (\text{MPa} \cdot \text{mm}) \quad (1-94)$$

3. 损伤体（裂纹体）第三强度理论与损伤体当量（裂纹体当量）应力强度因子

第三损伤体（裂纹体）强度理论认为，最大剪应力是引起材料损伤（萌生裂纹）导致断裂的主要因素。按照这一理论，其考虑主应力 σ_1 和 σ_3 对强度的影响是主要因素。因此，用第二种 β-型方法计算损伤体当量应力强度因子 $\beta_{3\text{-equ}}'$ 的表达式应该为

$$\beta_{3\text{-equ}}' = 0.5 \left(\frac{K^2}{E^{2n}} \times \frac{D_{\text{equ}}}{\pi} \right)_{\text{equ}}^{\frac{1}{2(1-n)}} (\text{MPa}) \quad (1-95)$$

裂纹体当量应力强度因子 $\beta_{3\text{-equ}}$ 的表达式为

$$\beta_{3\text{-equ}} = 0.5 \left(\frac{K^2}{E^{2n}} \times \frac{a_{\text{equ}}}{\pi} \right)_{\text{equ}}^{\frac{1}{2(1-n)}} \times c_1 (\text{MPa}) \quad (1-96)$$

按此强度理论，建立"$\beta_{3\text{-equ}}'$-型的当量损伤应力强度因子"的强度准则如下：

$$\beta_{3\text{-equ}}' = 0.5 \left(\frac{K^2}{E^{2n}} \times \frac{D_{\text{equ}}}{\pi} \right)_{\text{equ}}^{\frac{1}{2(1-n)}} \times c_1 \leq [\sigma_{\text{equ}}] = 0.5 \frac{\sigma_{\text{Ic}}}{n} (\text{MPa}) \quad (1-97)$$

同时，建立"$\sigma_{3\text{-equ}}$-型的当量裂纹应力强度因子"的强度准则为

$$\beta_{3\text{-equ}} = 0.5 \left(\frac{K^2}{E^{2n}} \times \frac{a_{\text{equ}}}{\pi} \right)_{\text{equ}}^{\frac{1}{2(1-n)}} \times c_1 \leq [\sigma_{\text{equ}}] = 0.5 \frac{\sigma_{\text{Ic}}}{n} (\text{MPa} \cdot \text{mm})$$

4. 损伤体（裂纹体）第四强度理论与损伤体当量（裂纹体当量）应力强度因子

第四种损伤体（裂纹体）强度理论认为形状改变比能是引起材料流动产生损伤或裂纹而导致断裂的主要原因。

根据这一理论，其建立的当量应力 $\beta_{4\text{-equ}}$ 的强度因子为

$$\beta_{4\text{-equ}}' = \frac{1}{\sqrt{3}} \left(\frac{K^2}{E^{2n}} \times \frac{D_{\text{equ}}}{\pi} \right)_{\text{equ}}^{\frac{1}{2(1-n)}} (\text{MPa}) \quad (1-98)$$

裂纹体应力强度因子的计算式为

$$\beta_{4\text{-equ}} = \frac{1}{\sqrt{3}} \left(\frac{K^2}{E^{2n}} \times \frac{a_{\text{equ}}}{\pi} \right)_{\text{equ}}^{\frac{1}{2(1-n)}} \times c_1 (\text{MPa} \cdot \text{mm}) \quad (1-99)$$

按此强度理论，建立 $\beta_{4\text{-equ}}'$-型的当量损伤应力强度因子的强度准则如下：

$$\beta'_{4-\text{equ}} = \frac{1}{\sqrt{3}} \left(\frac{K^2}{E^{2n}} \times \frac{D_{\text{equ}}}{\pi} \right)_{\text{equ}}^{\frac{1}{2(1-n)}} \leq [\beta_{4-\text{equ}}] = \frac{1}{\sqrt{3}} \frac{\sigma_{1c}}{n} (\text{MPa}) \quad (1-100)$$

当量裂纹体应力强度因子为

$$\beta_{4-\text{equ}} = \frac{1}{\sqrt{3}} \left(\frac{K^2}{E^{2n}} \times \frac{a_{\text{equ}}}{\pi} \right)_{\text{equ}}^{\frac{1}{2(1-n)}} \leq [\beta_{4-\text{equ}}] = \frac{1}{\sqrt{3}} \frac{\sigma_{1c}}{n} (\text{MPa}) \quad (1-101)$$

此外，上述许多准则中，必须考虑安全系数 n 对临界值的修正。一般说来，在静载荷下和复杂应力条件下，第一损伤体和第二损伤体（裂纹体）应力强度因子的计算理论、准则和计算方法，可适用于某些像铸铁、石料、混凝土、玻璃等容易破坏的脆性材料；第三损伤体和第四损伤体（裂纹体）应力强度因子的计算理论、准则和计算方法，可适用于某些碳钢、铜、铝等容易发生塑性变形的材料[13-14]。应该说明，不同材料会发生不同形式的破坏，但有时即使是同一种材料，在不同应力状况下，也可能出现不同的破坏形式。碳钢是典型的塑性材料，在单向拉应力作用下，会出现塑性流动而被破坏；但它在三向拉应力作用下，会产生断裂。由碳钢制成的螺杆连接件，在螺纹根部由于应力集中所引起的三向拉伸应力，这部位的材料很容易发生断裂。反之，作为典型的脆性材料的铸铁，在单向拉伸应力作用下，以断裂形式破坏，如果制成两个铸铁球和铸铁板，在单向压力作用下，受压强度较高；但在三向压应力状态下，随着压力的增大，铸铁板会出现明显的凹痕。因此，无论是塑性材料还是脆性材料，在三向拉应力状况下，都要采用第一损伤体（裂纹体）应力强度计算准则；而在三向压应力状况下，都要采用第三损伤体或第四损伤体（裂纹体）应力强度计算准则。可见，每一损伤体（裂纹体）应力强度计算式和强度准则，都只是有限的应用范围，要依据实际和具体的情况，与实验结合，谨慎应用。

计算实例

假定有一个由 16Mn[19] 钢制的压力容器，其壁厚 $t = 10\text{mm}$，直径 $D = 1000\text{mm}$；材料的强度极限 $\sigma_b = 572.5\text{MPa}$，屈服强度应力 $\sigma_s = 360.7\text{MPa}$；弹性模量 $E = 200741\text{MPa}$；单调载荷下强度系数 $K = 856.1\text{MPa}$；单调载荷下应变硬化指数为 $n = 0.1813$；强度系数 $\sigma_f = 1118.3\text{MPa}$，强度指数 $b = -0.0943$，强度指数 $m = 10.6$；延性系数 $\varepsilon_f = 1.0729$，延性指数 $c_1 = -0.5395$。假如工作压力 $P = 3\text{MPa}$，若暂不考虑结构因素的影响（如尺寸、加工、应力集中等），试用方法 1（σ-型）和方法 2（β-型）两种方法，并按第三损伤体（裂纹体）应力强度计算理论，以及按第四损伤体（裂纹体）两种强度计算理论，分别计

第1章 连续材料和结构中损伤体与裂纹体的强度计算

算此容器在三向拉应力加载下,对其损伤体(裂纹体)应力强度因子值 $\sigma'_{3\text{-equ}}$、$\sigma_{3\text{-equ}}$ 和 $\sigma'_{4\text{-equ}}$、$\sigma_{4\text{-equ}}$,$\beta'_{3\text{-equ}}(\beta_{3\text{-equ}})$ 和 $\beta'_{4\text{-equ}}(\beta_{4\text{-equ}})$ 做比较计算。

计算过程和方法如下:

1. 相关参数的计算

对容器受力产生的二向或三向应力的分析和计算。

1)传统材料力学和容器设计计算

将容器直径、厚度和所受的压力数据代入如下容器设计计算式,计算其纵向、横向和径向应力。

(1)容器纵向应力的计算。

纵向应力计算式如下:

$$\sigma_l = \frac{PD}{2 \times t} = \frac{3 \times 1000}{2 \times 10} = 150(\text{MPa})$$

(2)容器横向应力的计算。

$$\sigma_c = \frac{PD}{4 \times t} = \frac{3 \times 1000}{4 \times 10} = 75(\text{MPa})$$

按压力容器设计应力分析,此容器属薄壁容器,其径向应力 $\sigma_r = 0$,只有两向应力状态。此时其 $\sigma_1 > \sigma_2 > \sigma_3$ 关系应为

$$\sigma_1 = 150\text{MPa}, \quad \sigma_2 = 75\text{MPa}, \quad \sigma_3 = 0$$

2)按本书第三损伤体(裂纹体)应力强度论述,计算其当量应力

按式(1-72)计算其当量应力 $\sigma_{3\text{-equ}}$,计算如下:

$$\sigma_{3\text{-equ}} = \sigma_1 - \sigma_3 = 150 - 0 = 150(\text{MPa})$$

3)按本书第四损伤体(裂纹体)应力强度理论计算其当量应力

根据式(1-79)计算当量应力 $\sigma_{4\text{-equ}}$:

$$\sigma_{4\text{-equ}} = \sqrt{0.5[(\sigma_1-\sigma_2)^2+(\sigma_2-\sigma_3)^2+(\sigma_3-\sigma_1)^2]}$$
$$= \sqrt{0.5[(150-75)^2+(75-0)^2+(0-150)^2]} = 130(\text{MPa})$$

2. 按本书第三强度理念,用方法1(σ-型)和方法2(β-型),分别计算容器在复杂应力状态下的当量损伤值(裂纹尺寸)及其当量损伤或裂纹强度因子

1)按方法1(σ-型)计算

(1)计算其当量工作应力 $\sigma_{3\text{-equ}} = 150\text{MPa}$ 下损伤值和裂纹体尺寸。

按式(1-3)代入当量应力和材料性能数据,计算当量损伤值,计算如下:

$$D_{equ} = \left(\sigma_i^{(1-n)/n} \times \frac{E \times \pi^{1/2n}}{K'^{1/n}}\right)^{\frac{2bn'}{b(2bn'+1)}}$$

$$= \left(150^{(1-0.1813)/0.1813} \times \frac{200741 \times \pi^{1/2 \times 0.1813}}{K'^{1/0.1813}}\right)^{\frac{2\times(-0.0943)\times 0.1813}{-0.0743[2\times(-0.0943)\times 0.1813+1]}}$$

$$= \left(150^{0.4516} \times \frac{200741 \times \pi^{2.758}}{K^{5.516}}\right)^{0.375} = 1.317 (损伤单位)$$

按式（1-4）计算当量裂纹尺寸，计算如下：

$$a_i = \left(\sigma^{(1-n)/n} \times \frac{E \times \pi^{1/2 \times n}}{K'^{1/n}}\right)^{-\frac{2m \times n}{2n-m}} \times c_1$$

$$= \left(150^{(1-0.1813)/0.1813} \times \frac{200741 \times \pi^{1/2 \times 0.1813}}{856.1^{1/0.1813}}\right)^{-\frac{2\times 10.6 \times 0.1813}{2\times 0.1813-10.6}} \times 1$$

$$= \left(150^{4.516} \times \frac{200741 \times \pi^{2.758}}{856.1^{5.516}}\right)^{0.375} \times 1 = 1.317(\text{mm})$$

（2）计算在当量工作应力 $\sigma_{3-equ} = 150\text{MPa}$ 下损伤体和裂纹体应力强度因子。

按式（1-74），代入当量损伤值和材料性能数据，计算 σ-型的当量损伤应力强度因子，计算如下：

$$\sigma'_{3-equ} = 0.5\left(\frac{K \times D_i^{(2nb+1)/2}}{E^n \times \pi^{1/2}}\right)^{\frac{1}{1-n}} = 0.5\left(\frac{856.1 \times 1.317^{[2\times 0.1813 \times (-0.0943)+1]/2}}{200741^{0.1813} \times \pi^{1/2}}\right)^{\frac{1}{1-0.1813}}$$

$$= 0.5\left(\frac{856.1 \times 1.317^{0.4829}}{200741^{0.1813} \times \pi^{1/2}}\right)^{1.221} = 74.6(\text{MPa} \cdot \text{damage-unit})$$

用同样方法，按式（1-77）计算当量裂纹应力强度因子：

$$\sigma'_{3-equ} = 0.5\left(\frac{K \times a_i^{(2nb+1)/2}}{E^n \times \pi^{1/2}}\right)^{\frac{1}{1-n}} c_1 = 0.5\left(\frac{856.1 \times 1.317^{[2\times 0.1813 \times (-0.0943)+1]/2}}{200741^{0.1813} \times \pi^{1/2}}\right)^{\frac{1}{1-0.1813}}$$

$$= 0.5 \times \left(\frac{856.1 \times 1.317^{0.4829}}{200741^{0.1813} \times \pi^{1/2}}\right)^{1.221} \times 1 = 74.6(\text{MPa} \cdot \text{mm})$$

从上述计算结果可知，两计算式就损伤体与裂纹体计算，其计算式结构相同，计算结果一致。这是将损伤力学与裂纹力学建立沟通的一致结果。关键是发现和找到它们之间能沟通的科学方法和科学规律。

2）按方法2（β-型）计算

（1）代入当量应力和材料性能数据，按式（1-14）计算当量损伤值如下：

第1章 连续材料和结构中损伤体与裂纹体的强度计算

$$D_{\text{equ}} = \frac{\sigma_{\text{equ}}^{2(1-n)} \times E^{2n} \times \pi}{K^2} = \frac{150^{2(1-0.1813)} \times 200741^{2\times 0.1813} \times \pi}{856.1^2} = 1.312(\text{damage-unit})$$

按式（1-15）计算在此应力下产生的当量裂纹尺寸是

$$a_{\text{equ}} = \frac{\sigma_{\text{equ}}^{2(1-n)} \times E^{2n} \times \pi}{K^2} \times c_1 = \frac{150^{2(1-0.1813)} \times 200741^{2\times 0.1813} \times \pi}{856.1^2} \times 1 = 1.312(\text{mm})$$

（2）计算损伤体当量应力强度因子 $\beta'_{3-\text{equ}}$ 与裂纹体当量应力强度因子 $\beta_{3-\text{equ}}$。

损伤体当量应力强度因子 $\beta'_{3-\text{equ}}$ 计算如下：

$$\beta'_{3-\text{equ}} = 0.5 \left(\frac{K^2}{E^{2n}} \times \frac{a_{\text{equ}}}{\pi} \right)_{\text{equ}}^{\frac{1}{2(1-n)}} = 0.5 \left(\frac{856.1^2}{200741^{2\times 0.1813}} \times \frac{1.312}{\pi} \right)_{\text{equ}}^{\frac{1}{2(1-0.1813)}} = 75(\text{MPa})$$

裂纹体当量应力强度因子 $\beta_{3-\text{equ}}$ 计算如下：

$$\beta_{3-\text{equ}} = 0.5 \left(\frac{K^2}{E^{2n}} \times \frac{a_{\text{equ}}}{\pi} \right)_{\text{equ}}^{\frac{1}{2(1-n)}} \times c_1 = 0.5 \left(\frac{856.1^2}{200741^{2\times 0.1813}} \times \frac{1.312}{\pi} \right)_{\text{equ}}^{\frac{1}{2(1-0.1813)}} \times 1 = 75(\text{MPa} \cdot \text{mm})$$

3. 按本书第四强度理念，用方法1（σ-型）和方法2（β-型），分别计算容器在复杂应力状态下的当量损伤值（裂纹尺寸）及其当量损伤或裂纹强度因子

1）按方法1（σ-型）计算

（1）计算其当量工作应力 $\sigma_{1-\text{equ}} = 130\text{MPa}$ 下损伤值和裂纹体尺寸。

按式（1-3）代入当量应力和材料性能数据，计算当量损伤值，计算如下：

$$D_{\text{equ}} = \left(\sigma_i^{(1-n)/n} \times \frac{E \times \pi^{1/2n}}{K'^{1/n}} \right)^{\frac{2bn'}{b(2bn'+1)}}$$

$$= \left(130^{(1-0.1813)/0.1813} \times \frac{200741 \times \pi^{1/(2\times 0.1813)}}{K'^{1/0.1813}} \right)^{\frac{2\times(-0.0943)\times 0.1813}{-0.0743[2\times(-0.0943)\times 0.1813+1]}}$$

$$= \left(130^{0.4516} \times \frac{200741 \times \pi^{2.758}}{K^{5.516}} \right)^{0.375} = 1.039(\text{损伤单位})$$

按式（1-4）计算当量裂纹尺寸，计算如下：

$$a_i = \left(\sigma^{(1-n)/n} \times \frac{E \times \pi^{1/2n}}{K^{1/n}} \right)^{-\frac{2m\times n}{2n-m}} \times c_1$$

$$= \left(130^{(1-0.1813)/0.1813} \times \frac{200741 \times \pi^{1/(2\times 0.1813)}}{856.1^{1/0.1813}} \right)^{-\frac{2\times 10.6\times 0.1813}{2\times 0.1813-10.6}} \times 1$$

$$= \left(130^{4.516} \times \frac{200741 \times \pi^{2.758}}{856.1^{5.516}} \right)^{0.375} \times 1 = 1.039(\text{mm})$$

（2）计算在当量工作应力 $\sigma_{3-\text{equ}} = 130\text{MPa}$ 下损伤体和裂纹体应力强度因子。

按式（1-74），代入当量损伤值和材料性能数据，计算 σ-型的当量损伤应力强度因子，计算如下：

$$\sigma'_{4-equ} = \frac{1}{\sqrt{3}}\left(\frac{K \times D_i^{(2nb+1)/2}}{E^n \times \pi^{1/2}}\right)^{\frac{1}{1-n}} = \frac{1}{\sqrt{3}}\left(\frac{856.1 \times 1.039^{[2 \times 0.1813 \times (-0.0943)+1]/2}}{200741^{0.1813} \times \pi^{1/2}}\right)^{\frac{1}{1-0.1813}}$$

$$= \frac{1}{\sqrt{3}}\left(\frac{856.1 \times 1.039^{0.4829}}{200741^{0.1813} \times \pi^{1/2}}\right)^{1.221} = 75.04(\mathrm{MPa \cdot damage\text{-}unit})$$

用同样方法，按式（1-77）计算当量裂纹应力强度因子：

$$\sigma'_{4-equ} = \frac{1}{\sqrt{3}}\left(\frac{K \times a_i^{(2nb+1)/2}}{E^n \times \pi^{1/2}}\right)^{\frac{1}{1-n}} c_1 = \frac{1}{\sqrt{3}}\left(\frac{856.1 \times 1.039^{[2 \times 0.1813 \times (-0.0943)+1]/2}}{200741^{0.1813} \times \pi^{1/2}}\right)^{\frac{1}{1-0.1813}}$$

$$= \frac{1}{\sqrt{3}}\left(\frac{856.1 \times 1.039^{0.4829}}{200741^{0.1813} \times \pi^{1/2}}\right)^{1.221} \times 1 = 75.04(\mathrm{MPa \cdot mm})$$

由上述计算结果可知，两计算式就损伤体与裂纹体计算，其计算式结构相同，计算结果一致。这是将损伤力学与裂纹力学建立沟通的一致结果。关键是发现和找到它们之间能沟通的科学方法和科学规律。

2）按方法2（β-型）计算

(1) 计算在当量工作应力 $\sigma_{equ}=130\mathrm{MPa}$ 下的损伤体（裂纹体）长度。

按式（1-14）计算当量损伤值如下：

$$D_{equ} = \frac{\sigma_{equ}^{2(1-n)} \times E^{2n} \times \pi}{K^2} = \frac{130^{2(1-0.1813)} \times E^{2 \times 0.1813} \times \pi}{856.1^2} = 1.038(\mathrm{damage\text{-}unit})$$

按式（1-15）计算当量裂纹尺寸如下：

$$a_{equ} = \frac{\sigma_{equ}^{2(1-n)} \times E^{2n} \times \pi}{K^2} \times c_1 = \frac{130^{2(1-0.1813)} \times E^{2 \times 0.1813} \times \pi}{856.1^2} \times 1 = 1.038(\mathrm{mm})$$

(2) 计算其当量损伤体（裂纹体）应力强度因子。

按式（1-94）计算当量损伤体应力强度因子，计算如下：

$$\beta'_{4-equ} = \frac{1}{\sqrt{3}}\left(\frac{K^2}{E^{2n}} \times \frac{a_{equ}}{\pi}\right)_{equ}^{\frac{1}{2(1-n)}} = \frac{1}{\sqrt{3}}\left(\frac{856.1^2}{200741^{2 \times 0.1813}} \times \frac{1.038}{\pi}\right)_{equ}^{\frac{1}{2(1-0.1813)}}$$

$$= 75.05(\mathrm{MPa \cdot damage\text{-}unit})$$

按式（1-95）计算当量裂纹体应力强度因子：

$$\beta_{4-equ} = \frac{1}{\sqrt{3}}\left(\frac{K^2}{E^{2n}} \times \frac{a_{equ}}{\pi}\right)_{equ}^{\frac{1}{2(1-n)}} = \frac{1}{\sqrt{3}}\left(\frac{856.1^2}{200741^{2 \times 0.1813}} \times \frac{1.038}{\pi}\right)_{equ}^{\frac{1}{2(1-0.1813)}} = 75.05(\mathrm{MPa \cdot mm})$$

由此可见，按第四损伤体（裂纹体）强度计算理论和方法同按第三损伤体（裂纹体）强度计算理论和方法，两种计算结果是接近的。

从上述计算结果可知，两种方法、两种计算式就损伤和裂纹计算，其计算式结构完全不同，但计算结果非常接近。这充分说明连续介质材料抵抗损伤或裂纹扩展的能力，取决于材料本身的性能赋予其自身的抵抗能力。

1.2 疲劳载荷下损伤体与裂纹体的强度计算

图 1-6 中的曲线分两大部分：上面部分曲线描述材料行为演化过程中速率和寿命问题的变化，下面部分曲线 $JEE'GG'KJ$ 描述材料行为演化过程中强度问题的变化。

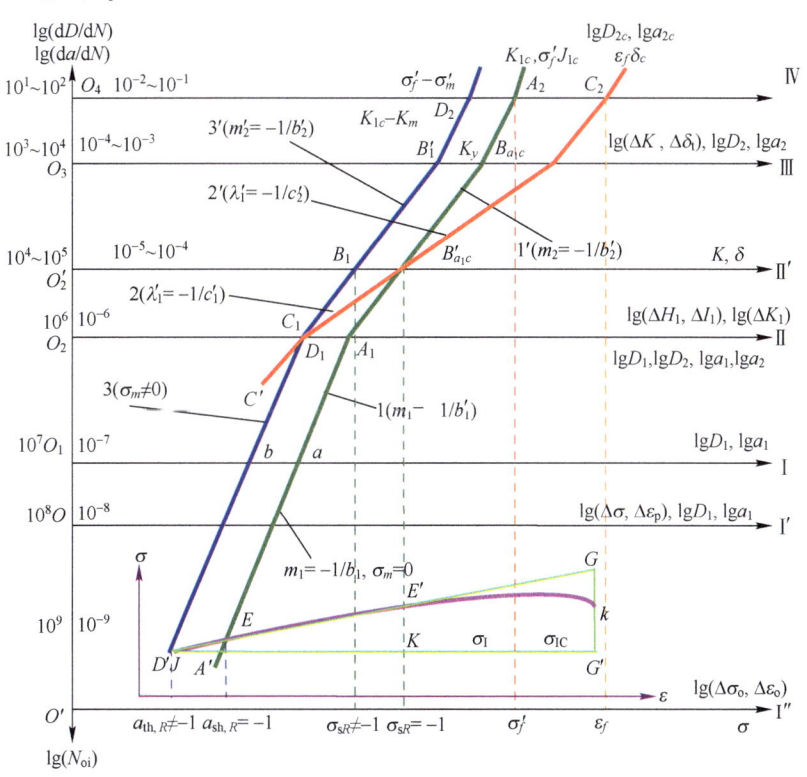

图 1-6 全过程材料行为综合图

疲劳载荷下连续材料的损伤体（裂纹体）强度计算分为两个主题：

① 单轴疲劳下的损伤体（裂纹体）强度计算；② 多轴疲劳下的损伤体（裂纹体）强度计算。

众所周知，疲劳加载下的材料行为同单调载荷下的材料行为是不同的，读者可从表1-9中看出，在单调加载下的材料行为与疲劳加载的材料行为的区别，例如，表中有7种材料，其在单调加载下屈服应力的实验数据与疲劳加载下屈服应力的实验数据都是不同的（σ_s/σ_s'）。另外，单轴疲劳加载下的材料行为与多轴疲劳加载下的材料行为也有明显的区别。下文所说的疲劳加载，首先是对单轴疲劳加载下材料行为的描述，提出其计算理论、计算模型和计算方法；而多轴疲劳加载下计算理论和方法将在下一部分讨论。

表1-9 一些材料的性能数据

材料和状态[23-24]	σ_b	σ_s/σ_s'	E	σ_{-1}	ε_f'	c'
SAE 1137			209000		1.104	-0.6207
铝合金，LY12CZ	455	289/-	71000		0.361	-0.6393
30CrMnSiA	1177	1105/-	203000	641	2.788	-0.7736
30CrMnSiNi2A	1655	1308/-	200000		2.075	-0.7816
40CrMnSiMoVA	1875	1513/-	201000		2.884	-0.8732
热轧薄板 1005-1009	345	262/228		148	0.10	-0.39
冷拉薄板 1005-1009	414	400/248		195	0.11	-0.41
1020，热轧薄板	441	262/241		152	0.41	-0.51
低合金高强度钢，热轧薄板	510	393/372		262	0.86	-0.65
RQC-100，热轧薄板	931	883/600		403	0.66	-0.69
9262，退火	924	455/524		348	0.16	-0.47
9262，淬火并回火	1000	786/648		381	0.41	-0.60
铝合金 2024-T3	469	379/427		151	0.22	-0.59
Q235A，轧态	470	324.6/-	198753	181	0.2747	-0.4907
16Mn，轧态	573	361/-	200741	298	0.4644	-0.5395
QT800-2，正火	913	584/-	160500		0.1684	-0.5792
QT450-10，铸态	498	394/-	166109		0.1461	-0.7237
钢 45，调质	898	817/-	193500	389	1.5048	-0.7338
40Cr，调质	1085	1020/-	202860		0.3809	-0.5765
TC4(Ti-6Al-4V)	989	943/-	110000		2.69	-0.96

注：σ_b 为单调加载下的强度极限（MPa）；

σ_s 为单调加载下的屈服极限（MPa）；

σ_s' 为疲劳加载下的屈服极限（MPa）；

E 为单调加载下的弹性模量（MPa）；

σ_{-1} 为疲劳极限；

ε_f' 为疲劳加载下的延性系数；

c' 为疲劳加载下的延性指数。

第1章 连续材料和结构中损伤体与裂纹体的强度计算

对于不同应力水平下全过程的材料行为演化的描述，仍采用变量"a"，所提出的某些材料在疲劳加载下的性能数据，被列在表1-9中。

注意：表1-9中疲劳加载下的屈服极限 σ_s' 是实验数据，但在一般机械手册中这类实验较缺。下面提供一个近似的可计算的计算式，即

$$\sigma_s' = \left(\frac{E}{K'^{1/n'}}\right)^{\frac{n'}{n'-1}} (\text{MPa}) \tag{1-102}$$

1.2.1 单轴疲劳载荷下损伤体与裂纹体损伤值（裂纹体裂纹尺寸）与相关常数的计算

下文就单轴疲劳加载下的损伤门槛值 D_{th} 或裂纹门槛尺寸 a_{th}，不同应力下的损伤门槛值 D_{th} 或裂纹尺寸 a_i，以及它的临界值 D_{1fc}、D_{2fc} 或临界尺寸 a_{1fc}、a_{2fc} 的计算与它们的物理含义进行说明。

1. 损伤门槛值或裂纹门槛尺寸

几乎所有的金属材料，总是存在此损伤体门槛值 D_{th} 或裂纹体门槛尺寸 a_{th}，从表1-10可见，其数值范围为0.19~0.275。在低周或高周疲劳加载下，这个损伤体门槛值（裂纹体门槛尺寸）可能出现在材料的表面。其位置相当于材料行为综合图1-6曲线 $A'A_1A_2$、$D'D_1D_2$ 同横坐标轴 O_1Ⅰ、O_2Ⅱ的交叉点上（低周疲劳相当于 A_1 点、D_1 点附近，高周疲劳相当于在 a 点、b 点附近）；在超高周疲劳加载下，它像一个鱼眼一样，往往发生在材料的次表面（A'点、D'点附近）。疲劳加载下的门槛值只取决于材料常数 b'，其也是可计算的[1-7]

$$D_{th}' = \left(\frac{1}{\pi^{0.5}}\right)^{\frac{1}{0.5+b}} = (0.564)^{\frac{1}{0.5+b}} (\text{damage-unit}) \tag{1-103}$$

$$a_{th} = \left(\frac{1}{\pi^{0.5}}\right)^{\frac{1}{0.5+b}} \times c_1 = (0.564)^{\frac{1}{0.5+b}} (\text{mm}) \tag{1-104}$$

式中：c_1 为单位换算系数，$c_1=1\text{mm}$。笔者经研究认为，这个尺寸大小同超高周疲劳下材料内部形成的"鱼眼"形状的大小很相近，因此，定义它为超高周疲劳下的损伤门槛值 $D_{th-v}=D_{th}$ 或裂纹门槛尺寸 $a_{th-v}=a_{th}$。

表1-10 一些材料损伤体门槛值 D_{th}（裂纹体门槛尺寸 a_{th}）的计算数据

材料和状态[23-24]	σ_b	σ_s/σ_s'	σ_f'	b	D_{th}/a_{th}
SAE 1137			1006	-0.0809	0.255
铝合金，LY12CZ	455	289/-	768	-0.0882	0.249

续表

材料和状态[23-24]	σ_b	σ_s/σ_s'	σ_f'	b	D_{th}/a_{th}
30CrMnSiA	1177	1105/−	1864	−0.086	0.251
30CrMnSiNi2A	1655	1038/−	2974	0.1026	0.237
40CrMnSiMoVA	1875	1513/−	3501	−0.1054	0.234
热轧薄板1005-1009	345	−/228	641	−0.109	0.231
1005-1009，冷拉薄板	414	−/248	538	−0.073	0.2615
1020，热轧薄板	441	−/241	896	−0.12	0.2215
低合金高强度钢，热轧薄板	510	−/372	807	−0.071	0.263
RQC-100，热轧薄板	931	−/600	1240	−0.07	0.264
9262，退火	924	−/524	1046	−0.071	0.263
9262，淬火并回火	1000	−/648	1220	−0.073	0.2615
铝合金2024-T3	469	−/427	1100	−0.124	0.218
Q235A，轧态	470		659	−0.0709	0.263
16Mn，轧态	573		947	−0.0943	0.244
QT800-2，正火	913		1067	−0.083	0.253
QT450-10，铸态	498	−/499	857	−0.1027	0.237
钢45，调质	898	−/566	1041	−0.0704	0.264
40Cr，调质	1085	−/740.3	1385	−0.0789	0.257
TC4(Ti-6Al-4V)	989	−/1023.5	1564	−0.07	0.264

注：σ_b 为单调加载下的强度极限（MPa）；

σ_s 为单调加载下的屈服极限（MPa）；

σ_s' 为疲劳加载下的屈服极限（MPa）；

σ_f' 为疲劳加载下的强度系数（MPa）；

b 为疲劳加载下的强度指数，$m=-1/b$；

D_{th}(damage-unit)/a_{th}(mm) 为损伤体门槛值（裂纹体门槛尺寸）。

2. 一定应力幅 σ_a 下损伤值（裂纹尺寸）的计算[1-7]

在疲劳载荷下，随着应力的增加，等效损伤 D_i 或等效裂纹尺寸 a_i 也随之增加，其计算式有若干形式。

算式1：σ-型

其等效损伤值：

第1章 连续材料和结构中损伤体与裂纹体的强度计算

$$D_i = \left(\sigma_a^{(1-n')/n'} \frac{E \times \pi^{1/2n'}}{K'^{1/n'}} \right)^{-\frac{2m' \times n'}{2n'-m'}} (\text{damage-unit}) \quad (1-105)$$

等效裂纹尺寸应该为

$$a_i = \left(\sigma_a^{(1-n')/n'} \frac{E \times \pi^{1/2n'}}{K'^{1/n'}} \right)^{-\frac{2m' \times n'}{2n'-m'}} \times c_1 (\text{mm}) \quad (1-106)$$

式中：σ_a 为一个应力幅，$\sigma_a = \Delta\sigma/2$，$\Delta\sigma$ 是一个应力范围值，$\Delta\sigma = \sigma_{max} - \sigma_{min}$；$K'$ 为低周疲劳加载下的循环强度系数；E 为一个弹性模量；$m = -1/b'$，b' 为疲劳强度指数；n' 为疲劳载荷下的应变硬化指数。应该指出，这个式中的指数是一个"负"的符号。

算式2：β-型

这种形式的等效损伤值应为

$$D_i = \frac{\sigma_a^{2(1-n')} \times E^{2n'} \times \pi}{K'^2} (\text{damage-unit}) \quad (1-107)$$

其等效裂纹尺寸为

$$a_i = \frac{\sigma_a^{2(1-n')} \times E^{2n'} \times \pi}{K'^2} \times c_1 (\text{mm}) \quad (1-108)$$

3. 两个阶段之间的过程损伤值或裂纹尺寸 a_{tr} 计算

材料从微观损伤（微裂纹）行为到宏观损伤（长裂纹）行为的演变，从理论上说，必然存在一个过渡点，因此表达其行为的数学模型也应有微观损伤到宏观损伤行为（微裂纹和长裂纹）之间的过渡值（尺寸）的计算式。

计算式1：σ-型

第一种形式，其损伤过渡值[1-7]如下：

$$D_{tr} = \left(\sigma_s'^{(1-n)/n} \frac{E \times \pi^{1/2n'}}{K'^{1/n'}} \right)^{\frac{2m \times n'}{2n'-m'}} (\text{damage-unit}) \quad (1-109)$$

裂纹过渡尺寸为

$$a_{tr} = \left(\sigma_s'^{(1-n)/n} \frac{E \times \pi^{1/2n'}}{K'^{1/n'}} \right)^{\frac{2m \times n'}{2n'-m'}} \times c_1 (\text{mm}) \quad (1-110)$$

这里还应该指出，式中的指数是一个"正"的符号。

计算式2：β-型

第二种形式，其损伤过渡值如下：

$$D_{tr} = \frac{\sigma_s'^{2(1-n')} \times E^{2n'} \times \pi}{K'^2} (\text{damage-unit}) \quad (1-111)$$

其等效过渡尺寸为

$$a_{tr} = \frac{\sigma_s'^{2(1-n')} \times E^{2n'} \times \pi}{K'^2} \times c_1 \text{ (mm)} \quad (1-112)$$

这个过渡尺寸 a_{tr} 大小，同高周疲劳下材料中形成肉眼可见的宏观损伤值或裂纹尺寸很相近，因此，定义它为高周疲劳下门槛损伤值（门槛尺寸），或称为第二门槛值（门槛尺寸），$a_{th-h} = a_{th-2} = a_{tr}$。式中的 σ_s' 是疲劳载荷下的屈服极限值，如果在手册中缺乏这样的数据，建议用下式做近似计算：

$$\sigma_s' = \left(\frac{E}{K'^{1/n}}\right)^{\frac{n'}{n'-1}} \quad (1-113)$$

表 1-11（a）和表 1-11（b）中为 12 种材料的"a_{tr}"的计算数据。其中：有一般的碳钢 45 和 Q235A；有合金钢 30CrMnSiNi2A 和 40CrMnSiMoVA；有铝合金 LY12CZ 和钛合金 TC4（Ti-6I-4V）；还有球墨铸铁 QT450-10 和 QT800-2。这些材料中有线弹性材料，有弹塑性材料；有应变硬化材料，也有应变软化材料。尽管它们的特性都不一样，但是人们可以看出，它们从微观损伤至宏观损伤（微裂纹至宏观裂纹）的过渡尺寸都为 0.3056~0.319mm。笔者认为，这个数据正是材料发生屈服行为时那个屈服变形平台的起始尺寸。

表 1-11（a） 一些材料低周疲劳下性能数据和损伤过渡值 D_{tr}
（裂纹过渡尺寸 a_{tr}）的计算值（按式（1-110）计算）

材料[19-20]	σ_s/σ_s'	K'	n'	σ_f'	b'	D_{tr}/a_{tr}
SAE 1137	-/459	1230	0.161	1006	-0.0809	0.3088
LY12CZ	289/453	802	0.113	768	-0.0882	0.311
30CrMnSiA	1105/889	1772	0.127	1864	-0.086	0.31
30CrMnSiNi2A	1308/-	2468	0.13	2974	0.1026	0.31
40CrMnSiMoVA	1513/1757	3411	0.14	3501	-0.1054	0.3074
Q235A	324/296	970	0.1824	659	-0.071	0.308
16Mn	361/356	1165	0.1871	947	-0.0943	0.3056
QT800-2	584/638	1438	0.147	1067	-0.083	0.3092
QT450-10	394/499	1128	0.1405	857	-1027	0.3075
钢 45	817/566	1113	0.1158	1041	-0.0704	0.3127
40C	1020/740.3	1229	0.0903	1385	-0.0789	0.313
TC4(Ti-6Al-4V)	943/1023.5	1420	0.07	1564	-0.07	0.315

表 1-11（b） 一些材料低周疲劳下性能数据和损伤或裂纹过渡尺寸 a_{tr} 的计算值（按式（1-111）计算）

材料[19-20]	σ_b	E	σ_s'	K'	n'	D_{tr}/a_{tr}
SAE 1137		209000	459	1230	0.161	0.318
LY12CZ	455	71022	453	802	0.113	0.318
30CrMnSiA	1177	203005	889	1772	0.127	0.318
30CrMnSiNi2A	1655	200063	1280	2468	0.13	0.318
40CrMnSiMoVA	1875	200455	1757	3411	0.14	0.318
Q235A	470	198753	296	970	0.1824	0.318
16Mn	573	200741	356	1165	0.1871	0.318
QT800-2	913	154000	643	1438	0.147	0.318
QT450-10	498	166109	499	1128	0.1405	0.318
钢 45	898	193500	566	1113	0.1158	0.319
40Cr	1085	202860	740.3	1229	0.0903	0.318
TC4(Ti-6Al-4V)	989	117215	1019	1420	0.07	0.318

4. 对应于屈服点的损伤临界值 D_{1fc} 或裂纹临界尺寸 a_{1fc} 的计算

从图 1-6 中可以看出，当应力达到屈服应力点 σ_s' 时，在几何关系上，它正处于横坐标轴 $O_3Ⅲ$ 的 B 点（$\sigma_m'=0$）和 B_1' 点（$\sigma_m'\neq 0$）位置，此时，对应于屈服应力的损伤值 D_{1fc}（裂纹临界尺寸 a_{1fc}）也可用两种方法计算。

计算式 1：σ-型

第一种形式损伤临界值为

$$D_{1fc}=\left(\sigma_s'^{(1-n')/n'}\frac{E\times\pi^{1/2n'}}{K'^{1/n'}}\right)^{-\frac{2m'\times n'}{2n'-m'}}(\text{damage-unit}) \quad (1-114)$$

其裂纹临界尺寸应为

$$a_{1fc}=\left(\sigma_s'^{(1-n')/n'}\frac{E\times\pi^{1/2n'}}{K'^{1/n'}}\right)^{-\frac{2m'\times n'}{2n'-m'}}\times c_1 \quad (1-115)$$

计算式 2：β-型

第二种形式，其等效损伤临界值 D_{1fc} 如下：

$$D_{1fc}=\frac{\sigma_s^{2(1-n')}\times E^{2n'}\times\pi}{K'^2}(\text{damage-unit}) \quad (1-116)$$

其等效临界尺寸 a_{1fc} 为

$$a_{1fc}=\frac{\sigma_s^{2(1-n')}\times E^{2n'}\times\pi}{K'^2}\times c_1(\text{mm}) \quad (1-117)$$

在表1-12中,也有12种材料按照它们的屈服应力而计算出其损伤临界值 D_{1fc} 或裂纹临界尺寸 a_{1fc}。

表1-12 12种材料的性能数据以及按屈服应力 σ'_s 计算的损伤临界值 D_{1fc}(裂纹临界尺寸 a_{1fc})

材料[19-20]	E	σ'_s	K'	n'	m'	σ'_f	a_{1fc} 式(1-109) 式(1-110)	a_{1fc} 式(1-111) 式(1-112)
SAE 1137	209000	459	1230	0.161	12.361	1006	3.238	3.14
LY12CZ	71000	453	802	0.113	11.338	768	3.216	3.14
30CrMnSiA	203000	889	1772	0.127	11.628	1864	3.23	3.14
30CrMnSiNi2A	200000	1280	2468	0.13	9.747	2974	3.229	3.14
40CrMnSiMoVA	201000	1757	3411	0.14	9.7488	3501	3.25	3.14
Q235A	198753	296	970	0.1824	14.085	659	3.244	3.14
16Mn	200741	356	1165	0.1871	10.604	947	3.272	3.14
QT800-2	160500	638	1438	0.147	12.048	1067	3.234	3.14
QT450-10	166109	499	1128	0.1405	9.737	857	3.252	3.14
钢45	193500	566	1113	0.1158	14.205	1041	3.197	3.135
40Cr	202860	740.3	1229	0.0903	12.674	1385	3.194	3.14
TC4(Ti-6Al-4V)	117215	1019	1420	0.07	12.286	1564	3.177	3.144

在表1-12中的12种材料的临界损伤值 D_{1fc}(临界裂纹尺寸 a_{1fc})数据,它们都是在3.177~3.238范围内,由此可见,这个损伤值(裂纹)临界尺寸是一个常数值,也是一个重要的性能数据。对于其物理和几何含义,笔者认为它是一般脆性材料或线弹性材料行为在达到断裂之前损伤值或裂纹尺寸,也是等效于弹塑性材料塑性流动末的当量值(尺寸)。

5. 对应于弹塑性材料断裂点的损伤值 D_{2fc}(裂纹临界尺寸 a_{2fc})的计算

类似地,当应力达到断裂应力点 σ'_f 时,在几何关系上,它正处于横坐标轴 $O_4 IV$ 的点 $A_2(\sigma'_m=0)$ 和 $D_2(\sigma'_m \neq 0)$ 位置,此时,对应于断裂应力的损伤临界值 D_{2fc}(裂纹临界尺寸 a_{2fc})可按下式计算。

算式1

此时当量损伤临界值,第一种算法为

第1章 连续材料和结构中损伤体与裂纹体的强度计算

$$D_{2\mathrm{fc}} = \left(\sigma_f'^{(1-n')/n'} \frac{E \times \pi^{1/2n'}}{K'^{1/n'}} \right)^{-\frac{2m' \times n'}{2n'-m'}} (\text{damage-unit}) \qquad (1-118)$$

其当量断裂临界尺寸为

$$a_{2\mathrm{fc}} = \left(\sigma_f'^{(1-n')/n'} \frac{E \times \pi^{1/2n'}}{K'^{1/n'}} \right)^{-\frac{2m' \times n'}{2n'-m'}} \times c_1 (\text{mm}) \qquad (1-119)$$

算式2

第二种算法当量损伤临界值如下:

$$D_{2\mathrm{fc}} = \frac{\sigma_f'^{2(1-n')} \times E^{2n'} \times \pi}{K'^2} (\text{damage-unit}) \qquad (1-120)$$

其当量断裂临界尺寸如下:

$$a_{2\mathrm{fc}} = \frac{\sigma_f'^{2(1-n')} \times E^{2n'} \times \pi}{K'^2} \times c_1 (\text{mm}) \qquad (1-121)$$

在表1-13中,也有12种材料按照它们断裂应力而计算出的临界损伤值 $D_{2\mathrm{fc}}$(临界裂纹尺寸 $a_{2\mathrm{fc}}$)。这个损伤(裂纹)临界尺寸实际上是常数值,也是重要的性能数据。对于物理和几何含义,笔者认为是一般弹塑性和塑性材料行为在达到断裂之前的强度曲线最高点位置相对应的尺寸。

表1-13 12种材料的性能数据以及断裂应力 σ_f'
计算的损伤值 $D_{2\mathrm{fc}}$(裂纹临界尺寸 $a_{2\mathrm{fc}}$)数据

材料[19-20]	E	K'	n'	σ_f'	m'	$a_{2\mathrm{fc}}$ 式(1-113) 式(1-114)	$a_{2\mathrm{fc}}$ 式(1-115) 式(1-116)
SAE 1137	209000	1230	0.161	1006	12.361	12.55	11.72
LY12CZ	71000	802	0.113	768	11.338	8.36	8.01
30CrMnSiA	203000	1772	0.127	1864	11.628	12.12	11.44
30CrMnSiNi2A	200000	2468	0.13	2974	9.747	11.2	13.625
40CrMnSiMoVA	201000	3411	0.14	3501	9.7488	11.04	10.287
Q235A	198753	970	0.1824	659	14.085	12.43	11.638
16Mn	200741	1165	0.1871	947	10.604	17.01	15.41
QT800-2	160500	1438	0.147	1067	12.048	7.955	7.55
QT450-10	166109	1128	0.1405	857	9.737	8.46	7.966
钢45	193500	1113	0.1158	1041	14.205	9.56	9.217
40Cr	202860	1229	0.0903	1385	12.674	10.15	9.82
TC4(Ti-6I-4V)	117215	1420	0.07	1564	12.286	7.05	6.97

上述这些数据的计算，给我们提出了某些理论依据，对于工程机械零件和机械结构的应用设计和计算，或许具有重要的实际意义。

计算实例

这里有一种弹塑性材料钢 16Mn[19]，其性能数据在表 1-14 中，试用以上正文相关计算式计算其屈服应力下的当量临界损伤值（裂纹尺寸），再计算各应力下的当量损伤值（当量裂纹尺寸），并根据计算数据绘制它们之间的关系曲线。

表 1-14　钢 16Mn 在低周疲劳下的性能数据

材料	σ_b	E	K'	n	σ_f'	b/m	ε_f'	c/λ
16Mn	572.5	200741	1164.8	0.1871	947.1	-0.0943/10.6	-0.5395	-0.5395/1.854

计算步骤如下：

（1）计算疲劳加载下的屈服应力。

$$\sigma_s' = \left(\frac{E}{K'^{1/n'}}\right)^{\frac{n'}{n'-1}} = \left(\frac{200741}{1164.8^{1/0.1871}}\right)^{\frac{0.1871}{0.1871-1}} = 356.1(\text{MPa})$$

（2）根据上文中的计算式，计算随应力 σ_i 增加的各损伤值或裂纹尺寸 a_i。

方法 1：

随应力 σ_i 增加的各损伤值 D_i 计算如下：

$$D_i = \left(\sigma_a^{(1-n')/n'} \times \frac{E \times \pi^{1/2n'}}{K'^{1/n'}}\right)^{-\frac{2m' \times n'}{2n'-m'}} \times c_1$$

$$= \left(\sigma_i^{(1-0.1871)/0.1871} \times \frac{200741 \times \pi^{1/20.1871}}{1164.8^{1/0.1871}}\right)^{-\frac{2 \times 10.6 \times 0.1871}{2 \times 0.1871 - 10.6}}$$

$$= \left(\sigma_i^{4.345} \times \frac{200741 \times \pi^{2.672}}{1164.8^{5.345}}\right)^{0.3879} (\text{damage-unit})$$

随应力 σ_i 增加的各裂纹尺寸 a_i 计算如下：

$$a_i = \left(\sigma_a^{(1/n')/n'} \times \frac{E \times \pi^{1/2n'}}{K'^{1/n'}}\right)^{-\frac{2m' \times n'}{2n'-m'}} \times c_1$$

$$= \left(\sigma_i^{(1-0.1871)/0.1871} \times \frac{200741 \times \pi^{1/20.1871}}{1164.8^{1/0.1871}}\right)^{-\frac{2 \times 10.6 \times 0.1871}{2 \times 0.1871 - 10.6}} \times 1$$

$$= \left(\sigma_i^{4.345} \times \frac{200741 \times \pi^{2.672}}{1164.8^{5.345}}\right)^{0.3879} \times 1(\text{mm})$$

第1章 连续材料和结构中损伤体与裂纹体的强度计算

方法2：

随应力 σ_i 增加的各损伤值 D_i 如下式计算：

$$D_i = \frac{\sigma_i^{2(1-n')} \times E^{2n'} \times \pi}{K'^2} c_1 = \frac{\sigma_i^{2(1-0.1871)} \times E^{2 \times 0.1871} \times \pi}{1164.8^2} \times 1 (\text{mm})$$

随应力 σ_i 增加的各裂纹尺寸 a_i 如下式计算：

$$a_i = \frac{\sigma_i^{2(1-n')} \times E^{2n'} \times \pi}{K'^2} c_1 = \frac{\sigma_i^{2(1-0.1871)} \times E^{2 \times 0.1871} \times \pi}{1164.8^2} \times 1 (\text{mm})$$

取表1-14中材料常数的相关数据及表1-15中各应力 σ_i 数据代入式中，用不同方法计算出不同的损伤值（裂纹尺寸），并再列入表1-15中。

表1-15　按各应力和不同方法计算的各当量的损伤值（裂纹尺寸）数据

σ_i	100	150	250	356.1	450	550	650	750	850	947.1	方法
D_i/a_i	0.385	0.763	1.805	3.182	4.86	6.816	9.03	11.5	14.2	17.04	方法1
D_i/a_i	0.398	0.77	1.767	3.1411	4.6	6.368	8.356	10.544	12.924	15.4	方法2

注：表中数据的单位：应力 σ_i(MPa)；当量损伤值 D_i(damage-unit)；当量裂纹尺寸 a_i(mm)。

从损伤体和裂纹体的计算式以及由表1-15中用此两种计算式计算的数据再次可见，损伤计算和裂纹计算只是单位不同，计算结果完全可达到一致的结果。关键是研究发现达到一致的方法和途径。

（3）绘制应力大小与损伤值（裂纹尺寸）之间的关系曲线。

根据表1-15中用不同方法计算的数据，绘制出应力大小与损伤值（裂纹尺寸）之间的关系曲线于图1-7中。

从图1-7中的曲线演化可知，两种方法的计算式的结构不同，方法A（红线）和方法B（绿线）两曲线的演化表明，它们之间十分接近，再次可见其中的科学规律。

1.2.2　单轴疲劳载荷下损伤体与裂纹体的强度准则

材料性能有呈脆性的，也有呈韧性的；有弹性的，也有塑性的。构件材料处于载荷加载下，有单调加载形式，也有反复疲劳加载形式；有单向疲劳加载形式，也有二向、三向疲劳加载等形式。因此，表达其演化行为的数学模型和描述方法也应有各种各样的形式。

单轴疲劳加载下损伤值或裂纹强度的计算准则，下文提出几种方法。

方法1：损伤值（裂纹尺寸）计算法

从上述诸表格中的材料性能数据可以看出，对于任何一种材料，其性能是固有的特性，一些性能临界值通常是一个常数，因此损伤临界值 D_{1fc} 或裂纹的

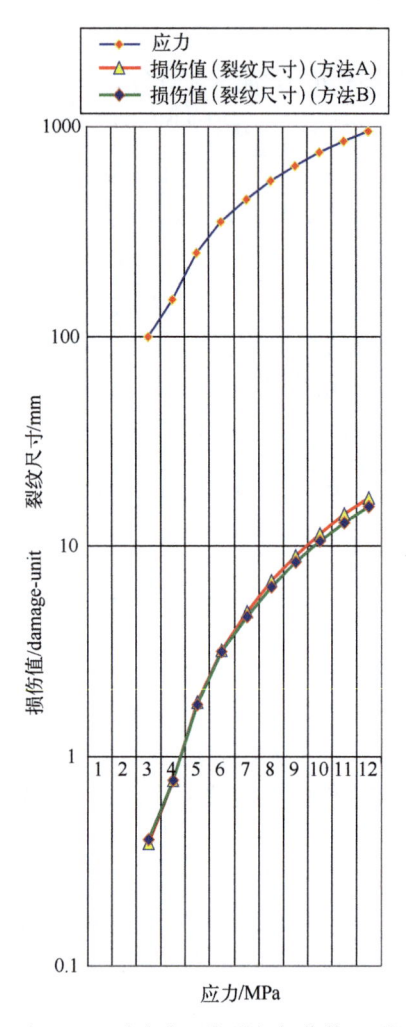

图 1-7 钢 16Mn 随应力逐渐增加损伤值（裂纹尺寸）与应力之间的关系曲线

临界尺寸 a_{1fc} 也必然是一个常数。依据这一推理，我们可以用损伤值 D_i 或裂纹尺寸 a_i 建立其计算准则，实际上也是强度问题的一个准则。

当应力比 $R=-1, \sigma_m=0$ 时，可考虑损伤体强度准则：

$$D_i = \left(\sigma_a^{(1-n)/n} \frac{E \times \pi^{1/2 \times n}}{K'^{1/2}} \right)^{-\frac{2m \times n'}{2n-m}} \leq [D] = D_{1fc}/n (\text{damage-unit}) \quad (1-122)$$

而裂纹体的强度准则为

$$a_i = \left(\sigma_a^{(1-n)/n} \frac{E \times \pi^{1/2 \times n}}{K'^{1/2}}\right)^{-\frac{2m \times n'}{2n-m}} \times c_1 \leq [a] = a_{1fc}/n \text{(mm)} \qquad (1-123)$$

当应力比 $R \neq -1$，$\sigma_m \neq 0$ 时，那么其应该是如下形式：

$$D_i = \left(\sigma_a^{(1-n)/n} \frac{E \times \pi^{1/2 \times n}}{K'^{1/2}}\right)^{-\frac{2m \times n'}{2n-m}} \leq [D] = D_{1fc}/n \text{(damage-unit)} \qquad (1-124)$$

裂纹体的强度准则为

$$a_i = \left(\sigma_a^{(1-n)/n}(1-R) \frac{E \times \pi^{1/2 \times n}}{K'^{1/2}}\right)^{-\frac{2m \times n'}{2n-m}} \times c_1 \leq [a] = a_{1fc}/n \text{(mm)} \qquad (1-125)$$

方法 2：σ_{I}-型计算法

第二种方法称为"σ_{I}-因子计算法"，这种方法当 $R=-1$，$\sigma_m=0$ 时，其损伤体强度准则是如下计算式：

$$\sigma'_{\mathrm{I}} = \left(\frac{K' \times D_i^{(2nb+1)/2}}{E^n \times \pi^{1/2}}\right)^{\frac{1}{1-n'}} \leq [\sigma_{\mathrm{I}}] = \frac{\sigma_{\mathrm{Ifc}}}{n} \text{(damage-unit)} \qquad (1-126)$$

裂纹体强度准则为

$$\sigma_{\mathrm{I}} = \left(\frac{K' \times a_i^{(2nb+1)/2}}{E^n \times \pi^{1/2}}\right)^{\frac{1}{1-n'}} \leq [\sigma_{\mathrm{I}}] = \frac{\sigma_{\mathrm{Ifc}}}{n} \text{(MPa)} \qquad (1-127)$$

而当应力比 $R \neq -1$，$\sigma_m \neq 0$ 时，损伤体应是如下形式：

$$\sigma'_{\mathrm{I}} = \left(\frac{K'(1-R) \times D_i^{(2nb+1)/2}}{E^n \times \pi^{1/2}}\right)^{\frac{1}{1-n'}} \leq [\sigma_{\mathrm{I}}] = \frac{\sigma_{\mathrm{Ifc}}}{n} \text{(MPa)} \qquad (1-128)$$

而裂纹体为

$$\sigma_{\mathrm{I}} = \left(\frac{K'(1-R) \times a_i^{(2nb+1)/2}}{E^n \times \pi^{1/2}}\right)^{\frac{1}{1-n'}} \leq [\sigma_{\mathrm{I}}] = \frac{\sigma_{\mathrm{Ifc}}}{n} \text{(MPa)} \qquad (1-129)$$

式中：σ_{I} 为 σ_{I}-型损伤或裂纹应力强度因子；$[\sigma_{\mathrm{I}}]$ 为一个许用应力强度因子；n 为一个安全系数，$n=1.6\sim3$；σ_{Ifc} 为其临界因子，σ_{Ifc} 的物理意义是材料达到断裂时释放出的全部能量，其几何意义是综合图 1-6 中大绿色三角形 $JEE'GG'J$ 的全部面积。

还应该指出，式（1-129）中因子 σ_{I} 的当量数值及其临界因子 σ_{IC} 和 σ_{Ifc} 的大小，实际上分别与通常的应力值 σ、屈服应力值 σ'_s，或断裂应力 σ'_f 的数值是一致的。

K' 是低周疲劳下的循环强度系数，它从一般手册中能查阅得出，也可通过下式计算得出

$$K' = \frac{\sigma_s'^{1-n'} E^{n'} \times \pi^{1/2}}{D_i^{(2nb+1)/2}} (\text{MPa}) \quad (\sigma_m' = 0) \tag{1-130}$$

$$K' = \frac{\sigma_s'^{1-n'} E^{n'} \times \pi^{1/2}}{a_i^{(2nb+1)/2}} \times c_1 (\text{MPa} \cdot \text{mm}) \quad (\sigma_m' = 0) \tag{1-131}$$

$$K' = \frac{\sigma_s'^{1-n'} \times (1-R) E^{n'} \times \pi^{1/2}}{D_i^{(2nb+1)/2}} (\text{MPa}) \quad (\sigma_m' \neq 0) \tag{1-132}$$

$$K' = \frac{\sigma_s'^{1-n'} \times (1-R) E^{n'} \times \pi^{1/2}}{a_i^{(2nb+1)/2}} \times c_1 (\text{MPa} \cdot \text{mm}) \quad (\sigma_m' \neq 0) \tag{1-133}$$

作者研究还发现，此弹性模量 E 实际上也同其他参数具有可计算的关系，例如：

$$E = \left(\frac{K' \times D^{(m-2n')/2m}}{\sigma^{1-n'} \times \pi^{1/2}} \right)^{\frac{1}{n'}} \tag{1-134}$$

$$E = \left(\frac{K' \times a^{(m-2n')/2m}}{\sigma^{1-n'} \times \pi^{1/2}} \right)^{\frac{1}{n'}} \tag{1-135}$$

此式的本构关系同单调（静）载荷下是一样的，D、a 是在疲劳载荷下随应力 σ 变化而变化的损伤或裂纹变量。但式中的应变硬化指数 n' 是在疲劳加载下的指数，在数值上不同于单调加载下指数 n 的数值。其他常量，如同上文单调加载下的解释。

为更具体说明两类方法中各参数的可计算性以及各参数、变量与常量的关系，这里以材料 40CrMnSiMoVA 为例，用上述计算式（1-122）、式（1-123）、式（1-126）、式（1-127）、式（1-130）~式（1-132）、式（1-135）做具体计算，将计算结果的数据汇总于表 1-16，并绘制成各对应曲线。

表 1-16 材料 40CrMnSiMoVA 各参数计算和实验数据的比较

σ_i	380	677σ_{-1}	900	1100	1300	1500	1757σ_s'	2000	2400	2800	3200	3501σ_f'
计算 D_i/a_i	0.2158	0.6006	0.9947	1.4195	1.9086	2.4596	3.2252	4.0953	5.6573	7.4346	9.4196	11.046
计算 σ_I'/σ_I	380	677	900	1100	1300	1500	1748	2000	2400	2800	3200	3500
实验 K	3410	3410	3410	3410	3410	3410	3410	3410	3410	3410	3410	3410
计算 K'/K	3410	3410	3410	3410	3410	3410	3423	3410	3410	3410	3410	3410.5
实验 E	201000	201000	201000	201000	201000	201000	201000	201000	201000	201000	201000	201000
计算 E'/E	200902	200952	200880	200858	200855	200862	194504	200850	200834	200832	200825	200790

第1章 连续材料和结构中损伤体与裂纹体的强度计算

材料 40CrMnSiMoVA 在疲劳加载下的相关常数值如下：$b = -0.1045$，$m = -1/b = 9.488$，$n = n' = 0.14$，$K' = 3410\text{MPa}$，$E = 201000\text{MPa}$。

从表中明显地看出，σ_1-应力强度因子的数值同加载应力 σ_i 的大小是等效一致的。但是，因子 σ_1 值中含有损伤值或裂纹尺寸，与从传统材料力学中应力 σ_i 是不同的。笔者在研究中发现和建立的计算式清楚地说明，随着应力的增加，材料内部实际上已产生从微观损伤或微观裂纹到宏观损伤或宏观裂纹的变化过程。应该说明，上述计算结果的数据与实验数据几乎是一致的，只是计算中产生了误差而已。

而且计算的弹性模量 E' 同实验的弹性模量 E 数值上也是一致的；计算的强度系数 K 同实验的强度系数 K 在数值上是一致的。这表明 E 和 K 的确是材料常数，与应力大小无关，同损伤值或裂纹尺寸也无关，真正呈现了材料的特性。但因为同其他常数有着函数关系，所以是可计算的。

根据表 1-12 中各类数据之间的关系，绘制各类曲线之间的关系，其曲线如图 1-8、图 1-9 所示。

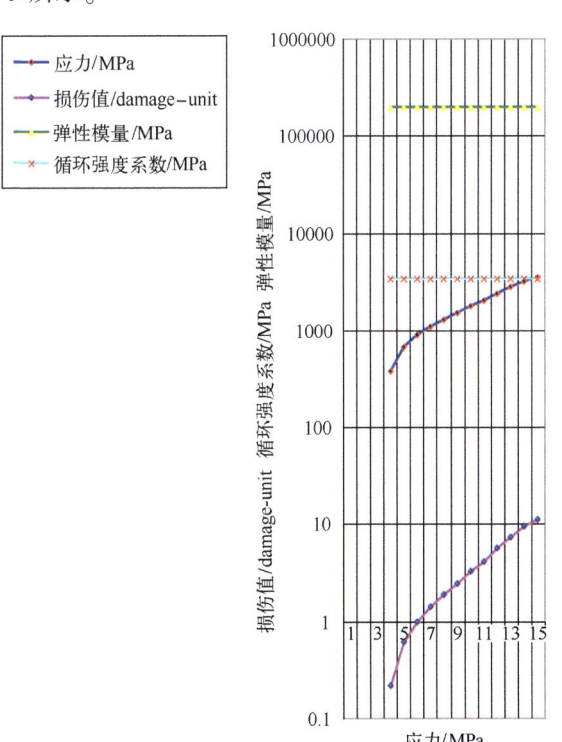

图 1-8 材料 40CrMnSiMoVA 在疲劳加载下，其各变量应力（蓝色）、损伤值（红色）曲线同常量 K（淡蓝色）、E（绿色）直线之间的关系

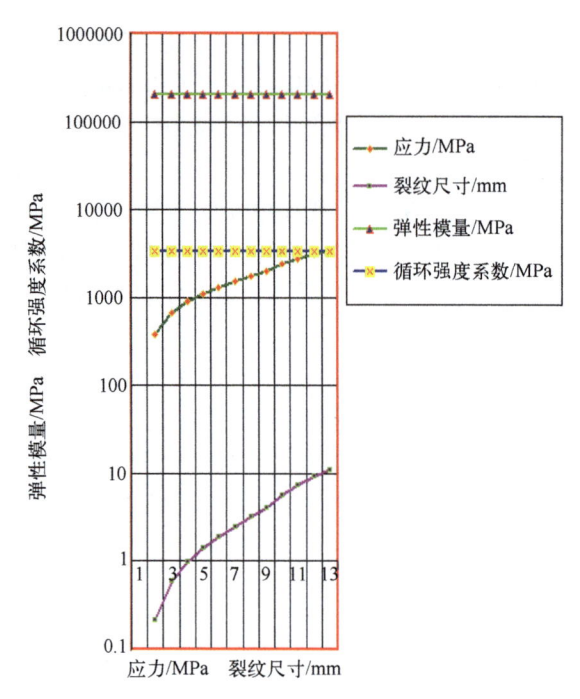

图 1-9 材料 40CrMnSiMoVA 在疲劳加载下，其各变量应力（绿色）、裂纹尺寸（淡红色）曲线同常量 K（蓝色）、E（黄绿色）直线之间的关系

从图中可以明晰地表明，尽管损伤值 D_i 或裂纹尺寸 a_i 随着应力 σ_i 的增加而不断扩展，但弹性模量 E 和循环强度系数 K 都是不变的相同值，都是一条直线。这表明弹性模量 E 和循环强度系数 K 都能呈现材料的特性。但前者是呈现弹性阶段特性所表现的材料行为，后者是呈现塑性阶段特性所表现的材料行为。弹性模量 E 从物理意义上是弹性应变的变化率的概念；从几何意义上说是一条直线，是弹性应变过程斜线的斜率。循环强度系数 K 从物理意义上说是塑性应变变化率的概念，从几何意义上说是以塑性应变过程斜线的斜率。

为什么弹性模量 E 是一个常数？众所周知，材料进入屈服点前的弹性阶段，其弹性模量 E 数值大小是 $E=\sigma_s/\varepsilon_e$。在几何上其是前一阶段（弹性阶段）所构成的三角形的斜边，其起点和终点的斜率大小（$\mathrm{tg}\alpha$）大致总是相等的。

方法 3：β_I-型计算法

此类方法的损伤值计算式如下：

$$D_i = \frac{\sigma_i'^{2(1-n')} \times E^{2n'} \times \pi}{K'^2} (\text{damage-unit}) \qquad (1-136)$$

而裂纹尺寸 a_i 计算式为

第1章 连续材料和结构中损伤体与裂纹体的强度计算

$$a_i = \frac{\sigma_i'^{2(1-n')} \times E^{2n'} \times \pi}{K'^2} (\text{mm}) \quad (1-137)$$

当应力比 $R=-1,\sigma_m=0$ 时，损伤体的强度准则是

$$\beta_I' = \left(\frac{K'^2}{E^{2n}} \times \frac{D}{\pi}\right)^{\frac{1}{2(1-n)}} \leq [\beta_I] = \frac{\beta_{Ifc}}{n} (\text{MPa}) \quad (1-138)$$

裂纹体的强度准则应为

$$\beta_I = \left(\frac{K'^2}{E^{2n}} \times \frac{a}{\pi}\right)^{\frac{1}{2(1-n)}} \leq [\beta_I] = \frac{\beta_{Ifc}}{n} (\text{MPa} \cdot \text{mm}) \quad (1-139)$$

而当应力比 $R \neq -1, \sigma_m \neq 0$ 时，损伤体为

$$\beta_I' = \left(\frac{K'^2}{E^{2n}} \times (1-R) \frac{D}{\pi}\right)^{\frac{1}{2(1-n')}} \leq [\beta_I] = \frac{\beta_{Ifc}}{n} (\text{MPa}) \quad (1-140)$$

而裂纹体的强度准则应为

$$\beta_I = \left(\frac{K'^2}{E^{2n}} \times (1-R) \frac{a}{\pi}\right)^{\frac{1}{2(1-n')}} \times c_1 \leq [\beta_I] = \frac{\beta_{Ifc}}{n} (\text{MPa} \cdot \text{mm}) \quad (1-141)$$

式中：β_I 为 β_I-型损伤值或裂纹应力强度因子；$[\beta_I]$ 为一个许用应力强度因子；n 为一个安全系数，$n=1.6\sim3$；β_{Ifc} 为其临界因子，β_{Ifc} 的物理意义是材料达到断裂时释放出的全部能量，其几何意义也是综合图 1-6 中大绿色三角形 $JEE'GG'J$ 的全部面积。

还应指出，上式中因子 β_I 的数值及其临界因子 β_{Ic} 的数值大小，实际上与通常的应力值 σ 和屈服应力值 σ_s' 等效相同；其断裂因子 β_{Ifc} 值与断裂应力 σ_f' 值是等效一致的。

K' 也是低周疲劳下的循环强度系数，也可通过下式计算得出：

$$K' = \sigma^{1-n} \times E^n \times \sqrt{\frac{\pi}{D}} (\text{MPa}) \quad (\sigma_m = 0) \quad (1-142)$$

$$K' = \sigma^{1-n} \times E^n \times \sqrt{\frac{\pi}{a}} \times c_1 (\text{MPa}) \quad (\sigma_m = 0) \quad (1-143)$$

当应力比 $R \neq -1, \sigma_m \neq 0$ 时，有

$$K' = \sigma^{1-n} \times (1-R) E^n \times \sqrt{\frac{\pi}{a}} \times c_1 (\text{MPa}) \quad (\sigma_m \neq 0) \quad (1-144)$$

或

$$K' = \sigma^{1-n} \times (1-R) E^n \times \sqrt{\frac{\pi}{a}} \times c_1 (\text{MPa}) \quad (\sigma_m \neq 0) \quad (1-145)$$

这种方法中的弹性模量 E 实际上也同其他参数有着可计算的关系，例如：

$$E' = \left(\frac{K'}{\sigma_s'^{1-n} \times \sqrt{\dfrac{\pi}{D_{1fc}}}}\right)^{\frac{1}{n}} \text{（MPa）} \qquad (1-146)$$

$$E = \left(\frac{K'}{\sigma_s'^{1-n} \times \sqrt{\dfrac{\pi}{a_{1fc}}}}\right)^{\frac{1}{n}} \text{（MPa·mm）} \qquad (1-147)$$

这里仍用以材料 40CrMnSiMoVA 为例，用上述计算式（1-136）~式（1-139）、式（1-142）、式（1-143）、式（1-146）、式（1-147）做具体计算，将计算结果的数据汇总于表 1-17 中。

表 1-17　材料 40CrMnSiMoVA 各类计算和实验数据的比较

σ_i	380	$677\sigma_{-1}$	900	1100	1300	1500	$1757\sigma_s'$	2000	2400	2800	3200	$3501\sigma_f'$
计算 D_i/a_i	0.226	0.61	0.995	1.405	1.873	2.396	3.144	3.93	5.38	7.0	8.82	10.3
计算 β_I'/β_I	380.2	677	900	1100	1300	1500	1756.9	2000	2400	2798	3200	3502
实验 K	3410	3410	3410	3410	3410	3410	3410	3410	3410	3410	3410	3410
计算 K'/K	3409	3409	3410	3410	3410	3410	3410	3409	3410	3412	3410	3409
实验 E	201000	201000	201000	201000	201000	201000	201000	201000	201000	201000	201000	201000
计算 E'/E	201570	201300	200983	200909	201032	201122	200899	201140	201468	200093	201123	201871

从表中也可看出，β_I 应力强度因子的数值同加载应力 σ_i 的大小是等效一致的。但是，因子 β_I 值中也含有损伤值或裂纹尺寸。

如果将表中各类数据之间的关系，绘制成它们各类曲线之间的关系曲线图，其变化规律与第二种方法所绘制的曲线图是相似的。

还应说明，第三种方法中材料常数 K'、E' 等常数的可计算性、物理意义、几何意义，以及它们在理论上的解释，同第一种方法类似，在此不再重复。

1.2.3　多轴疲劳载荷下损伤体与裂纹体的强度计算

材料性能有呈脆性的，也有呈韧性的；有弹性的，也有塑性的。构件材料处于载荷加载下，有单调加载形式，也有反复疲劳加载形式；有单向疲劳加载形式，也有二向、三向疲劳加载等形式。因此，表达其演化行为的数学模型和描述方法也应有各种各样的形式。

上文就结构件材料在单调疲劳加载下论述了处于二向或三向应力状态下的问题。本节将论述在多轴疲劳加载条件下出现复杂应力的计算问题和计算方法。而且将对结构件材在复杂应力和多轴疲劳下所出现的损伤（裂纹）扩展

第1章 连续材料和结构中损伤体与裂纹体的强度计算

问题,对两者的共同性的问题结合在一起论述。

在实际的机械工程领域中,绝大部分工程机械和结构在多轴疲劳状况下运行。因此,在本章中要就这一主题进行论述并介绍损伤(裂纹)强度计算问题。

在单轴疲劳加载下与在多轴疲劳加载下引起损伤(裂纹)的强度计算,显然具有明显的不同。在单向拉伸应力作用下出现损伤(裂纹),与同时存在横向剪切应力作用下,同时存在扭转剪切应力作用下,与同时存在弯曲应力作用下所出现的损伤(裂纹),显然也有着明显的区别。要解决如此复杂问题的损伤(裂纹)强度计算,是一个十分复杂的难题。因为这是一个混合型损伤(裂纹)所引起的问题,是一个新的主题。作者仍然要基于在力学和工程领域中存在基因原理的思路,研究和推导混合型损伤(裂纹)的强度计算问题,由此,就解决多轴疲劳下的损伤(裂纹)强度的计算问题。

众所周知,工程中许多机械结构发生的事故都是在复杂应力状况下发生的。在图1-10中,这些零件和部件通常都是在力p_1、p_2和p_3的作用下引起的断裂。

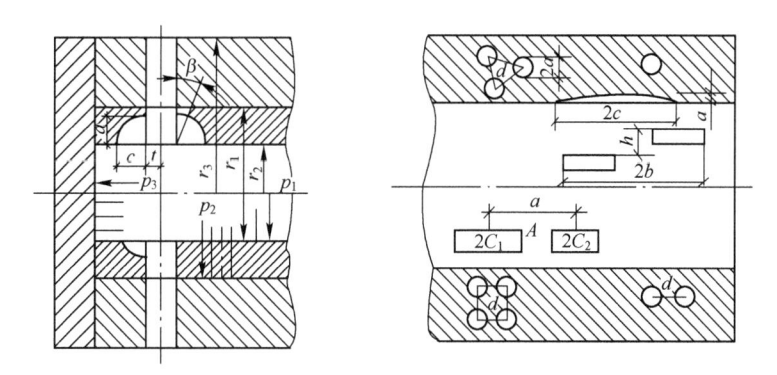

图1-10 往复式压缩机气缸体组合部件内由力p_1、p_2和p_3引发的三向应力状况

例如,对于用40钢制成的压缩机中的连杆,当其在经受拉应力σ_p、弯曲应力σ_b、横向剪应力τ组合的复杂应力状况下,它产生的组合应力可以用当量应力来计算,计算式形式如下:

$$\sigma_{equ} = \sqrt{(\sigma_p + \sigma_b)^2 + 4\tau^2} \tag{1-148}$$

再如,压缩机曲轴内所产生的弯曲正应力σ、扭转剪应力τ_p、横向剪应力τ_t所组成的复杂应力,可用如下当量应力σ_{equ}的计算式计算:

$$\sigma_{equ} = \sqrt{\sigma_{max}^2 + 4\tau_t^2 + 4\tau_p^2} \tag{1-149}$$

现代断裂力学因为构件受拉伸应力、纵向剪切应力和横向剪切应力的不同，提出了三种不同形式的裂纹，即拉伸型裂纹（Ⅰ-型裂纹）、面内剪切型裂纹（Ⅱ-型裂纹）、面外剪切型裂纹（Ⅲ-型裂纹），如图 1-11 所示。而且，将二向或三向应力状态下同时出现的Ⅰ-型裂纹、Ⅱ-型裂纹、Ⅲ-型裂纹称为混合型裂纹。

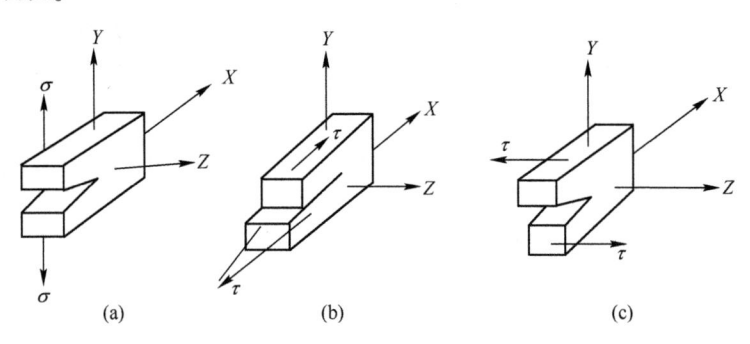

图 1-11 三种断裂形式
(a) Ⅰ-型；(b) Ⅱ-型；(c) Ⅲ-型。

欧文过去也曾经如图 1-11 所示，提出了Ⅰ-型、Ⅱ-型、Ⅲ-型裂纹的混合型应力强度因子的计算方法。

文献 [24] 中，就Ⅰ-型、Ⅱ-型、Ⅲ-型混合型裂纹的应力强度因子之间的关系提出了自己的处理和计算方法。

(1) 对于情况：$K_{\text{Ⅰ}}^{\max} \geqslant K_{\text{ⅠC}}$，$K_{\text{Ⅱ}}^{\max} < K_{\text{ⅡC}}$，$K_{\text{Ⅲ}}^{\max} < K_{\text{ⅢC}}$，它作为Ⅰ-型断裂解决复杂问题；

(2) 对于情况：$K_{\text{Ⅰ}}^{\max} < K_{\text{ⅠC}}$，$K_{\text{Ⅱ}}^{\max} \geqslant K_{\text{ⅡC}}$，$K_{\text{Ⅲ}}^{\max} < K_{\text{ⅢC}}$，它作为Ⅱ-型断裂解决复杂问题；

(3) 对于情况：$K_{\text{Ⅰ}}^{\max} < K_{\text{ⅠC}}$，$K_{\text{Ⅱ}}^{\max} < K_{\text{ⅡC}}$，$K_{\text{Ⅲ}}^{\max} \geqslant K_{\text{ⅢC}}$，它作为Ⅲ-型断裂解决复杂问题。

上述科学家提出的断裂计算理论和方法，为现代力学作出了宝贵的贡献。

作者认为，现代力学中的一些强度理论似乎也存在类似"基因原理"和"基因关系"。

基于此理念，连续介质材料在多轴疲劳加载下，从微观损伤（裂纹）萌生，向细观损伤（裂纹）演化至宏观扩展过程中，在 1.1.4 节复杂应力下提出了第一种 σ-型与第二种 β-型两类损伤（裂纹）力学中新的驱动力模型，以及损伤体（裂纹体）强度计算问题的计算模型，这些数学模型对损伤体与裂纹体强度的计算形式和计算方法，仍然可以参考。而在本节提供第三种 γ-型与第四种 K-型的计算形式和计算方法。

第1章 连续材料和结构中损伤体与裂纹体的强度计算

方法1：γ-型

（1）损伤体（裂纹体）第一强度理论[22]与损伤体（裂纹体）当量应力强度因子。

第一种损伤体（裂纹体）强度理论，建立损伤体当量应力强度因子γ'_{1-equ}-型（或裂纹体当量应力强度因子γ_{1-equ}-型），它们等效于最大损伤应力强度因子σ'_{Imax}，即$\sigma'_{1-equ}=\sigma'_{Imax}$；最大的裂纹应力强度因子，即$\gamma_{1-equ}=\sigma'_{Imax}$。

损伤体当量应力强度因子γ'_{1-equ}的表达式如下：

$$\gamma'_{1-equ}=K'=\sigma'_{1-equ}\times D_{equ}^{-n}(\mathrm{MPa}) \tag{1-150}$$

式中：D_{equ}为当量损伤值，可按下式计算得出：

$$D_{equ}=\left(\frac{K'}{\sigma_{1-equ}}\right)^{-n}(\%) \tag{1-151}$$

K'为循环强度系数(MPa)，是一个常数值；D_{equ}为当量比值损伤量，它不是实际的当量损伤量。计算结果的单位是一个百分比，其物理含义是在某一应力作用下损伤量值达到临界值（大约是100%）的百分之多少。实际损伤量要参考和借助式（1-16）、式（1-20）的计算方法。

而裂纹体当量应力强度因子σ_{1-equ}的表达式为

$$\gamma_{1-equ}=K'=\sigma_{1-equ}\times a_{equ}^{-n}(\mathrm{MPa}\cdot\mathrm{mm}) \tag{1-152}$$

式中：a_{equ}为当量裂纹尺寸，可按下式计算：

$$a_{equ}=\left(\frac{K}{\sigma_{equ}}\right)^{-n}(\%) \tag{1-153}$$

其中，a_{equ}为当量比值裂纹尺寸，它不是实际的当量裂纹尺寸。计算结果的含义是：当量裂纹尺寸已扩展到临界尺寸(mm,100%)的百分比数，单位是(mm,%)。当量的裂纹尺寸要借助式（1-18）和式（1-21）的计算方法。

按此强度理论，建立"γ'_{1-equ}-型的当量损伤应力强度因子"强度准则如下：

$$\gamma'_{1-equ}=K'=\sigma_{equ}\times D_{equ}^{-n}\leqslant[\gamma'_1]=\frac{\sigma_{IC}}{n}(\mathrm{MPa}) \tag{1-154}$$

建立"γ_{1-equ}-型当量裂纹应力强度因子"的强度准则为

$$\gamma_{1-equ}=K'=\sigma_{equ}\times a_{equ}^{-n}\leqslant[\gamma_1]=\frac{\sigma_{IC}}{n}(\mathrm{MPa}) \tag{1-155}$$

因为第一种强度理论未考虑σ_2和σ_3的影响，在纯剪切的条件下最大的拉应力等于剪应力$\sigma_1=\tau$，得出$\sigma_1=\tau\leqslant[\sigma]$。根据文献[24-27]推导和论述，在纯剪切的条件下，损伤体或裂纹体其拉伸型和剪切之间的逻辑关系，使

Ⅰ-型当量损伤因子,等于Ⅱ-型当量损伤裂纹因子,$\gamma'_{1-equ} = \gamma'_{\text{II}}$;Ⅰ-型当量裂纹因子等于Ⅱ-型当量裂纹因子,$\gamma_{1-equ} = \gamma_{\text{II}}$。

因此,可得出Ⅱ-型损伤强度因子 γ'_{II} 的强度准则为

$$\gamma'_{\text{II}} = \gamma'_{1-equ} = K' = \sigma_{equ} \times D_{equ}^{-n} = [\gamma'_{\text{I}}] = \frac{\sigma_{\text{IC}}}{n} \qquad (1-156)$$

Ⅱ-型裂纹应力因子强度因子 γ_{II} 的强度准则为

$$\gamma_{\text{II}} = \gamma_{1-equ} = K' = \sigma_{equ} \times a_{equ}^{-n} = [\gamma_{\text{I}}] = \frac{\sigma_{\text{IC}}}{n} \qquad (1-157)$$

(2) 损伤体(裂纹体)第二强度理论与损伤体(裂纹体)当量应力强度因子。

对于连续介质的材料,在多轴疲劳应力下,第二种损伤体(裂纹体)强度理论假定最大拉伸引起的线应变量 ε 是材料引发损伤(萌生裂纹)导致断裂的主要因素。根据这一思路,三个主应力 σ_1、σ_2 和 σ_3 对损伤体(裂纹体)强度问题的影响所建立的当量应力强度因子 σ_{2-equ},有如下关系:

$$\gamma_{2-equ} = \tau = \sigma_1 - \mu(\sigma_2 + \sigma_3) = (0.7 \sim 0.8)\sigma_1 \leqslant [\sigma] = \sigma_s/n \qquad (1-158)$$

式中:μ 为一个泊松比,$\mu = 0.25 \sim 0.42$。所以,第一种损伤体(裂纹体)强度理论的当量值 γ_{1-equ} 与第二种损伤体(裂纹体)强度理论的当量值 γ_{2-equ} 之间的关系为

$$\gamma_{2-equ} = (0.7 \sim 0.8) \times \gamma_{1-equ} = (0.7 \sim 0.8) \times \gamma_{1\max} \qquad (1-159)$$

由此推导建立第二种当量损伤应力强度因子如下:

$$\gamma'_{2-equ} = (0.7 - 0.8) \times \gamma'_{1-equ} = (0.7 \sim 0.8) \times \sigma'_{equ} \times D_{equ}^{-n} (\text{MPa}) \qquad (1-160)$$

当量裂纹体应力强度因子为

$$\gamma_{2-equ} = (0.7 \sim 0.8) \times \gamma_{1-equ} = (0.7 \sim 0.8) \times \sigma'_{equ} \times a_{equ}^{-n} (\text{MPa} \cdot \text{mm}) \qquad (1-161)$$

因此,按此强度理论所建立的Ⅱ-型损伤体强度准则如下:

$$\gamma'_{2-equ} = (0.7 \sim 0.8) \times \sigma'_{equ} \times D_{equ}^{-n} \leqslant [\gamma'] = (0.7 \sim 0.8) \times \frac{\sigma'_{\text{IC}}}{n} (\text{MPa}) \qquad (1-162)$$

裂纹体强度准则为

$$\gamma_{2-equ} = (0.7 \sim 0.8) \times \sigma'_{equ} a_{equ}^{-n} \leqslant [\gamma] = (0.7 \sim 0.8) \times \frac{\sigma'_{\text{IC}}}{n} (\text{MPa} \cdot \text{mm})$$

$$(1-163)$$

第1章 连续材料和结构中损伤体与裂纹体的强度计算

（3）损伤体（裂纹体）第三强度理论与损伤体（裂纹体）当量应力强度因子。

对于连续介质材料，在多轴疲劳复杂应力下，第三种损伤或裂纹强度理论认为最大剪应力是引起材料萌生损伤或裂纹导致断裂的主要因素。

按照这一理论，它考虑主应力 σ_1 和 σ_3 对强度的影响是主要因素。因此，其建立的当量应力 σ_{3-equ} 的强度准则应是如下形式：

$$\sigma_{3-equ} = \sigma_1 - \sigma_3 \leqslant [\sigma] = \sigma_s/n \quad (1-164)$$

在纯剪切条件下，有

$$\tau \leqslant \frac{[\sigma]}{2} = [\tau] \quad (1-165)$$

而损伤体当量应力强度因子 γ'_{3-equ} 的表达式应为

$$\gamma'_{3-equ} = 0.5 \times \gamma'_{1-equ} = 0.5 \times \sigma'_{equ} \times D_{equ}^{-n} (\mathrm{MPa}) \quad (1-166)$$

裂纹体当量应力强度因子 γ_{3-equ} 的表达式为

$$\gamma_{3-equ} = 0.5 \times \gamma_{1-equ} = 0.5 \times \sigma'_{equ} \times a_{equ}^{-n} (\mathrm{MPa \cdot mm}) \quad (1-167)$$

按此强度理论，建立 γ_{3-equ}-型的当量损伤应力强度因子的强度准则如下：

$$\gamma'_{3-equ} = 0.5 \times \sigma'_{equ} \times D_{equ}^{-n} \leqslant [\gamma'] = 0.5 \times \frac{\sigma'_{IC}}{n} (\mathrm{MPa}) \quad (1-168)$$

裂纹体强度准则为

$$\gamma_{3-equ} = 0.5 \times \sigma'_{equ} \times a_{equ}^{-n} \leqslant [\gamma] = 0.5 \times \frac{\sigma'_{IC}}{n} (\mathrm{MPa \cdot mm}) \quad (1-169)$$

（4）损伤体（裂纹体）第四强度理论与损伤体（裂纹体）当量应力强度因子。

对于连续材料，在多轴疲劳复杂应力下，第四种损伤体（裂纹体）强度理论认为形状改变比能是引起材料流动产生损伤或裂纹而导致断裂的主要原因。

根据这一理论，主应力 σ_1、σ_2 和 σ_3 对强度的影响，以及其建立的当量应力 γ_{4-equ} 的强度准则为

$$\sigma_{4-equ} = \frac{\sigma_{1-equ}}{\sqrt{3}} \leqslant [\sigma] = \frac{\sigma_{1fc-equ}}{n\sqrt{3}} (\mathrm{MPa}) \quad (1-170)$$

例如：

$$\sigma_{4-equ} = \sqrt{0.5[(\sigma_1-\sigma_2)^2 + (\sigma_2-\sigma_3)^2 + (\sigma_3-\sigma_1)^2]}$$
$$= \sqrt{0.5[(\tau-0)^2 + (0+\tau)^2 + (-\tau-\tau)^2]} = \sqrt{3}\tau = (\sigma_1/\sqrt{3}) \leqslant [\sigma] (\mathrm{MPa}) \quad (1-171)$$

按照上述关系，也可按此理论推导并建立其损伤体（裂纹体）应力强度因子的计算式。

损伤体应力强度因子的计算式如下：

$$\gamma'_{4-equ} = \frac{1}{\sqrt{3}} \times \gamma'_{1-equ} = \frac{1}{\sqrt{3}} \times \sigma'_{equ} \times D_{equ}^{-n} (\text{MPa}) \tag{1-172}$$

裂纹体应力强度因子的计算式为

$$\gamma_{4-equ} = \frac{1}{\sqrt{3}} \times \gamma_{1-equ} = \frac{1}{\sqrt{3}} \times \sigma'_{equ} \times a_{equ}^{-n} (\text{MPa} \cdot \text{mm}) \tag{1-173}$$

按此强度理论，建立 γ'_{4-equ}-型的当量损伤应力强度因子的强度准则如下：

$$\gamma'_{4-equ} = \frac{1}{\sqrt{3}} \times \sigma'_{equ} \times D_{equ}^{-n} \leqslant [\gamma'] = 0.5 \times \frac{\sigma'_{IC}}{n} (\text{MPa}) \tag{1-174}$$

当量裂纹体应力强度因子 γ_{4-equ} 强度准则为

$$\gamma_{4-equ} = \frac{1}{\sqrt{3}} \times \sigma'_{equ} \times a_{equ}^{-n} \leqslant [\gamma'] = 0.5 \times \frac{\sigma'_{IC}}{n} (\text{MPa} \cdot \text{mm}) \tag{1-175}$$

方法2：K-型

（1）损伤体（裂纹体）第一强度理论与损伤体（裂纹体）当量应力强度因子。

在三向应力状况下，第一种损伤体（裂纹体）强度理论认为最大拉伸应力是引起材料损伤（或萌生裂纹）而导致破坏的主要因素，此时，当量应力 σ_{equ} 与最大主应力的关系是 $\sigma_{equ} = \sigma_1 = \sigma_{max}$。因此，采用方法2（$K$-型）时，其损伤体当量应力强度因子 K'_{1-equ} 的表达式如下：

$$K'_{1-equ} = \sigma_{equ} \times \varphi \sqrt{\pi \times D_{equ}} (\text{MPa}) \tag{1-176}$$

其当量损伤因子强度准则，形式如下：

$$K'_{1-equ} = \sigma_{equ} \times \varphi \sqrt{\pi \times D} \leqslant [K'] = \frac{K'_{IC}}{n} (\text{MPa}) \tag{1-177}$$

式中：D 为当量应力下的损伤值，可按式（1-38）计算得出。

而裂纹体当量应力强度因子 K_{1-equ} 的表达式为

$$K_{1-equ} = \sigma_{equ} \times \varphi \sqrt{\pi \times a_{equ}} (\text{MPa} \cdot \text{mm}) \tag{1-178}$$

其裂纹体当量应力强度因子强度准则为

$$K_{1-equ} = \sigma_{equ} \times \varphi \sqrt{\pi \times a} \leqslant [K] = \frac{K_{IC}}{n} (\text{MPa}) \tag{1-179}$$

式中：a 为当量应力下的裂纹尺寸，可按式（1-42）计算。

正如上文所述，同样地，在纯剪切的条件下最大的拉应力等于剪应力

$\sigma_1 = \tau$,得出 $\sigma_1 = \tau \leq [\sigma]$。Ⅰ-型当量裂纹因子等于Ⅱ-型当量裂纹因子,因此,$K_{1\text{-equ}} = K_{\text{Ⅱ}}$。

因此,可得出Ⅱ-型当量损伤强度因子 $K_{\text{Ⅱ}}'$

$$K_{\text{Ⅱ}}' = \tau \times \varphi \sqrt{\pi \times D} = \sigma_{\text{equ}} \times \varphi \sqrt{\pi \times D} \, (\text{MPa}) \tag{1-180}$$

式中:φ 为与损伤体尺寸和损伤缺陷形状有关的修正系数。

其强度准则为

$$K_{\text{Ⅱ}}' = \tau \times \varphi \sqrt{\pi \times D} = \sigma_{\text{equ}} \times \varphi \sqrt{\pi \times D} \leq [K] = \frac{K_{\text{IC}}}{n} (\text{MPa}) \tag{1-181}$$

Ⅱ-型裂纹体当量应力强度因子:

$$K_{\text{Ⅱ}} = \tau \times \varphi \sqrt{\pi \times a} = \sigma_{\text{equ}} \times \varphi \sqrt{\pi \times a} \, (\text{MPa}) \tag{1-182}$$

其裂纹体当量应力强度因子准则为

$$K_{\text{Ⅱ}} = \tau \times \varphi \sqrt{\pi \times a} = \sigma_{\text{equ}} \times \varphi \sqrt{\pi \times a} \leq [K] = \frac{K_{\text{IC}}}{n} (\text{MPa} \cdot \text{mm}) \tag{1-183}$$

(2)损伤体(裂纹体)第二强度理论与损伤体(裂纹体)当量应力强度因子。

第二种损伤体(裂纹体)强度理论认为,最大拉伸引起的线应变量 ε 是材料引发损伤(萌生裂纹)导致断裂的主要因素。

用 K-型方法,按此强度理论,其当量损伤应力强度因子应该是如下形式:

$$K_{2\text{-equ}}' = (0.7 \sim 0.8) \sigma_{\text{equ}} \times \varphi \sqrt{\pi \times D} \, (\text{MPa}) \tag{1-184}$$

其当量损伤因子强度准则,形式如下:

$$K_{2\text{-equ}}' = (0.7 \sim 0.8) \times \sigma_{\text{equ}} \times \varphi \sqrt{\pi \times D} \leq [K'] = (0.7 \sim 0.8) \times \frac{K_{\text{IC}}'}{n} (\text{MPa}) \tag{1-185}$$

而裂纹体当量应力强度因子 $K_{2\text{-equ}}$ 的表达式为

$$K_{2\text{-equ}} = (0.7 \sim 0.8) \sigma_{\text{equ}} \times \varphi \sqrt{\pi \times a} \, (\text{MPa} \cdot \text{mm}) \tag{1-186}$$

当量裂纹体应力强度因子强度准则为

$$K_{2\text{-equ}} = (0.7 \sim 0.8) \times \sigma_{\text{equ}} \times \varphi \sqrt{\pi \times a} \leq [K'] = (0.7 \sim 0.8) \times \frac{K_{\text{IC}}'}{n} (\text{MPa} \cdot \text{mm}) \tag{1-187}$$

(3)损伤体(裂纹体)第三强度理论与损伤体(裂纹体)当量应力强度因子。

第三种损伤体(裂纹体)强度理论认为最大剪应力是引起材料损伤(萌生裂纹)导致断裂的主要因素。按照这一理论,其考虑主应力 σ_1 和 σ_3 对强

度的影响是主要因素。因此，用第三种 K-型方法计算损伤体当量应力强度因子 K'_{3-equ} 的表达式应为

$$K'_{3-equ} = 0.5 \times \sigma_{equ} \times \varphi \sqrt{\pi \times D} \, (\text{MPa}) \qquad (1-188)$$

其当量损伤因子强度准则形式如下：

$$K'_{3-equ} = 0.5 \times \sigma_{equ} \times \varphi \sqrt{\pi \times D} \leq [K'] = 0.5 \times \frac{K'_{IC}}{n} (\text{MPa}) \qquad (1-189)$$

而裂纹体当量应力强度因子 K_{3-equ} 的表达式为

$$K_{3-equ} = 0.5 \times \sigma_{equ} \times \varphi \sqrt{\pi \times a} \, (\text{MPa} \cdot \text{mm}) \qquad (1-190)$$

当量裂纹体应力强度因子强度准则为

$$K_{3-equ} = 0.5 \times \sigma_{equ} \times \varphi \sqrt{\pi \times a} \leq [K'] = 0.5 \times \frac{K_{IC}}{n} (\text{MPa} \cdot \text{mm}) \qquad (1-191)$$

（4）损伤体（裂纹体）第四强度理论与损伤体（裂纹体）当量应力强度因子。

第四种损伤体（裂纹体）强度理论认为，形状改变比能是引起材料流动产生损伤或裂纹而导致断裂的主要原因。

根据这一理论，用第四种 K-型方法建立损伤体当量应力强度因子 K_{4-equ} 为

$$K'_{4-equ} = \frac{1}{\sqrt{3}} \times \sigma_{equ} \times \varphi \sqrt{\pi \times D} \, (\text{MPa}) \qquad (1-192)$$

其当量损伤因子强度准则形式如下：

$$K'_{4-equ} = \frac{1}{\sqrt{3}} \times \sigma_{equ} \times \varphi \sqrt{\pi \times D} \leq [K'] = 0.5 \times \frac{K'_{IC}}{n} (\text{MPa}) \qquad (1-193)$$

而裂纹体当量应力强度因子 K_{4-equ} 的表达式为

$$K_{4-equ} = \frac{1}{\sqrt{3}} \times \sigma_{equ} \times \varphi \sqrt{\pi \times a} \, (\text{MPa} \cdot \text{mm}) \qquad (1-194)$$

当量裂纹体应力强度因子强度准则为

$$K_{4-equ} = 0.5 \times \sigma_{equ} \times \varphi \sqrt{\pi \times a} \leq [K] = 0.5 \times \frac{K_{IC}}{n} (\text{MPa} \cdot \text{mm}) \qquad (1-195)$$

上述许多准则中，必须考虑安全系数 n 对临界值的修正。一般来说，在多轴疲劳复杂应力条件下，第一损伤体和第二损伤体（裂纹体）应力强度因子的计算理论、准则和计算方法，可适用于铸铁、石料、混凝土、玻璃等容易破坏的脆性材料；第三损伤体和第四损伤体（裂纹体）应力强度因子的计算理论、准则和计算方法，可适用于碳钢、铜、铝等容易发生塑性变形的材料。应该说明，不同材料会发生不同形式的破坏，但有时即使是同一种材

第1章 连续材料和结构中损伤体与裂纹体的强度计算

料，在不同应力状况下，也可能会出现不同的破坏形式。碳钢是典型的塑性材料，在单向拉应力作用下，会出现塑性流动而被破坏；但它在三向拉应力作用下，会产生断裂。由碳钢制成的螺杆连接件，在螺纹根部由于应力集中所引起的三向拉伸应力，这部位的材料很容易发生断裂；反之，作为典型的脆性材料的铸铁，在单向拉伸应力作用下，以断裂形式被破坏，如果制成两个铸铁球和铸铁板，在单向压力作用下，受压强度较高；但在三向压应力状态下，随着压力的增大，铸铁板会出现明显的凹痕。因此，无论是塑性材料还是脆性材料，在三向拉应力状况下，都要采用第一损伤体（裂纹体）应力强度计算准则；而在三向压应力状况下，都要采用第三损伤体或第四损伤体（裂纹体）应力强度计算准则。可见，每一损伤体（裂纹体）应力强度计算式和强度准则，都只是有限的应用范围，要依据实际和具体的情况，与实验结合，谨慎应用。

计算实例

假定有一个由 16Mn[19] 钢制的压力容器，其壁厚 $t = 10$mm，直径 $D = 1000$mm；材料的强度极限 $\sigma_b = 572.5$MPa，屈服强度应力 $\sigma_s = 360.7$MPa；弹性模量 $E = 200741$MPa；与单调加载不同，在循环应变下，其强度系数 $K = 1164.8$MPa；应变硬化指数 $n = 0.1871$；强度系数 $\sigma'_f = 947.1$MPa，强度指数 $b = -0.0943$，强度指数 $m = 10.6$；延性系数 $\varepsilon'_f = 0.4644$，延性指数 $c_1 = -0.5395$。假设工作压力 $P = 3$MPa，若暂不考虑结构因素的影响（如尺寸、加工、应力集中等），试用方法 3（γ-型）和方法 4（K-型）两种方法，并按第三损伤体（裂纹体）应力强度计算理论，以及按第四损伤体（裂纹体）两种强度计算理论，分别计算此容器在三向拉应力加载下，对其损伤体（裂纹体）应力强度因子值 $\gamma'_{3\text{-equ}}$、$\gamma_{3\text{-equ}}$ 和 $\gamma'_{4\text{-equ}}$、$\gamma_{4\text{-equ}}$；$K'_{3\text{-equ}}$（$K_{3\text{-equ}}$）和 $K'_{4\text{-equ}}$（$K_{4\text{-equ}}$）做比较计算。

计算过程和方法如下：

1. 相关参数的计算

对容器受力产生的二向或三向应力的分析和计算。

1）传统材料力学和容器设计计算

将容器直径、厚度和所受的压力数据代入如下容器设计计算式，计算其纵向、横向和径向应力。

（1）容器纵向应力的计算。

纵向应力计算式如下：

$$\sigma_L = \frac{PD}{2 \times t} = \frac{3 \times 1000}{2 \times 10} = 150 \text{ (MPa)}$$

(2) 容器横向应力的计算。计算如下：

$$\sigma_c = \frac{PD}{4 \times t} = \frac{3 \times 1000}{4 \times 10} = 75(\text{MPa})$$

按压力容器设计应力分析，此容器属薄壁容器，其径向应力 $\sigma_r = 0$，只有二向应力状态。此时其 $\sigma_1 > \sigma_2 > \sigma_3$ 关系应为

$$\sigma_1 = 150\text{MPa}, \sigma_2 = 75\text{MPa}, \sigma_3 = 0$$

2) 按本书第三损伤体（裂纹体）应力强度论述，计算其当量应力

按式（1-72）计算其当量应力 σ_{3-equ}，计算如下：

$$\sigma_{3-equ} = \sigma_1 - \sigma_3 = 150 - 0 = 150(\text{MPa})$$

3) 按本书第四损伤体（裂纹体）应力强度理论计算其当量应力

根据式（1-79）计算当量应力 σ_{4-equ}，计算如下：

$$\sigma_{4-equ} = \sqrt{0.5[(\sigma_1 - \sigma_2)^2 + (\sigma_2 - \sigma_3)^2 + (\sigma_3 - \sigma_1)^2]}$$
$$= \sqrt{0.5[(150-75)^2 + (75-0)^2 + (0-150)^2]} = 130(\text{MPa})$$

2. 按第三强度理念，用方法 3（γ-型）和方法 4（K-型）分别计算容器在多轴疲劳复杂应力状态下的当量损伤值（裂纹尺寸）及其当量损伤或裂纹强度因子

1) 按方法 3（γ-型）计算

(1) 计算对应于应变强度系数 $\sigma_f' = 947.1\text{MPa}$ 下的临界比值损伤值和临界比值裂纹体尺寸；以及计算当量工作应力 $\sigma_{3-equ} = 150\text{MPa}$ 下的比值损伤值和比值裂纹体尺寸。

按式（1-151），代入 16Mn 性能数据，计算应变强度系数 $\sigma_f' = 947.1\text{MPa}$ 对应的临界比值损伤值，即

$$D_{2fc} = \left(\frac{K'}{\sigma_f'}\right)^{-n} = \left(\frac{1164.8}{947.1}\right)^{-0.1871} = 0.962(\%)$$

用类似方法，计算应变强度系数 $\sigma_f' = 947.1\text{MPa}$ 对应的临界比值裂纹尺寸，即

$$a_{2fc} = \left(\frac{K'}{\sigma_f'}\right)^{-n} \times c_1 = \left(\frac{1164.8}{947.1}\right)^{-0.1871} \times 1 = 0.962(\text{mm})$$

如果用实际的临界尺寸计算做比较，那是

$$a_{2fc} = \left(\sigma_{fi}'^{(1-n)/n} \times \frac{E \times \pi^{1/2n}}{K'^{1/n}}\right)^{\frac{2 \times m \times n'}{2n-m}}$$
$$= \left(947.1^{(1-0.1871)/0.1871} \times \frac{200741 \times \pi^{1/2 \times 0.1871}}{1164.8^{1/0.1871}}\right)^{\frac{2 \times 10.6 \times 0.1871}{2 \times 0.1871 - 10.6}}$$

第1章 连续材料和结构中损伤体与裂纹体的强度计算

$$= \left(947.1^{4.345} \times \frac{200741 \times \pi^{2.672}}{1164.8^{5.345}}\right)^{0.388} = 17.047(\text{mm})$$

可见,实际临界尺寸同比值临界尺寸概念不同,计算结果的数据也完全不同。

按式(1-151),代入当量应力,计算此方法的当量比值损伤量 D_{equ} 与当量比值裂纹尺寸 a_{equ}。

计算当量工作应力 $\sigma_{3-\text{equ}} = 150\text{MPa}$ 下的当量比值损伤量 D_{equ},计算如下:

$$D_{\text{equ}} = \left(\frac{K'}{\sigma_{1-\text{equ}}}\right)^{-n} = \left(\frac{1164.8}{150}\right)^{-0.1871} = 0.681(\%)$$

计算当量工作应力 $\sigma_{3-\text{equ}} = 150\text{MPa}$ 下的当量比值裂纹尺寸 a_{equ},计算如下:

$$a_{\text{equ}} = \left(\frac{K'}{\sigma_{1-\text{equ}}}\right)^{-n} \times c_1 = \left(\frac{1164.8}{150}\right)^{-n} \times 1 = 0.681(\text{mm})$$

(2)按第三强度理念,计算在当量工作应力 $\sigma_{3-\text{equ}} = 150\text{MPa}$ 下损伤体和裂纹体应力强度因子。

按式(1-166)代入当量损伤值和材料性能数据,计算 γ-型的当量损伤应力强度因子 $\gamma_{3-\text{equ}}$ 值,计算如下:

$$\gamma'_{3-\text{equ}} = 0.5 \times \sigma'_{\text{equ}} \times D_{\text{equ}}^{-n} = 0.5 \times 150 \times 0.681^{-0.1871} = 80.6(\text{MPa})$$

用同样方法,按式(1-167)计算当量裂纹应力强度因子:

$$\gamma_{3-\text{equ}} = 0.5 \times \sigma'_{\text{equ}} \times a_{\text{equ}}^{-n} = 0.5 \times 150 \times 0.681^{-0.1871} = 80.6(\text{MPa} \cdot \text{mm})$$

从上述计算结果可知,损伤体与裂纹体计算式结构相同,计算结果一致。这是将损伤力学与裂纹力学建立沟通的一致结果。

此外,用 γ-型方法计算结果 80.6MPa·mm,同上文同样对 16Mn 制压力容器在相同二向当量应力 150MPa 下,同上文 σ-型方法、β-型方法计算结果的因子值 75.05MPa 或 75.05MPa·mm 基本上接近。误差是由 16Mn 钢本身在单调加载下的性能数据同疲劳加载下的性能不同而引起的。

2)按方法4(K-型法)计算

(1)代入当量应力和材料性能数据,参考式(1-38),计算当量损伤值如下:

$$D_{\text{equ}} = \frac{K'^2}{\sigma_{\text{equ}}^2 \times \pi} = \frac{1164.8}{150^2 \times \pi} = 19.19(\text{damage-unit})$$

参照式(1-42)计算在此应力下产生的当量裂纹尺寸为

$$a_{\text{equ}} = \frac{K'^2}{\sigma_{\text{equ}}^2 \times \pi} = \frac{1164.8}{150^2 \times \pi} = 19.19(\text{mm})$$

(2) 计算损伤体当量应力强度因子 $K'_{3\text{-equ}}$ 与裂纹体当量应力强度因子 $K_{3\text{-equ}}$。

损伤体当量应力强度因子 $K'_{3\text{-equ}}$ 计算。假定 $\varphi=1$，计算如下：

$$K'_{3\text{-equ}} = 0.5 \times \sigma_{\text{equ}} \times \varphi \sqrt{\pi \times D} = 0.5 \times 150\sqrt{\pi \times 19.19} = 582.34(\text{MPa} \cdot \sqrt{\text{damage-unit}})$$

裂纹体当量应力强度因子 $K_{3\text{-equ}}$ 计算如下：

$$K_{3\text{-equ}} = 0.5 \times \sigma_{\text{equ}} \times \varphi \sqrt{\pi \times D} = 0.5 \times 150\sqrt{\pi \times 19.19} = 582.34(\text{MPa} \cdot \sqrt{\text{mm}})$$

3. 按本书第四强度理念，用方法 3（γ-型）和方法 4（K-型）分别计算容器在多轴疲劳复杂应力状态下的当量损伤值（裂纹尺寸）及其当量损伤或裂纹强度因子

按方法 4（K-型）计算：

(1) 计算其当量工作应力 $\sigma_{3\text{-equ}} = 130\text{MPa}$ 下损伤值和裂纹体尺寸，代入当量应力和材料性能数据，参考式（1-38），计算当量损伤值如下：

$$D_{\text{equ}} = \frac{K'^2}{\sigma_{\text{equ}}^2 \times \pi} = \frac{1164.8^2}{130^2 \times \pi} = 25.55(\text{damage-unit})$$

参照式（1-42）计算在此应力下产生的当量裂纹尺寸为

$$a_{\text{equ}} = \frac{K'^2}{\sigma_{\text{equ}}^2 \times \pi} = \frac{1164.8^2}{130^2 \times \pi} = 25.55(\text{mm})$$

根据上述计算结果，此 K-型方法计算结果的损伤值或裂纹尺寸，同 γ-型计算结果的损伤值或裂纹尺寸相差颇大。原因是上文已提及过，此损伤值（裂纹尺寸）是一种剩余损伤值或剩余裂纹尺寸的概念，这里再一次得到证实。

(2) 计算损伤体当量应力强度因子 $K'_{3\text{-equ}}$ 与裂纹体当量应力强度因子 $K_{3\text{-equ}}$。损伤体当量应力强度因子 $K'_{3\text{-equ}}$ 计算，假定 $\varphi=1$，计算如下：

$$K'_{4\text{-equ}} = \frac{1}{\sqrt{3}} \times \sigma_{\text{equ}} \times \varphi \sqrt{\pi \times D} = \frac{1}{\sqrt{3}} \times 130\sqrt{\pi \times 25.55} = 672.44(\text{MPa} \cdot \sqrt{\text{damage-unit}})$$

裂纹体当量应力强度因子 $K_{4\text{-equ}}$ 计算如下：

$$K_{4\text{-equ}} = \frac{1}{\sqrt{3}} \times \sigma_{\text{equ}} \times \varphi \sqrt{\pi \times a} = \frac{1}{\sqrt{3}} \times 130\sqrt{\pi \times 25.55} = 672.44(\text{MPa} \cdot \sqrt{\text{mm}})$$

由上述计算结果可知，两种方法计算结果相差颇大。原因是上文提及过，K-型方法是一种剩余强度的概念，这里再一次得到证实。

参 考 文 献

[1] 虞岩贵. 材料与结构损伤的计算理论和方法 [M]. 北京：国防工业出版社，2022：

77-152.
- [2] YU Y G. Calculations on damages of metallic materials and structures [M]. Moscow: KnoRus, 2019: 1-25, 276-376.
- [3] YU Y G. Calculations on fracture mechanics of materials and structures [M]. Moscow: KnoRus, 2019: 10-25, 285-393.
- [4] Яньгуй Юй. Расчеты Материалов и Конструкций без Трещино Усталость и Разрушениев Машиностроении [M]. МОСКВa: ТЕХНОСФЕРА, 2021: 11-45.
- [5] Яньгуй Юй. Расчеты на прочность и прогноз на срок службы о повреждении механических деталей и материалов [M]. МОСКВa: ТЕХНОСФЕРА, 2021: 11-45.
- [6] YU Y G. Calculations of strengths & lifetime prediction on fatigue-damage of materials & structures [M]. Moscow: TECHNOSPHERA, 2023: 149-166.
- [7] YU Y G. Calculations of strengths & lifetime prediction on fatigue-damage of materials & structures [M]. Moscow: TECHNOSPHERA, 2023: 128-144.
- [8] YU Y G. Calculations on cracking strength in whole process to elastic-plastic materials——the genetic elements and clone of technology in mechanics and engineering fields [J]. American Journal of Science and Technology, 2016, 3 (6): 162-173.
- [9] YU Y G. Calculations and assessment for cracking strength to linear elastic materials inwhole process——the genetic elements and clone technology in mechanics and engineering fields [J]. American Journal of Science and Technology, 2016, 3 (6): 152-161.
- [10] YU Y G. Strength calculations on damage in whole process to elastic-plastic materials—— the genetic elements and clone technology in mechanics and engineering fields [J]. American Journal of Science and Technology, 2016, 3 (5): 140-151.
- [11] YU Y G. Calculations for damage strength to linear elastic materials-the genetic elements and clone technology in mechanics and engineering fields [J]. Journal of Materials Sciences and Applications, 2016, 2 (6): 39-50.
- [12] YU Y G. The life predictions in whole process realized with different variables and conventional materials constants for elastic plastic materials behaviors under unsymmetrical cycle loading [J]. Journal of Mechanics Engineering and Automation, 2015, 5: 241-250.
- [13] YU Y G. Multi-targets calculations realized for components produced cracks with conventional material constants under complex stress states [J]. AASCIT Engineering and Technology, 2016, 3 (1): 30-46.
- [14] YU Y G. The life predicting calculations in whole process realized with two kinks of methods by means of conventional materials constants under low cycle fatigue loading [J]. Journal of Multidisciplinary Engineering Science and Technology (JMEST), 2014, 1 (5): 3159.
- [15] YU Y G. Damage Growth rate calculations realized in whole process with two kinks of methods [J]. AASCIT American Journal of Science and Technology, 2015, 2 (4): 146-164.
- [16] YU Y G. The calculations of evolving rates realized with two of type variables in whole

process for elastic-plastic materials behaviors under unsymmetrical cycle [J]. Mechanical Engineering Research, Canadian Center of Science and Education, 2012, 2 (2): 77-87.

[17] YU Y G. The predicting calculations for lifetime in whole process realized with two kinks of methods for elastic-plastic materials contained crack [J]. AASCIT Journal of Materials Sciences and Applications, 2015, 1 (2): 15-32.

[18] YU Y G. The life predicting calculations in whole process realized by calculable materials constants from short crack to long crack growth process [J]. International Journal of Materials Science and Applications, 2015, 4 (2): 83-95.

[19] 赵少汴, 王忠保. 抗疲劳设计——方法与数据 [M]. 北京: 机械工业出版社, 1997: 88-99.

[20] 机械设计手册编委会. 机械设计手册: 第5卷 [M]. 3版. 北京: 机械工业出版社, 2004: 31-37.

[21] 皮萨连科, 等. 材料力学手册 [M]. 范钦珊, 朱祖成, 译. 北京: 中国建筑工业出版社, 1981: 211-213.

[22] 刘鸿文. 材料力学 [M]. 北京: 人民教育出版社, 1979: 232-238.

[23] 吴学仁. 飞机结构金属材料力学性能手册: 第1卷 静强度·疲劳/耐久性 [M]. 北京: 航空工业出版社, 1996: 465-491.

[24] Ярема С Я. О корреляции параметров уравиия Париса и характеристиках циклической трещиностоикости материалов [J]. ПРОБЛЕМЫ ПРОЧНОСТИ (Львов), 1981, 9: 20-28.

第2章 连续材料和结构中损伤与裂纹的速率计算

材料性能有呈脆性的，也有呈韧性的；有弹性的，也有塑性的。构件材料处于载荷加载下，有单调加载形式，也有反复疲劳加载形式；有单向疲劳加载形式，也有二向、三向疲劳加载等形式。因此，表达其演化行为的数学模型和描述方法也应有各种各样的形式。

在速率计算问题上，可以分全过程速率连续计算与全过程速率分阶段计算。后者还可以再分低周疲劳速率计算、高周疲劳速率计算、超高周疲劳速率计算，以及全过程速率连接计算。对于分阶段计算所建立的数学模型和计算方法，文献[1-18]已有详细论述。材料行为综合图1-6与图2-1中的曲线，

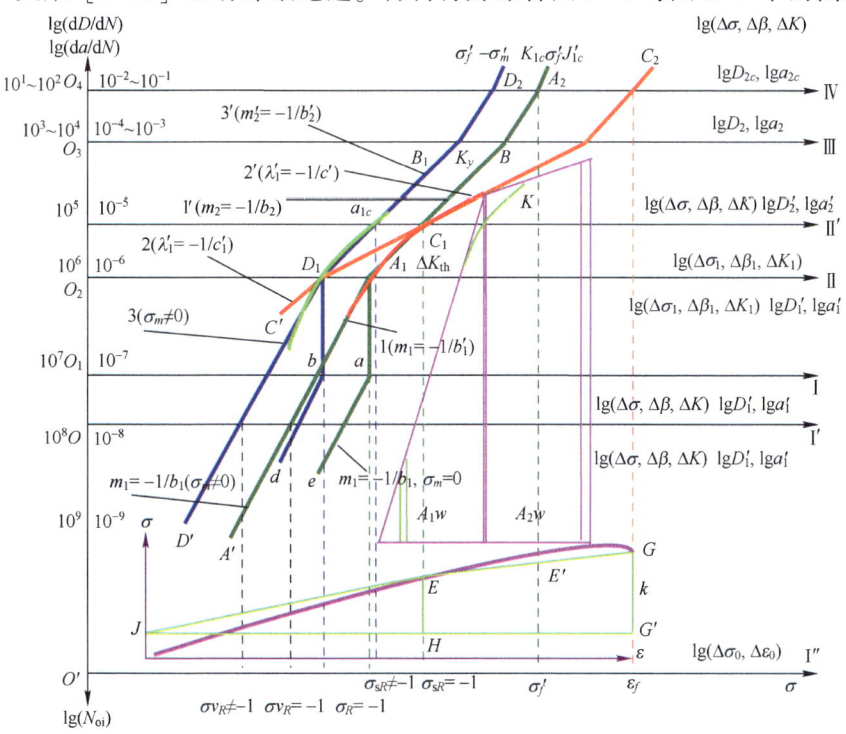

图2-1 损伤演化或裂纹扩展速率曲线

既有全过程的描绘曲线，又有分阶段的曲线。此书着重就全过程速率连续计算提出一些新的计算模型和计算方法。

2.1 单轴疲劳载荷下损伤与裂纹扩展全过程速率计算

许多材料的强度和韧性都比较好，其在疲劳加载下的行为演化过程往往能连续很长时间。本书分别提出几种模型和几种方法，试图用上文中的材料常数及损伤变量或裂纹变量，从而建立几种模型，并提出几种方法来对某些结构和材料进行设计计算和失效分析计算。

用同一速率计算式既适用于计算某一材料试件在低周疲劳载荷下的速率计算，又适用于计算同一材料在高周甚至超高周疲劳载荷下的速率计算，在一般情况下，是难以完成的工作。

但是，笔者对4种材料的实验数据做了初步研究发现，对某些材料而言，还是有某些可能，现提出了作为尝试的计算模型与方法。

2.1.1 方法1：σ-型

高低周载荷下用一个计算公式计算全过程裂纹速率的数学表达式，可采用如下计算式进行计算。

A. 将多个性能常数和损伤变量或裂纹尺寸变量相组合来计算损伤或裂纹扩展速率

对损伤演化速率而言，计算式为

$$dD/dN = A'_\sigma \times [2(\sigma'_1)^{\frac{1}{1-n}}]^m (\text{damage-unit/cycle}) \tag{2-1}$$

形象描述材料行为变化过程，见图2-1中低周的$C'C_1C_2$（红色线），高（超高）周的$A'A_1BA_2$（绿色线）（$\sigma_m = 0$），高（超高）周的$D'D_1B_1D_2$（蓝色线）（$\sigma_m \neq 0$）。

式（2-1）中：σ'_1为一个损伤应力因子幅值，$\sigma'_1 = \Delta\sigma'_{Imax}/2 = (\sigma'_{Imax} - \sigma'_{Imin})/2$。损伤应力因子幅是用损伤量$D_i$与多个材料性能有关的常数组成的因子量，其物理意义是损伤扩展的推动力，是借助损伤量D_i和呈现强度含义的常量来表达，表达式如下：

$$\sigma'_1 = \left(\frac{K \times D_i^{(m-2\times n)/2\times m}}{E^n \times \pi^{1/2}} \right)^{\frac{1}{1-n}} (\text{MPa} \cdot \text{damage-unit}) \tag{2-2}$$

式中：指数$m = -1/b$，此指数的物理意义体现了材料弹塑性特性的大小和程度；其几何意义是图1-6弹塑阶段微梯形的斜边斜率。

第2章 连续材料和结构中损伤与裂纹的速率计算

式（2-1）中 A'_σ 为全过程综合材料常数，其物理含义是一个功率的概念，是一个循环中能量的最大增量值，也是材料在失效之前抵抗外力作用在一个循环内释放出的最大能量；A'_σ 的几何含义是图1-6和图2-1中最大的微梯形面积大小。材料综合性能常数 A'_σ 是可计算的，对于 $R=-1, \sigma_m=0$ 的循环加载下，它为

$$A'_\sigma = 2\left\{2\left(\frac{K\times D_{fc}^{(m-2\times n)/2\times m}}{E^n\times\pi^{1/2}}\right)^{\frac{1}{1-n}}\times\alpha\right\}^{-m} [(\text{MPa})^m \cdot \text{damage-unit}] \quad (2-3)$$

而对于 $R\neq-1, \sigma_m\neq 0$，有

$$A'_\sigma = 2\left\{2\left(\frac{K\times D_{fc}^{(m-2\times n)/2\times m}}{E^n\times\pi^{1/2}}\right)^{\frac{1}{1-n}}(1-R)\right\}^{-m} [(\text{MPa})^m \cdot \text{damage-unit}] \quad (2-4)$$

而对裂纹扩展速率而言，应为

$$da/dN = A_\sigma\times[2(\sigma_\text{I})^{\frac{1}{1-n}}]^m (\text{mm/cycle}) \quad (2-5)$$

形象描述材料行为变化过程，见图2-1中低周的 $C'C_1C_2$（红色线）、高（超高）周的 $A'A_1BA_2$（绿色线）（$\sigma_m=0$）、高（超高）周的 $D'D_1B_1D_2$（蓝色线）（$\sigma_m\neq 0$）。

式中：σ_I 为一个裂纹应力强度因子值，$\sigma_\text{I} = \Delta\sigma_\text{Imax}/2 = (\sigma_\text{Imax}-\sigma_\text{Imin})/2$，$\Delta\sigma_\text{I} = \sigma_\text{I}^{\max}-\sigma_\text{I}^{\min}$，裂纹应力因子幅 $\sigma_\text{I} = (\sigma_\text{I}^{\max}-\sigma_\text{I}^{\min})/2$，它们是用裂纹尺寸 a_i 与材料性能有关的常数组成的因子量，其物理意义是裂纹扩展的推动力，它是借助变量裂纹尺寸 a_i 和呈现强度含义的常量来表达的。

其表达式如下：

$$\sigma_\text{I} = \left(\frac{K\times a_i^{(m-2\times n)/2\times m}}{E^n\times\pi^{1/2}}\right)^{\frac{1}{1-n}} (\text{MPa}\cdot\text{mm}) \quad (2-6)$$

材料综合性能常数，在 $R=-1, \sigma_m=0$ 的循环加载下，它为

$$A_\sigma = 2\left\{2\left(\frac{K\times a_{fc}^{(m-2\times n)/2\times m}}{E^n\times\pi^{1/2}}\right)^{\frac{1}{1-n}}\times\alpha\right\}^{-m} [(\text{MPa})^m \cdot \text{mm}] \quad (2-7)$$

而对于 $R\neq-1, \sigma_m\neq 0$，有

$$A_\sigma = 2\left\{2\left(\frac{K\times a_{fc}^{(m-2\times n)/2\times m}}{E^n\times\pi^{1/2}}\right)^{\frac{1}{1-n}}(1-R)\right\}^{-m} [(\text{MPa})^m \cdot \text{mm}] \quad (2-8)$$

Morrow[19]也曾对平均应力 $\sigma_m\neq 0$ 的加载情况用$(\sigma_f-\sigma_m)$或$(1-\sigma_m/\sigma_f)$的形式来修正。因此式（2-8）也可表达为

$$A_\sigma = 2\left\{2\left(\frac{K\times a_{fc}^{(m-2\times n)/2\times m}}{E^n\times\pi^{1/2}}\right)^{\frac{1}{1-n}}(1-\sigma_m/\sigma_f)\right\}^{-m} [(\text{MPa})^m \cdot \text{mm}] \quad (2-9)$$

以上式中：D_{fc}和a_{fc}分别为对应于断裂应力σ'_f（疲劳强度系数）下的损伤值或裂纹尺寸；D_i与a_i分别为对应于应力幅$\sigma_{ia}=\Delta\sigma_i/2$下的损伤值或裂纹尺寸，$\Delta\sigma_i$为从超高周低应力到低周高应力逐级增加的应力范围值。

B. 按损伤量大小或裂纹尺寸多少与较少的材料常数组合来计算损伤或裂纹扩展速率

对损伤演化速率而言，计算式为

$$dD/dN = \varpi'_\sigma \times [2(\varpi')]^m \text{ (damage-unit/cycle)} \quad (2-10)$$

形象描述材料行为变化过程，见图2-1中低周的$C'C_1C_2$（红色线），高（超高）周的$A'A_1BA_2$（绿色线）（$\sigma_m=0$），高（超高）周的$D'D_1B_1D_2$（蓝色线）（$\sigma_m\neq 0$）。

式中：ϖ'为一个损伤应力因子值，它是用损伤变量与材料性能有关的较少常数组成的因子量，其物理意义也是裂纹扩展的推动力，其具有用损伤变量呈现其推动变化过程的含义。计算表达式为

$$\varpi' = (D_i^{(m-2\times n)/2\times m})^{\frac{1}{1-n}} \quad (2-11)$$

材料综合常数ϖ'_σ也是可计算的，对于$R=-1,\sigma_m=0$循环加载下，它为

$$\varpi'_\sigma = 2\{2\alpha(D_{fc}^{(m-2\times n)/2\times m})^{\frac{1}{1-n}}\}^{-m} \text{ (damage-unit)} \quad (2-12)$$

而对于$R\neq -1$，$\sigma_m\neq 0$，有

$$\varpi'_\sigma = 2\{2(1-R)(D_{fc}^{(m-2\times n)/2\times m})^{\frac{1}{1-n}}\}^{-m} \text{ (damage-unit)} \quad (2-13)$$

必须说明，对于弹性材料$E\leqslant 1\times 10^5$MPa，综合材料常数要减小一半（除以2），如铝合金LC4CS。

而对裂纹扩展速率而言，应为

$$da/dN = \varpi_\sigma \times (2\varpi)^m \text{ (mm/cycle)} \quad (2-14)$$

式中：ϖ为一个裂纹应力因子值，它是用裂纹变量与材料性能有关的较少常数组成的因子量，其物理意义也是裂纹扩展的驱动力。它是裂纹扩展的推动力，具有用裂纹变量呈现其推动变化过程的含义，借助变量裂纹尺寸和常量来表达，即

$$\varpi = [a_i^{(m-2\times n)/2\times m}]^{\frac{1}{1-n}} \text{ (mm)} \quad (2-15)$$

材料综合常数ϖ_σ，对于$R=-1,\sigma_m=0$循环加载下：

$$\varpi_\sigma = 2\{2\alpha[a_{fc}^{(m-2\times n)/2\times m}]^{\frac{1}{1-n}}\}^{-m} \text{ (mm)} \quad (2-16)$$

而对于$R\neq -1$，$\sigma_m\neq 0$，有

$$\varpi_\sigma = 2\{2[a_{fc}^{(m-2\times n)/2\times m}]^{\frac{1}{1-n}} \times (1-R)\}^{-m} \text{ (mm)} \quad (2-17)$$

式中：D_{fc}和a_{fc}为对应于断裂应力σ'_f（疲劳强度系数）下的损伤值或裂纹尺寸，D_i与a_i为对应于应力幅$\sigma_{ia}=\Delta\sigma_i/2$下的损伤值或裂纹尺寸，$\sigma_i$为从超高周低

第2章 连续材料和结构中损伤与裂纹的速率计算

应力到低周高应力逐级增加的应力幅值。

以上各式中的系数 α 是对不同材料与不同加载条件下的修正系数。对于高强度钢材，在对称循环载荷下，$\alpha \leqslant 1$；在非对称循环载荷下，$\alpha \leqslant 0.5$。但必须由实验确定。

应该说明，上述两种方法速率计算式结构及其组成的参数差异很大，但计算结果的数据非常接近。

2.1.2 方法2：β-型

高低周载荷下计算全过程裂纹速率，还可以采用 β-型方法计算式进行计算。而此 β-型中再分 A 和 B 两种形式。

A. 用多个参数和损伤值大小或裂纹尺寸相结合来计算扩展速率

对损伤演化速率而言，对于某些高强度钢，若在 $R=-1, \sigma_m=0$ 循环加载下，可按如下计算式：

$$dD/dN = \beta'_\sigma \times [2(\beta'_1)^{1/2(1-n)}]^m \times c_1 \, (\text{mm/cycle}) \tag{2-18}$$

形象描述材料行为变化过程，见图2-1中低周的 $C'C_1C_2$（红色线），高（超高）周的 $A'A_1BA_2$（绿色线）（$\sigma_m=0$），高（超高）周的 $D'D_1B_1D_2$（蓝色线）（$\sigma_m \neq 0$）。

式中：β'_1 为一个损伤应力因子值，它是用损伤值与多个材料性能常数组成损伤应力因子量，其物理意义也是损伤扩展的推动力，其具有用损伤变量呈现其推动变化过程的含义。表达式如下：

$$\beta'_1 = \left(\frac{K'^2}{E^{2n}} \times \frac{D_i}{\pi}\right)^{\frac{1}{2(1-n)}} \left[(\text{damage-unit/MPa}^{-n})^{1/2(1-n)} \text{ 或 MPa}\right] \tag{2-19}$$

式（2-18）中的指数 $m=-1/b$，其物理意义也是呈现材料的弹塑性的特性的大小和程度；其几何意义也是图1-6弹塑阶段微梯形的斜边的斜率。β'_σ 是全过程综合材料常数，其物理含义是一个功率的概念；β'_σ 的几何意义是图1-6中最大的微梯形面积大小。材料综合性能常数 β'_σ 是可计算的，对于 $R=-1, \sigma_m=0$ 的循环加载下，它为

$$\beta'_\sigma = 2\left\{2\left(\frac{K'^2}{E^{2n}} \times \frac{D_{fc}}{\pi}\right)^{\frac{1}{2(1-n)}} \alpha\right\}^{-m} \left[(\text{damage-unit/MPa}^{-n})^{1/2(1-n)} \text{ 或 MPa}\right]$$

$$\tag{2-20}$$

而对于 $R \neq -1, \sigma_m \neq 0$，有

$$\beta'_\sigma = 2\left\{2\left(\frac{K'^2}{E^{2n}} \times \frac{D_{fc}}{\pi}\right)^{\frac{1}{2(1-n)}} (1-R)\right\}^{-m} \left[(\text{damage-unit/MPa}^{-n})^{1/2(1-n)} \text{ 或 MPa}\right]$$

$$\tag{2-21}$$

对裂纹扩展速率而言，应为

$$da/dN = \beta_\sigma \times (2\beta_I^{1/2(1-n)})^m \times c_1 \, (\text{mm/cycle}) \tag{2-22}$$

形象描述材料行为变化过程，见图 2-1 中低周的 $C'C_1C_2$（红色线），高（超高）周的 $A'A_1BA_2$（绿色线）（$\sigma_m=0$），高（超高）周的 $D'D_1B_1D_2$（蓝色线）（$\sigma_m \neq 0$）。β_I 是一个裂纹应力因子值，它是用裂纹尺寸变量与多个材料性能常数组成裂纹应力因子，其物理意义也是裂纹扩展的推动力，呈现强度含义，用裂纹变量与多个强度常量推动变化过程，表达式如下：

$$\beta_I = \left(\frac{K'^2}{E^{2n}} \times \frac{a_i}{\pi}\right)^{\frac{1}{2(1-n)}} \, (\text{mm/MPa}^{-n})^{1/2(1-n)} \tag{2-23}$$

类似地，材料综合性能常数，对于 $R=-1, \sigma_m=0$ 循环加载下，其为

$$\beta_\sigma = 2\left\{2\left(\frac{K'^2}{E^{2n}} \times \frac{a_{fc}}{\pi}\right)^{\frac{1}{2(1-n)}} \times \alpha\right\}^{-m} \, (\text{mm/MPa}^{-n})^{1/2(1-n)} \tag{2-24}$$

而对于 $R \neq -1, \sigma_m \neq 0$，应为

$$\beta_\sigma = 2\left\{2\left(\frac{K'^2}{E^{2n}} \times \frac{a_{fc}}{\pi}\right)^{\frac{1}{2(1-n)}} (1-R)\right\}^{-m} \, (\text{mm/MPa}^{-n})^{1/2(1-n)} \tag{2-25}$$

必须说明，对于弹性材料 $E \leq 1 \times 10^5 \text{MPa}$，综合材料常数要减小 50%（除以 2），如铝合金 LC4CS。

以上诸式中 D_{fc} 和 a_{fc} 为对应于断裂应力 σ'_f（疲劳强度系数）下的损伤值或裂纹尺寸；D_i 与 a_i 为对应于应力幅 $\sigma_{ia} = \Delta\sigma_i/2$ 下的损伤值或裂纹尺寸。

从上述损伤计算式中和裂纹计算式以及在后文实例计算中将会发现，裂纹计算与损伤计算，不管速率计算，还是寿命预测计算，都将得到等效一致的结果。

B. 以损伤变量或裂纹变量与较少材料参数组合来计算损伤或裂纹扩展速率

对损伤演化速率而言，其为

$$dD/dN = \varpi'_\sigma \times (2\varpi')^m \, (\text{damage-unit/cycle}) \tag{2-26}$$

形象描述材料行为变化过程，见图 1-6 中低周的 $C'C_1C_2$（红色线），高周的 $A'A_1BA_2$（绿色线）（$\sigma_m=0$），高周的 $D'D_1B_1D_2$（蓝色线）（$\sigma_m \neq 0$）。

式中：ϖ' 为一个损伤应力因子值，它是用损伤变量与材料性能有关的较少常数组成的因子量，其物理意义也是损伤扩展的驱动力，其含义是用损伤值大小呈现其变化过程，表达式如下：

$$\varpi' = \left(\frac{D_i}{\pi}\right)^{1/2(1-n)} \tag{2-27}$$

综合材料常数 ϖ'_σ 也是可计算的，对于 $R=-1, \sigma_m=0$ 循环加载下，它为

第2章 连续材料和结构中损伤与裂纹的速率计算

$$\varpi'_\sigma = 2\left\{2\left(\alpha\frac{D_{fc}}{\pi}\right)^{1/2(1-n)}\right\}^{-m} \text{(damage-unit)} \quad (2-28)$$

而对于 $R \neq -1$,$\sigma_m \neq 0$,有

$$\varpi'_\sigma = 2\left\{2\left(\frac{D_{fc}}{\pi}\right)^{1/2(1-n)}(1-R)\right\}^{-m} \text{(damage-unit)} \quad (2-29)$$

对裂纹扩展速率而言,应为

$$da/dN = \varpi_\sigma \times (2\varpi)^m \text{(mm/cycle)} \quad (2-30)$$

式中:ϖ 为一个裂纹应力因子值,它是用裂纹变量与材料性能有关的较少常数组成的因子量,其物理意义也是裂纹扩展的推动力,其含义是用裂纹尺寸的扩展呈现其变化过程,表达式如下:

$$\varpi = \left(\frac{a_i}{\pi}\right)^{1/2(1-n)} \quad (2-31)$$

综合材料常数 ϖ,对于 $R=-1$,$\sigma_m = 0$ 循环加载下,有

$$\varpi_\sigma = 2\left\{2\left(\alpha\frac{a_{fc}}{\pi}\right)^{1/2(1-n)}\right\}^{-m} \text{(mm)} \quad (2-32)$$

而对于 $R \neq -1$,$\sigma_m \neq 0$,有

$$\varpi_\sigma = 2\left\{2\left(\alpha\frac{a_{fc}}{\pi}\right)^{1/2(1-n)} \times \alpha(1-R)\right\}^{-m} \text{(mm)} \quad (2-33)$$

式中:D_{fc} 和 a_{fc} 分别为对应于断裂应力 σ'_f(疲劳强度系数)下的损伤值或裂纹尺寸,D_i 与 a_i 为对应于应力幅 $\sigma_{ia} = \Delta\sigma_i/2$ 下的损伤值或裂纹尺寸,$\Delta\sigma_i$ 为从超高周低应力到低周高应力逐级增加的应力范围值。

以上各式中的系数 α 是对不同材料与不同加载条件下的修正系数。对于高强度钢材,在对称循环载荷下,$\alpha \leq 1$;在非对称循环载荷下,$\alpha \leq 0.5$。但必须由实验确定。

应该说明,上述各速率计算式 A 与 B 两种形式计算式的结构及其组成的参数差异很大,但计算结果的数据非常接近。

计算实例

有一种材料合金钢 40CrMnSiMoVA(GC-4)[20-22]制的试件,假如其在应力逐增的对称循环($R=-1$,$\sigma_m = 0$)的加载下,试用正文方法 1σ-型(分 A 和 B 两种形式)计算式:A 式(2-1)~式(2-3)与 B 式(2-10)~式(2-12)对此材料做速率的比较计算。再用方法 2β-型(A 与 B 两种形式)计算式:A 式(2-22)~式(2-24)与 B 式(2-30)~式(2-32),对试件材料做损伤

和裂纹扩展速率比较计算。

合金钢40CrMnSiMoVA(GC-4)在低周疲劳下的性能数据在表2-1中。根据计算数据绘制损伤演化速率和裂纹扩展速率比较曲线。

表2-1 合金钢40CrMnSiMoVA(GC-4)在低周疲劳下的性能数据

材料	E	K'	n'	σ'_f	b/m
40CrMnSiMoVA	201000	3411	0.14	3501	0.1054/9.488

*损伤计算

计算方法和步骤如下：

方法1：σ-型

用式(2-1)~式(2-3)对损伤临界值D_{fc}以及各个应力下损伤值D_i进行计算[1-7]。

(1) 临界损伤值按以下计算式计算，其中断裂应力$\sigma'_f = 3501\text{MPa}$，

$$D_{fc} = \left(\sigma'^{(1-n')/n'}_f \times \frac{E \times \pi^{1/2 \times n'}}{K'^{1/n'}}\right)^{-\frac{2m_1 n'}{2n'-m_1}} = \left(3501^{(1-0.14)/0.14} \times \frac{201000 \times \pi^{1/2 \times 0.14}}{K'^{1/0.14}}\right)^{-\frac{2 \times 9.488 \times 0.14}{2 \times 0.14 - 9.488}}$$

$$= \left(3501^{6.143} \times \frac{201000 \times \pi^{3.571}}{3411^{7.143}}\right)^{0.2885} = 11.04(\text{damage-unit})$$

各个应力$(\Delta\sigma/2 = \sigma_i)_i$从表2-2中取值，再按计算式计算各应力相对应的损伤值D_i，计算结果再列入表2-2中。

$$D_i = \left(\sigma_i^{(1-n')/n'} \times \frac{E \times \pi^{1/2 \times n'}}{K'^{1/n'}}\right)^{-\frac{2m \times n'}{2n'-m_1}} = \left(\sigma_i^{(1-0.14)/0.14} \times \frac{201000 \times \pi^{1/2 \times 0.14}}{K'^{1/0.14}}\right)^{-\frac{2 \times 9.488 \times 0.14}{2 \times 0.14 - 9.488}}$$

$$= \left(\sigma_i^{6.143} \times \frac{201000 \times \pi^{3.571}}{3411^{7.143}}\right)^{0.2885} (\text{damage-unit})$$

门槛损伤值D_{th}(damage-unit)，由下式计算：

$$D_{th} = 0.564^{\frac{1}{0.5+b}} = 0.564^{\frac{1}{0.5-0.1054}} = 0.234(\text{damage-unit})$$

(2) 综合材料常数计算，计算如下，假设修正系数$\alpha = 1$。

$$A'_\sigma = 2\left\{2\left(\frac{K' \times D_{fc}^{(m-2 \times n)/2 \times m}}{E^{n'} \times \pi^{1/2}}\right)^{\frac{1}{1-0.14}} \times \alpha\right\}^{-m}$$

$$= 2\left\{2\left(\frac{3411 \times 11.04^{(9.488-2 \times 0.14)/(2 \times 9.488)}}{201000^{0.14} \times \pi^{1/2}}\right)^{\frac{1}{1-0.14}} \times 1\right\}^{-9.488}$$

$$= 2\left\{2\left(\frac{3411 \times 11.04^{0.485}}{201000^{0.14} \times \pi^{0.5}}\right)^{1.163} \times 1\right\}^{-9.488} = 6.5296 \times 10^{-37}[(\text{MPa})^m \cdot \text{damage-unit}]$$

第 2 章　连续材料和结构中损伤与裂纹的速率计算

(3) 各损伤值 D_i 对应的因子值 σ'_I 按下式计算：

$$\sigma'_I = \left(\frac{K \times D_i^{(m-2\times n)/2\times m}}{E^n \times \pi^{1/2}}\right)^{\frac{1}{1-n}} = \left(\frac{3411 \times D_i^{0.485}}{201000^{0.14} \times \pi^{0.5}}\right)^{1.163} \quad (\text{MPa} \cdot \text{damage-unit})$$

(4) 计算各应力幅和对应损伤值 D_i 下各对应的损伤扩展速率 dD/dN_i。

将综合材料常数 A'_σ 代入，从表 2-2 中取各应力下所对应的损伤值 D_i，按以下速率计算式，分别计算出各应力 σ_i 和损伤量 D_i 相对应的速率 dD/dN_i，计算式如下：

$$dD/dN = A'_\sigma \times [2(\sigma'_I)^{\frac{1}{1-n}}]^m$$
$$= 6.5296 \times 10^{-37} \times \left(2\left(\frac{3411 \times D_i^{0.485}}{201000^{0.14} \times \pi^{0.5}}\right)^{1.163}\right)^{9.488} \quad (\text{damage-unit/cycle})$$

计算结果每一损伤量对应的速率数据，再填入表 2-2 中。

方法 2：β-型

(1) 各个应力幅 $(\Delta\sigma/2)_i$ 相对应的损伤值计算。

各个应力幅 $(\Delta\sigma/2)_i$ 从表 2-2 中取值，按计算式计算各应力相对应的损伤值。计算结果，再列入表 2-2 中。

各个应力下的对应损伤值计算如下：

$$D_i = \frac{\sigma_i^{2(1-n)} \times E^{2n} \times \pi}{K^2} = \frac{\sigma_i^{2(1-0.14)} \times 201000^{2\times 0.14} \times \pi}{3411^2} (\text{damage-unit})$$

(2) 断裂应力是 $\sigma'_f = 3501\text{MPa}$，按临界断裂应力计算临界损伤值。计算如下：

$$D_{fc} = \frac{\sigma_f^{2(1-n)} \times E^{2n} \times \pi}{K^2} = \frac{3501^{2(1-0.14)} \times 201000^{2\times 0.14} \times \pi}{3411^2}$$
$$= 10.3 (\text{damage-unit})$$

(3) 综合材料常数计算。

计算如下：

$$\beta'_\sigma = 2\left\{2\left(\frac{K'^2}{E^{2n}} \times \frac{D_{fc}}{\pi}\right)^{\frac{1}{2(1-n)}} \times \alpha\right\}^{-m}$$
$$= 2\left\{2\left(\frac{3411^2}{201000^{2\times 0.14}} \times \frac{10.03}{\pi}\right)^{\frac{1}{2(1-0.14)}} \times 1\right\}^{-9.488}$$
$$= 7.554 \times 10^{-37} (\text{MPa} \cdot \text{damage-unit})$$

(4) 计算各应力幅和损伤值 D_i 相对应的损伤扩展速率 dD/dN_i。

按下式，取表 2-2 中各损伤值计算各对应的速率，计算结果将各速率数据再列入表 2-2 中。

$$\mathrm{d}D/\mathrm{d}N = \beta'_\sigma \times [2\beta'^{\frac{1}{2(1-n)}}]^m = \beta'_\sigma \times \left\{2\left(\frac{K'^2}{E^{2n}} \times \frac{D_i}{\pi}\right)^{\frac{1}{2(1-n)}}\right\}^m$$

$$= 7.554 \times 10^{-37} \times \left\{2\left(\frac{3411^2}{201000^{2\times0.14}} \times \frac{D_i}{\pi}\right)^{0.5814}\right\}^{9.488} \quad (\text{damage-unit/cycle})$$

从表 2-2 中的数据可知，两种计算数据颇为接近。

按表 2-2 中的数据，绘制高、低周各级应力下的计算速率数据的对比曲线，如图 2-2 所示。

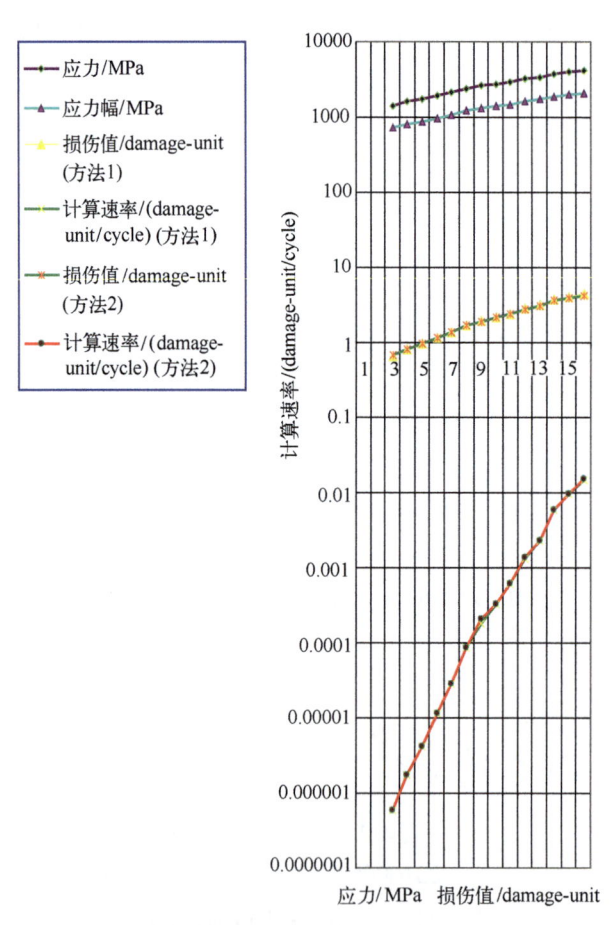

图 2-2　在对称循环递增应力加载下，用两种方法计算数据绘制损伤演化速率比较曲线

第 2 章 连续材料和结构中损伤与裂纹的速率计算

表 2-2 钢 40CrMnSiMoVA（GC-4）[20] 在（$R=-1$）各应力幅下，方法 1 与方法 2 的损伤值和计算速率数据

σ_{max}/σ_a	2087	1994	1895	1719	1620	1491	1399	1312	1214	1079	981	883	804	718	应力幅
$\Delta\sigma_i$/MPa	4174	3988	3790	3438	3240	2982	2798	2624	2428	2158	1962	1766	1608	1436	应力幅范围
D_i/damage-unit	4.416	4.071	3.72	3.13	2.817	2.432	2.172	1.939	1.69	1.371	1.158	0.961	0.814	0.666	方法 1
dD/dN_i/(damage-unit/cycle)	0.0148	9.6×10^{-3}	5.94×10^{-3}	2.35×10^{-3}	1.34×10^{-3}	6.09×10^{-4}	3.33×10^{-4}	1.81×10^{-4}	8.69×10^{-5}	2.84×10^{-5}	1.15×10^{-5}	4.243×10^{-6}	1.743×10^{-6}	5.95×10^{-7}	式 (2-5)
D_i/damage-unit	4.224	3.904	3.577	3.025	2.731	2.368	2.122	1.900	1.69	1.37	1.153	0.9624	0.819	0.674	方法 2
dD/dN_i/(damage-unit/cycle)	0.017	0.011	0.00678	0.0027	0.00153	6.97×10^{-4}	3.8×10^{-4}	2.07×10^{-4}	1.08×10^{-4}	3.4×10^{-5}	1.315×10^{-5}	4.853×10^{-6}	1.993×10^{-6}	6.802×10^{-7}	式 (2-18)

从表2-2中的数据可知：方法1、方法2两类计算式结构形式差异较大，但两种计算式的损伤值、计算损伤速率的计算数据，以及计算结果的数据较为接近。

从图2-2也可看出，在($R=-1$)加载下，方法1（浅绿色）损伤计算速率与方法2（红色）损伤计算速率曲线重叠，数据十分接近。

* 裂纹计算

方法1（B形式）：用式（2-14）~式（2-17）计算

（1）各个应力幅$(\Delta\sigma/2)_i$相对应的裂纹尺寸计算，与σ-型中A种形式计算的裂纹尺寸相同。

（2）综合材料常数ϖ_σ计算。

其可用下式计算：

$$\varpi_\sigma = 2\{2\alpha[a_{fc}^{(m-2\times n)/2\times m}]^{\frac{1}{1-n}}\}^{-m} = 2\{2(11.04^{0.4852})^{1.163}\}^{-9.488} = 7.22584\times 10^{-9}$$

（3）裂纹应力因子值计算。

$$\varpi = [a_i^{(m-2\times n)/2\times m}]^{\frac{1}{1-n}} = (a_i^{(9.488-2\times 0.14)/2\times 9.488})^{\frac{1}{1-0.14}} = (a_i^{0.4852})^{1.163}$$

（4）计算各应力幅与同裂纹尺寸a_i相对应的裂纹扩展速率da/dN_i。

从表2-2中取各应力所对应的裂纹尺寸a_i，按以下速率计算式，分别计算出各个速率da/dN_i，计算式如下：

将综合材料常数A_σ代入，将表中各裂纹数据代入下式中的裂纹变量，可计算出对应的速率，即

$$da/dN = \varpi_\sigma\times(2\varpi)^m = 7.22584\times 10^{-9}\times[2(a_i^{(m-2\times n)/2\times m})^{\frac{1}{1-n}}]^{9.488}$$

$$= 7.22584\times 10^{-9}\times[2(a_i^{(9.488-2\times 0.14)/2\times 9.488})^{\frac{1}{1-0.14}}]^{9.488}$$

$$= 7.22584\times 10^{-9}\times[2(a_i^{0.4852})^{1.163}]^{9.488}(\text{mm/cycle})$$

最后，将各计算速率再填入表2-2中。

方法2（B形式）：采用式（2-30）~式（2-32）计算

（1）对临界尺寸计算以及各个应力幅$(\Delta\sigma/2)_i$相对应的裂纹尺寸计算，同方法2中计算相同。

（2）综合材料常数ϖ计算。

对应于断裂应力$\sigma_f' = 3501\text{MPa}$的临界尺寸的计算，同方法1一致，已得$a_{2fc} = 10.3\text{mm}$。此处也可用下式计算综合材料常数：

$$\varpi_\sigma = 2\left\{2\left(\alpha\frac{a_{2fc}}{\pi}\right)^{1/2(1-n)}\right\}^{-m} = 2\left\{2\left(1\times\frac{10.3}{\pi}\right)^{1/2(1-0.14)}\right\}^{-9.488} = 3.983\times 10^{-6}(\text{mm})$$

（3）计算各裂纹尺寸a_i下各对应的裂纹速率da/dN_i。

第 2 章 连续材料和结构中损伤与裂纹的速率计算

计算如下：

$$da/dN = \varpi_\sigma \times [2(\varpi)]^m = 3.983 \times 10^{-6} \times \left\{ 2 \times \left(\frac{a_i}{\pi}\right)^{1/2(1-n)} \right\}^m$$

$$= 3.983 \times 10^{-6} \times \left\{ 2 \times \left(\frac{a_i}{\pi}\right)^{1/2(1-0.14)} \right\}^{9.488} \quad (\text{mm/cycle})$$

从表 2-3 中取各裂纹尺寸 a_i 值，按计算式计算各对应的裂纹尺寸下的速率 da/dN_i。计算结果，再列入表 2-3 中。

从图 2-3 也可看出，当 $R=-1$ 时，方法 1（浅蓝色）裂纹计算速率与方法 2（黄绿色）裂纹计算速率曲线重叠，数据十分接近。

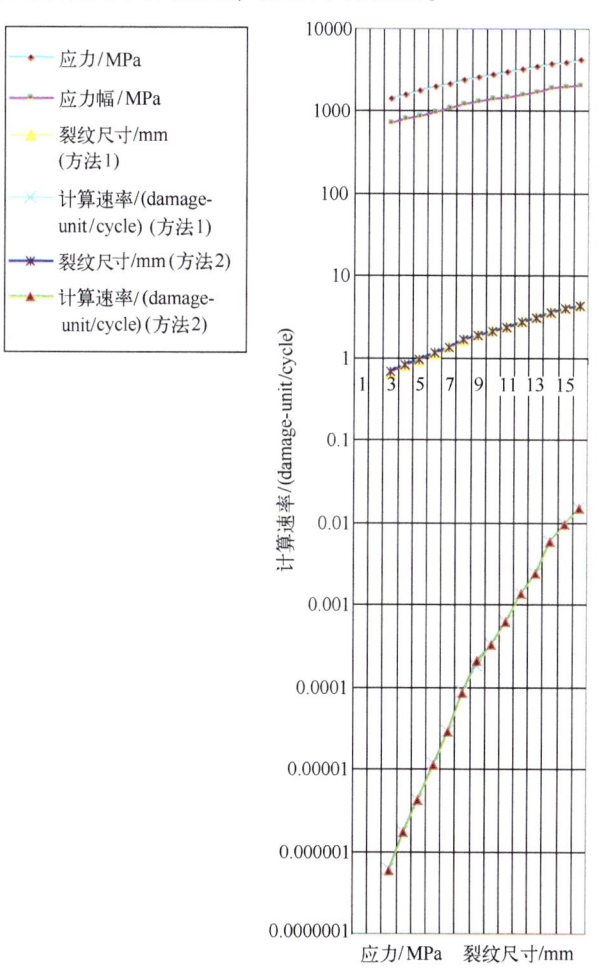

图 2-3　在对称循环递增应力加载下，用两种方法
计算数据绘制裂纹扩展速率的比较曲线

表 2-3　钢 40CrMnSiMoVA(GC-4)在 ($R=-1$) 各应力下两种方法计算裂纹尺寸，计算速率数据的比较

应力幅															
σ_{max}/σ_a	2087	1994	1895	1719	1620	1491	1399	1312	1214	1079	981	883	804	718	应力范围
$\Delta\sigma_i$/MPa	4174	3988	3790	3438	3240	2982	2798	2624	2428	2158	1962	1766	1608	1436	
a_i/mm	4.416	4.071	3.72	3.13	2.817	2.432	2.172	1.939	1.69	1.371	1.158	0.961	0.814	0.666	方法 1
da/dN_i/(mm/cycle)	0.0147	9.54×10^{-3}	5.88×10^{-3}	2.33×10^{-3}	1.33×10^{-3}	6.05×10^{-4}	3.3×10^{-4}	1.80×10^{-4}	8.61×10^{-5}	2.8×10^{-5}	1.14×10^{-5}	4.19×10^{-6}	1.724×10^{-6}	5.89×10^{-7}	式 (2-14)
a_i/mm	4.224	3.904	3.577	3.025	2.731	2.368	2.122	1.900	1.69	1.37	1.153	0.9624	0.819	0.674	方法 2
da/dN_i/(mm/cycle)	0.015	9.48×10^{-3}	5.85×10^{-3}	2.32×10^{-3}	1.32×10^{-3}	6.01×10^{-4}	3.28×10^{-4}	1.79×10^{-4}	9.355×10^{-5}	2.94×10^{-5}	1.135×10^{-5}	4.19×10^{-6}	1.72×10^{-6}	5.50×10^{-7}	式 (2-30)

第 2 章　连续材料和结构中损伤与裂纹的速率计算

从表格数据与曲线形象演化可看出，裂纹计算与损伤计算之间，在裂纹计算式中只用"$c_1=1\text{mm}$"转换，以 1 个损伤单位（1damage-unit）等效于 1mm 尺寸，两者的计算式差异只是一个转换系数 c_1，其计算结果只有单位不同，计算数据完全等效一致。

方法 1 和方法 2 两类计算式结构形式差异较大，但两种计算式，裂纹尺寸与裂纹速率的计算数据，方法 1 和方法 2 计算结果的数据颇为接近。

方法 1、方法 2 计算式中又各分 A 和 B 两种形式的计算式，A 与 B 两种计算式的结构和参数尽管差异颇大，一种呈现强度含义的概念，另一种呈现裂纹尺寸（或损伤值）的概念，但计算结果数据完全一致，只是在计算上有误差。

2.1.3　方法 3：γ-型

高低周载荷下计算全过程裂纹速率，还可以采用 γ-型方法计算式进行计算。

这种方法也只是以损伤变量或裂纹变量与极少材料参数组合来计算损伤或裂纹扩展速率。

对损伤演化速率而言，其为

$$dD/dN = J'_\sigma \times (2\gamma')^m (\text{damage-unit/cycle}) \qquad (2\text{-}34)$$

形象描述材料行为变化过程见图 1-6 中低周的 $C'C_1C_2$（红色线），高周的 $A'A_1BA_2$（绿色线）（$\sigma_m=0$），高周的 $D'D_1B_1D_2$（蓝色线）（$\sigma_m\neq 0$）。式中：γ' 为一个损伤应力因子值，它是用损伤变量与应力幅组成的因子量，其物理意义也是损伤扩展的驱动力，其含义是用损伤因子值大小呈现其变化过程，表达式如下：

$$\gamma' = K = \sigma \times D_i^{-n} \qquad (2\text{-}35)$$

综合材料常数 J'_σ 也是可计算的，对于 $R=-1$，$\sigma_m=0$ 循环加载下，其为

$$J'_\sigma = 2\left(2\sigma_f \times \alpha \sqrt[-m]{D_{\text{fc}}^{-n}}\right)^{-m} \qquad (2\text{-}36)$$

应该说明，此种方法临界损伤值 D_{fc} 和各应力对应的损伤值 D_i 是一比值大小的量值。若要计算此因子 $\gamma'=K$ 的实际数值，首先借助式（1-3）和式（1-8）计算各不同应力下的损伤值 D_i 和临界损伤值 D_{fc}，其次才按式（2-35）计算其实际的因子值的数量。

这种形式完整的损伤速率展开式如下：

对于 $R\neq -1, \sigma_m\neq 0$，有

$$J = 2[2\sigma_f \times (1-R)\sqrt[m]{D_{\text{fc}}^{-n}}]^{-m} \qquad (2\text{-}37)$$

对于 $R=-1, \sigma_m=0$，应为

$$dD/dN = 2\,(2\sigma_f \times \alpha \sqrt[m]{D_{\text{fc}}^{-n}})^{-m} \times [2(\sigma \times \sqrt[m]{D^{-n}})]^m\,(\text{mm/cycle}) \qquad (2\text{-}38)$$

对于 $R \neq -1, \sigma_m \neq 0$，有

$$dD/dN = 2[2\sigma_f(1-R)\sqrt[m]{D_f^{-n}}]^{-m} \times [2(\sigma \times \sqrt[m]{D^{-n}})]^m\,(\text{mm/cycle}) \qquad (2\text{-}39)$$

对裂纹扩展速率而言，其裂纹速率表达式为

$$da/dN = J_\sigma [2(\gamma)]^m (\text{mm/cycle}) \qquad (2\text{-}40)$$

形象描述材料行为变化过程，见图 1-6 中低周的 $C'C_1C_2$（红色线），高周的 $A'A_1BA_2$（绿色线）（$\sigma_m=0$），高周的 $D'D_1B_1D_2$（蓝色线）（$\sigma_m \neq 0$）。式中：γ 为一个裂纹应力因子值，其是用裂纹变量与应力参数组成的因子量，其物理意义也是裂纹扩展的驱动力，其含义是用裂纹应力因子大小呈现其变化过程，表达式为

$$\gamma = K = \sigma \times a_i^{-n} \qquad (2\text{-}41)$$

综合材料常数 J_σ 也是可计算的，对于 $R=-1, \sigma_m=0$ 循环加载下，其为

$$J_\sigma = 2\,(2\sigma_f \times \alpha \sqrt[m]{a_{\text{fc}}^{-n}})^{-m} \qquad (2\text{-}42)$$

$$J_\sigma = 2[2\sigma_f \times (1-R)\sqrt[m]{a_{\text{fc}}^{-n}}]^{-m} \qquad (2\text{-}43)$$

同损伤计算相类似，此种方法临界尺寸 a_{fc} 和各应力对应的裂纹尺寸 a_i 是一比值大小的量值。若要计算此因子 $\gamma = K$ 的实际数值时，首先借助式（1-7）和式（1-8）计算各不同应力下的裂纹尺寸 a_i 和临界裂纹尺寸 a_{fc}，其次才按式（2-41）计算其实际的裂纹因子值的数量。

这种形式完整的裂纹速率展开式如下：

对于 $R=-1, \sigma_m=0$，有

$$da/dN = 2\,(2\sigma_f \times \alpha \sqrt[m]{a_{\text{fc}}^{-n}})^{-m} \times [2(\sigma \times \sqrt[m]{a^{-n}})]^m\,(\text{mm/cycle}) \qquad (2\text{-}44)$$

对于 $R \neq -1, \sigma_m \neq 0$，有

$$da/dN = 2[2\sigma_f \times (1-R)\sqrt[m]{a_{\text{fc}}^{-n}}]^{-m} \times [2(\sigma \times \sqrt[m]{a^{-n}})]^m\,(\text{mm/cycle}) \qquad (2\text{-}45)$$

以上诸式中：D_{fc} 和 a_{fc} 为对应于断裂应力 σ'_f（疲劳强度系数）下的损伤值或裂纹尺寸；D_i 与 a_i 为对应于应力幅 $\sigma_{ia} = \Delta\sigma_i/2$ 下的损伤值或裂纹尺寸，σ_i 为从超高周低应力到低周高应力逐级增加的应力幅值。

以上各式中的系数 α 是对不同材料与不同加载条件下的修正系数。对于

第 2 章 连续材料和结构中损伤与裂纹的速率计算

高强度钢材，在对称循环载荷下，$\alpha \leq 1$；在非对称循环载荷下，$\alpha \leq 0.5$；但必须由实验确定。

计算实例

材料 30CrMnSiNi2A[20]，其在低周疲劳下的相关数据如下：
$K' = 2468, n' = 0.13; \sigma'_f = 2974 \text{MPa}, b = -0.1026; \varepsilon'_f = 2.075, c' = -0.7816; E = 200000$

假设在对称循环加载下，$R = -1$。试按表 2-3 内载荷逐渐增加情况下各级应力的数据，用上文适用于高周低应力和低周高应力的速率计算式，用两种方法（正文中方法 2 和方法 3）计算各对应应力下的损伤体和裂纹速率，绘制其高低周应力下相关数据下的曲线。

计算方法和步骤如下：

方法 2：β-型 [B 形式：式（2-26）]

（1）对损伤临界值 D_{2fc} 以及各个应力下损伤值 D_i 的计算。

按以下计算式，其中断裂应力是 $\sigma'_f = 2974 \text{MPa}$，各个应力幅 $(\Delta\sigma/2)_{ai}$ 从表 2-3 中取值，再按如下计算式计算损伤临界值以及各应力相对应的损伤值，将计算结果再列入表 2-3 中。

临界尺寸计算，计算如下：

$$D_{2fc} = \frac{\sigma'^{2(1-n')}_f \times E^{2n'} \times \pi}{K'^2} = 2974^{2(1-0.13)} \times 200000^{2 \times 0.13} \frac{\pi}{2468^2} (\text{damage-unit})$$

$$= 13.63 (\text{mm})$$

各应力相对应的损伤值计算如下：

$$D_i = \frac{\sigma^{2(1-n')}_{ai} \times E^{2n'} \times \pi}{K'^2} = \sigma_i^{2(1-0.13)} \times 200000^{2 \times 0.13} \frac{\pi}{2468^2} (\text{damage-unit})$$

（2）综合材料常数，计算如下：

$$\varpi_\sigma = 2\left\{2\left(\alpha \frac{D_{2fc}}{\pi}\right)^{1/2(1-n')}\right\}^{-m} = 2\left\{2\left(1 \times \frac{13.63}{\pi}\right)^{1/2(1-0.13)}\right\}^{-9.747}$$

$$= 6.231 \times 10^{-7}$$

（3）用式（2-26）计算损伤扩展速率。

对于上述损伤体，假定取修正系数 $\varphi = 1.0$，从表 2-3 中取各应力所对应的损伤值 D，按以下速率计算式，分别计算出各损伤值相对应的速率 dD/dN，计算式如下：

$$dD/dN = \varpi_\sigma \times \left\{2\left(\varphi\frac{D_i}{\pi}\right)^{1/2(1-n)m}\right\} = \varpi_\sigma \times \left\{2\left(1\times\frac{D}{\pi}\right)^{1/2(1-0.13)}\right\}^{9.747}$$

$$= 6.231\times10^{-7}\left\{2\left(\frac{D_i}{\pi}\right)^{1/2(1-0.13)}\right\}^{9.747} \text{（damage-unit/cycle）}$$

然后再将已计算的速率 dD/dN 数据列入表 2-3 中。

方法 3：γ-型

（1）对各个应力下损伤值 D_i 的计算。

此种方法临界损伤值 D_{fc} 和各应力对应的损伤值 D_i 是一比值大小的量值。若要计算此因子 $\gamma'=K'$ 的实际数值，首先借助式（1-3）和式（1-8）计算各不同应力下的损伤值 D_i 和临界损伤值 D_{fc}，然后才按式（2-35）计算其实际的因子值的数量。

按以下计算式，用式（1-26）计算比值损伤值：

$$D = D_i = \left(\frac{K'}{\sigma_i}\right)^{-n'} \text{（damage-unit}\times\%\text{）}$$

计算结果的实际损伤值和比值损伤值在表 2-3 中。

（2）计算综合材料常数，$\alpha=1.0$。

计算式如下：

$$J_\sigma = 2\ (2\sigma_f\times\alpha\times\sqrt[-m]{D_{\text{fc}}^{-n}})^{-m} = 2\ (2\times2974\times1\times\sqrt[-9.747]{1.0245^{-0.13}})^{-9.747} = 3.2424\times10^{-37}$$

式中：D_{fc} 为临界断裂尺寸，按上式代入断裂应力 σ'_f 求得。

（3）用式（2-38）计算各损伤值 D_i 对应的损伤扩展速率 dD/dN。

对于上述损伤体，假定取修正系数 $\varphi=1.0$。

从表 2-3 中输入各应力范围值与对应的比值损伤值 D_i，按以下速率计算式，分别计算出各比值损伤值相对应的速率 dD/dN：

$$dD/dN = 2\ (2\sigma_f\times\sqrt[-m]{D_{\text{fc}}^{-n}})^{-m}\times(\Delta\sigma\times\sqrt[m]{D_i^{-n}})^m = 3.2424\times10^{-37}\times(\Delta\sigma\times\sqrt[9.747]{D_i^{-0.13}})^{9.747}$$

然后再将损伤演化速率 dD/dN 数据列入表 2-4 中，按照表中数据，绘制成如图 2-4 中的比较曲线。

从上述计算中可见，尽管两种计算方法它们的计算式结构差异很大，特别是第二种方法和第三种方法计算式中损伤参数的概念和单位差别更大，对材料 30CrMnSiNi2A 而言，用单一式对从低周、高周至超高周（高应力到低应力）的十多种不同应力的计算，从上述表格数据和曲线描述可知，其计算结果的速率数据两者十分接近。

第2章 连续材料和结构中损伤与裂纹的速率计算

表 2-4 材料 30CrMnSiNi2A 用两种方法计算各应力下损伤速率数据的比较

$(\Delta\sigma_i/\sigma_{ai})$/MPa	592/296	686/343	1044/522	1322/661	1474/737	1624/812	2032/1016	2170/1085	方法
损伤值 D_i/damage-unit	0.237	0.3084	0.653	0.996	1.209	1.4373	2.145	2.4124	方法 3
比值损伤量/%	0.7590	0.7737	0.8171	0.8426	0.8546	0.8654	0.8910	0.8987	方法 3
损伤速率	3.53×10^{-10}	1.48×10^{-9}	8.8215×10^{-8}	8.7736×10^{-7}	2.53×10^{-6}	6.5×10^{-6}	5.75×10^{-5}	1.09×10^{-4}	式 (2-39)
损伤值 D_i/damage-unit	0.246	0.318	0.66	0.995	1.203	1.424	2.103	2.357	方法 2
损伤速率	2.94×10^{-10}	1.43×10^{-9}	8.57×10^{-8}	8.54×10^{-7}	2.47×10^{-6}	6.36×10^{-6}	5.52×10^{-5}	1.07×10^{-4}	方法 2
$(\Delta\sigma_i/\sigma_{ai})$/MPa	2428/1214	2594/1297	2808/1404	2978/1489	3198/1599	3340/1670	3390/1695	3558/1779	方法
损伤值 D_i/damage-unit	2.9486	3.318	3.832	4.248	4.824	5.213	5.353	5.836	方法 3
比值损伤量/%	0.9119	0.9198	0.9293	0.9364	0.9451	0.9508	0.9523	0.9583	方法 3
损伤速率	3.25×10^{-4}	6.19×10^{-4}	1.34×10^{-3}	2.37×10^{-3}	4.74×10^{-3}	7.24×10^{-3}	8.37×10^{-3}	0.0134	式 (2-39)
损伤值 D_i/damage-unit	2.866	3.216	3.691	4.089	4.629	4.992	5.123	5.573	方法 2
损伤速率	3.2×10^{-4}	6.1×10^{-4}	1.32×10^{-3}	2.34×10^{-3}	4.70×10^{-3}	7.12×10^{-3}	8.29×10^{-3}	0.013	方法 2

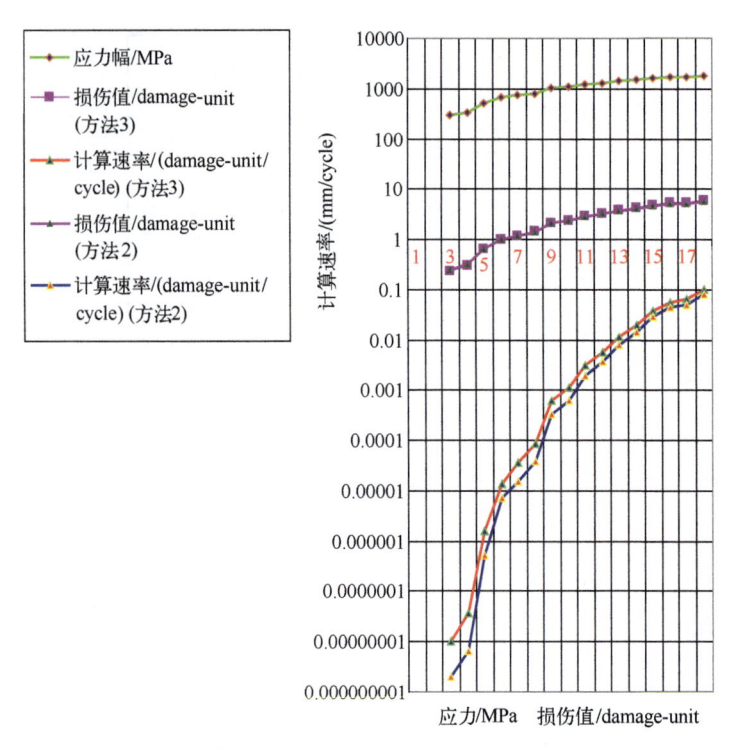

图 2-4 材料 30CrMnSiNi2A 在各应力值下（$R=-1$），两种方法计算损伤速率绘制曲线的比较

* 裂纹扩展速率计算

方法 2：β-型

（1）对断裂临界尺寸 a_{2fc} 以及各个应力下裂纹尺寸 a_i 的计算。

按以下计算式，其中断裂应力是 $\sigma'_f = 2974$MPa，各个应力幅 $(\Delta\sigma/2)_{ai}$ 从表 2-4 中取值，再按如下计算式计算临界尺寸以及各应力相对应的裂纹尺寸，将计算结果，再列入表 2-4 中。

临界尺寸计算，计算如下：

$$a_{2fc} = \frac{\sigma'^{2(1-n')}_f \times E^{2n'} \times \pi}{K'^2} c_1 = 2974^{2(1-0.13)} \times 200000^{2\times 0.13} \frac{\pi}{2468^2} \times 1$$

$$= 13.63(\text{mm})$$

各应力相对应的裂纹尺寸计算如下：

$$a_i = \frac{\sigma^{2(1-n')}_{ai} \times E^{2n'} \times \pi}{K'^2} c_1 = \sigma^{2(1-0.13)}_i \times 200000^{2\times 0.13} \frac{\pi}{2468^2} \times 1\text{mm}$$

（2）综合材料常数，计算如下：

第 2 章 连续材料和结构中损伤与裂纹的速率计算

$$\varpi_\sigma = 2\left\{2\left(\alpha\frac{a_{2fc}}{\pi}\right)^{1/2(1-n')}\right\}^{-m} = 2\left\{2\left(1\times\frac{13.63}{\pi}\right)^{1/2(1-0.13)}\right\}^{-9.747} = 6.231\times10^{-7}$$

(3) 计算各裂纹尺寸 a_i 下各对应的裂纹扩展速率 da/dN。

对于上述裂纹体，假定取修正系数 $\varphi = 1.0$。

从表 2-4 中取各应力下所对应的裂纹尺寸 a_i，按以下速率计算式，分别计算出各裂纹尺寸相对应的速率 da/dN，计算式如下：

$$da/dN = \varpi_\sigma \times \left\{2\left(\varphi\frac{a_i}{\pi}\right)^{1/2(1-n)}\right\}^m = \varpi_\sigma \times \left\{2\left(1\times\frac{a_i}{\pi}\right)^{1/2(1-0.13)}\right\}^{9.747}$$

$$= 6.231\times10^{-7}\left\{2\left(\frac{a_i}{\pi}\right)^{1/2(1-0.13)}\right\}^{9.747} \text{（mm/cycle）}$$

然后再将已计算的速率 da/dN 数据列入表 2-4 中。

方法 3：γ-型

(1) 对各个应力下裂纹尺寸 a_i 的计算。

按以下计算式，计算比值裂纹尺寸：

$$a = a_i = \left(\frac{K'}{\sigma_i}\right)^{-n'} c_1 (\text{mm})$$

(2) 计算综合材料常数，$\alpha = 1.0$。

计算式如下：

$$J = 2\left(2\sigma_f\times\alpha\times\sqrt[-m]{a_f^{-n}}\right)^{-m} = 2\left(2\times2974\times1\times\sqrt[-9.747]{1.0245^{-0.13}}\right)^{-9.747} = 3.2424\times10^{-37}$$

式中：a_f 为临界断裂尺寸，按上式代入断裂应力 σ'_f 求得。

(3) 按式 (2-44)，计算各裂纹尺寸 a_i 下各对应的裂纹扩展速率 da/dN。

对于上述裂纹体，假定取修正系数 $\varphi = 1.0$。

按表 2-4 中，输入各应力范围值以及各应力所对应的裂纹尺寸的比值尺寸 a_i，按以下速率计算式，分别计算出各比值裂纹尺寸相对应的速率 da/dN：

$$da/dN = 2\left(2\sigma_f\times\sqrt[-m]{a_f^{-n}}\right)^{-m}\times\left(\Delta\sigma\times\sqrt[m]{a_i^{-n}}\right)^m = 3.2424\times10^{-37}\times\left(\Delta\sigma\times\sqrt[9.747]{a_i^{-0.13}}\right)^{9.747}$$

然后再将速率 da/dN 数据列入表 2-5 中，按照表中数据，绘制成如图 2-5 中的曲线。

从上述计算中可见，尽管两种计算方法它们的计算式结构差异很大，特别是第二种方法和第三种方法计算式中裂纹参数的概念和单位差别更大，对材料 30CrMnSiNi2A 而言，用单一式对从低周、高周至超高周（高应力到低应力）的十多种不同应力的计算，从上述表格数据和曲线描述可知，其计算结果的速率数据两者十分接近。

表 2-5　材料 30CrMnSiNi2A 用两种方法对各应力下计算裂纹速率数据的比较

($\Delta\sigma_i/\sigma_{ai}$)/MPa	592/296	686/343	1044/522	1322/661	1474/737	1624/812	2032/1016	2170/1085	方法
裂纹尺寸 a_i/mm	0.237	0.3084	0.653	0.996	1.209	1.4373	2.145	2.4124	方法 3
比值尺寸/%	0.7590	0.7737	0.8171	0.8426	0.8546	0.8654	0.8910	0.8987	方法 3
裂纹速率	3.53×10^{-10}	1.48×10^{-9}	8.8215×10^{-8}	8.7736×10^{-7}	2.53×10^{-6}	6.5×10^{-6}	5.75×10^{-5}	1.09×10^{-4}	式 (2-45)
损伤值 a_i	0.246	0.318	0.66	0.995	1.203	1.424	2.103	2.357	方法 2
裂纹速率	2.94×10^{-10}	1.43×10^{-9}	8.57×10^{-8}	8.54×10^{-7}	2.47×10^{-6}	6.36×10^{-6}	5.52×10^{-5}	1.07×10^{-4}	方法 2
($\Delta\sigma_i/\sigma_{ai}$)/MPa	2428/1214	2594/1297	2808/1404	2978/1489	3198/1599	3340/1670	3390/1695	3558/1779	方法
裂纹尺寸 a_i/mm	2.9486	3.318	3.832	4.248	4.824	5.213	5.353	5.836	方法 3
比值尺寸/%	0.9119	0.9198	0.9293	0.9364	0.9451	0.9508	0.9523	0.9583	方法 3
裂纹速率	3.25×10^{-4}	6.19×10^{-4}	1.34×10^{-3}	2.37×10^{-3}	4.74×10^{-3}	7.24×10^{-3}	8.37×10^{-3}	0.0134	式 (2-45)
损伤值 a_i	2.866	3.216	3.691	4.089	4.629	4.992	5.123	5.573	方法 2
裂纹速率	3.2×10^{-4}	6.1×10^{-4}	1.32×10^{-3}	2.34×10^{-3}	4.70×10^{-3}	7.12×10^{-3}	8.29×10^{-3}	0.013	方法 2

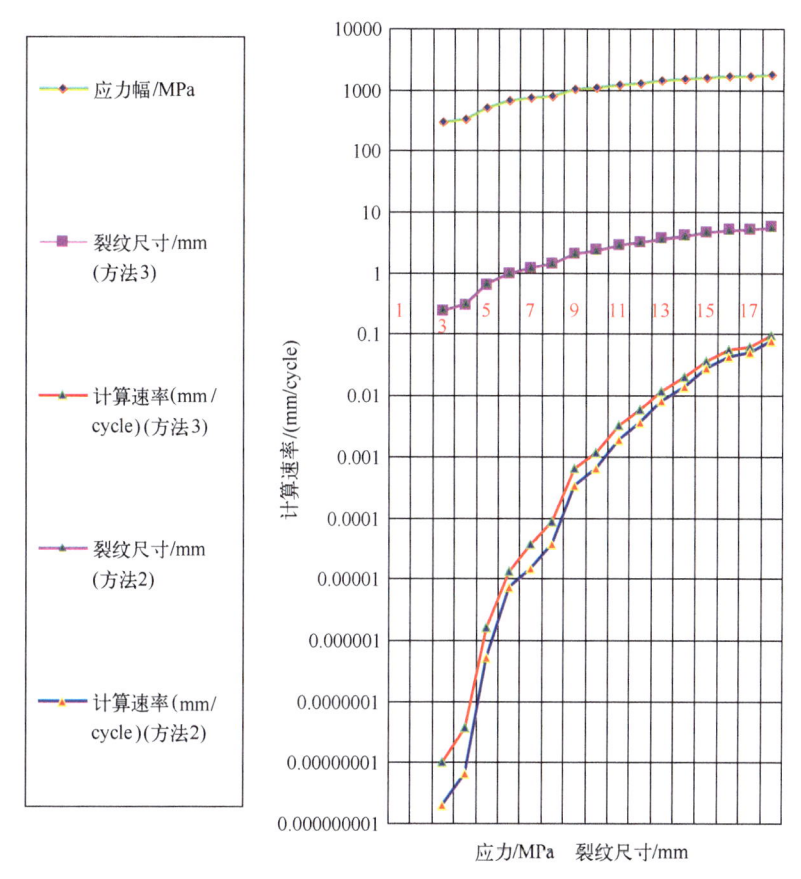

图 2-5 材料 30CrMnSiNi2A 在各应力值下（$R=-1$），
两种方法计算裂纹速率绘制曲线的比较

2.1.4 方法 4：K-型

高低周载荷下计算全过程裂纹速率，还可以采用 K-型方法计算式进行计算。

这种方法也只是以损伤变量或裂纹变量与极少材料参数组合来计算损伤或裂纹扩展速率。

对损伤演化速率而言，其为

$$dD/dN = A'_\sigma \times (2K')^{m_2} (\text{damage-unit/cycle}) \quad (2-46)$$

式中：K' 为一个损伤应力因子值，它是用损伤变量与应力幅 K' 组成的因子量，其物理意义也是损伤扩展的驱动力，其含义是用损伤应力因子值大小呈现其变化过程，表达式如下：

$$K' = \sigma_i \times \varphi \sqrt{\pi D_i} \tag{2-47}$$

式中：φ 为损伤缺陷形状系数，与损伤体尺寸大小，与损伤尖端出现缺陷形状有关的修正系数，其可参考相关行业标准[20]修正，或由实验确定。

形象描述材料行为变化过程，见图 1-6 中低周的 $C'C_1C_2$（红色线），高周的 A_1BA_2（绿色线）（$\sigma_m=0$），高周的 $D_1B_1D_2$（蓝色线）（$\sigma_m \neq 0$）。

综合材料常数 A'_σ，在对 $R=-1, \sigma_m=0$ 循环加载下，其为

$$A'_\sigma = 2(2\sigma_f \times \alpha \times \sqrt{\pi D_{fc}})^{-m_2} \tag{2-48}$$

对于 $R \neq -1, \sigma_m \neq 0$，有

$$A'_\sigma = 2[2\sigma_f \times (1-R) \times \sqrt{\pi D_{fc}}]^{-m_2} \tag{2-49}$$

还要说明，临界损伤值 D_{fc} 的取值，要由材料性能决定。对于脆性以及线弹性材料要取与屈服应力 σ'_s 相对应的临界损值 D_{1fc}；对于弹塑性材料，要取与断裂应力 σ'_f 相对应的临界损值 D_{2fc}。

这种形式完整的损伤速率展开式如下：

对于 $R=-1, \sigma_m=0$ 时为

$$dD/dN = 2(2\sigma_f \times \alpha \sqrt{\pi D_{fc}})^{-m_2} \times (2\sigma_i \times \alpha \sqrt{\pi D_i})^{m_2} \tag{2-50}$$
（damage-unit/cycle）

对于 $R \neq -1, \sigma_m \neq 0$ 时为

$$dD/dN = 2[2\sigma_f \times (1-R\sqrt{\pi D_{fc}})]^{-m_2} \times (2\sigma_i \times \alpha \sqrt{\pi D_i})^{m_2} \tag{2-51}$$
（damage-unit/cycle）

此处必须说明，此类方法对于式（2-50）、式（2-51）对应于断裂临界值 D_{2fc} 的计算，若按式（1-119）或式（1-120）计算，其损伤演化的速率，同仿用式（1-41）计算临界值 D_{2fc}，其结果和物理概念将完全不同。前者是随着应力的增加而增加，其计算结果数据同方法 1（σ-型）、方法 2（β-型）、方法 3（γ-型）相近；后者是随应力的增加其允许的损伤值将被减小，是一个剩余数值的概念。

上述诸式中的指数 m_2 按下式求得：

$$m_2 = \frac{m_1 \ln \sigma_s + \ln D_{1fc}}{\ln \sigma_s + 0.5\ln(2E\pi D_{1fc})} \tag{2-52}$$

式中：m_1 由 b 求得，$m_1 = m = -1/b$；D_{1fc} 为对应于疲劳加载下的屈服应力 σ'_s 对应的临界损伤值；E 为弹性模量。

对裂纹扩展速率而言，其裂纹速率表达式如下：

$$da/dN = A_\sigma \times (2K)^{m_2} (\text{mm/cycle}) \tag{2-53}$$

形象描述材料行为变化过程，见图 1-6 中低周的 $C'C_1C_2$（红色线），高周

第2章 连续材料和结构中损伤与裂纹的速率计算

的 A_1BA_2（绿色线）（$\sigma_m=0$），高周的 $D_1B_1D_2$（蓝色线）（$\sigma_m\neq 0$）。式中：γ' 为一个损伤应力因子值，它是用损伤变量与应力幅 K' 组成的因子量，其物理意义也是损伤扩展的驱动力，其含义是用损伤应力因子值大小呈现其变化过程，表达式如下：

$$K=\sigma_i \times \sqrt{\pi a_i}\ (\text{MPa}\cdot\sqrt{\text{mm}}) \tag{2-54}$$

式（2-53）和式（2-54）其结构形式同 Paris[23-24]、С. Я. Ярема[25]、Wells 等科学家[26-28]提出裂纹扩张速率和 K 因子模型相似，其方程形式如下：

$$da/dN = C\times \Delta K^n\ (\text{m/cycle}) \tag{2-55}$$

作者对上述学者为断裂力学所作出的宝贵贡献表示感谢。式中：材料常数 A_σ 同 Paris 方程中的常数 C 相似；指数 m_2 同 n 相似。但区别是 Paris 方程中的材料常数 C 和 n 依赖于实验。作者提出的综合材料常数 A'_σ 和指数 m_2 是可计算的。

此综合材料常数 A_σ，在对 $R=-1$，$\sigma_m=0$ 循环加载下，其为

$$A_\sigma = 2(2\sigma_f\times\alpha\times\sqrt{\pi a_{fc}})^{-m_2} \tag{2-56}$$

对于 $R\neq -1$，$\sigma_m\neq 0$，有

$$A_\sigma = 2[2\sigma_f\times(1-R)\times\sqrt{\pi a_i}]^{-m_2} \tag{2-57}$$

还要说明，临界裂纹尺寸 a_{fc} 的取值，也要由材料性能决定。对于脆性以及线弹性材料要取与屈服应力 σ'_s 相对应的临界裂纹尺寸 a_{1fc}；对于弹塑性材料，要取与断裂应力 σ'_f 相对应的临界裂纹尺寸 a_{2fc}。

这种形式完整的裂纹速率展开式如下。

对于 $R=-1$，$\sigma_m=0$ 时为

$$da/dN = 2(2\sigma_f\times\alpha\sqrt{\pi a_{fc}})^{-m_2}\times(2\sigma_i\times\alpha\sqrt{\pi a_i})^{m_2}\ (\text{mm/cycle}) \tag{2-58}$$

对于 $R\neq -1$，$\sigma_m\neq 0$ 时为

$$da/dN = 2[2\sigma_f\times(1-R)\sqrt{\pi a_{fc}}]^{-m_2}\times(2\sigma_i\times\alpha\sqrt{\pi a_i})^{m_2}\ (\text{damage-unit/cycle}) \tag{2-59}$$

这里也再说明，此类方法对于式（2-57）和式（2-58）对应于断裂临界尺寸 a_{2fc} 的计算，若按式（1-119）或式（1-121）计算，其裂纹扩展速率，同仿用式（1-46）计算临界尺寸 a_{2fc}，其结果和物理概念将完全不同。前者是随着应力的增加而增加，其计算结果数据同方法 1（σ-型）、方法 2（β-型）、方法 3（γ-型）相近；后者是随着应力的增加其允许的裂纹尺寸反而被减小，是一个剩余数值的概念。

上述诸式中的指数 m_2 按下式求得：

$$m_2 = \frac{m_1\ln\sigma_s + \ln a_{1fc}}{\ln\sigma_s + 0.5\ln(2E\pi a_{1fc})} \tag{2-60}$$

式中：a_{1fc} 为对应于疲劳加载下的屈服应力 σ'_s 对应的临界裂纹尺寸。

以上各式中的系数 α 是对不同材料与不同加载条件下的修正系数。对于高强度钢材，在对称循环载荷下，$\alpha \leq 1$；在非对称循环载荷下，大约是 $\alpha \leq 0.5$；但必须由实验确定。

计算实例 1

材料 TC4(Ti-6Al-4V)[21] 在低周疲劳下的相关性能数据如下：

$E = 110000 \text{MPa}$，$K' = 1420 \text{MPa}$，$n' = 0.07$；$\sigma'_f = 1564 \text{MPa}$，$b' = -0.07$，$m = 14.286$。

假定在对称循环加载下，$R = -1$，试按表 2-5 内载荷递增情况下各级应力的数据，用上文适用于高周低应力和低周高应力的速率计算式，用两种方法计算各应力下损伤演化速率，并绘制其高低周应力下的各相关数据曲线。

计算方法和步骤如下：

方法 4：K-型

1. 计算临界损伤值和各级应力的对应损伤量

（1）疲劳加载下的屈服应力计算。

按式（1-113）计算如下：

$$\sigma'_s = \left(\frac{E}{K'^{1/n}}\right)^{\frac{n'}{n'-1}} = \left(\frac{110000}{1420^{1/0.07}}\right)^{\frac{0.07}{0.07-1}} = 1203.5(\text{MPa})$$

（2）屈服应力下损伤临界值计算。

按式（1-114）计算如下：

$$D_{1fc} = \left(\sigma'^{(1-n')/n'}_s \times \frac{E \times \pi^{1/2n'}}{K'^{1/n}}\right)^{-\frac{2m' \times n'}{2n'-m'}} = \left(1564^{(1-0.07)/0.07} \times \frac{110000 \times \pi^{1/2 \times 0.07}}{1420^{1/0.07}}\right)^{-\frac{2 \times 14.286 \times 0.07}{2 \times 0.07 - 14.286}}$$

$$= \left(1203.5^{13.286} \times \frac{110000 \times \pi^{7.123}}{1420^{14.286}}\right)^{0.1414} = 4.294(\text{damage-unit})$$

（3）按断裂应力下计算临界损伤值。

按式（1-118）计算如下：

$$D_{2fc} = \left(\sigma'^{(1-n')/n'}_f \times \frac{E \times \pi^{1/2n'}}{K'^{1/n}}\right)^{-\frac{2m' \times n'}{2n'-m'}} = \left(1564^{(1-0.07)/0.07} \times \frac{110000 \times \pi^{1/2 \times 0.07}}{1420^{1/0.07}}\right)^{-\frac{2 \times 14.286 \times 0.07}{2 \times 0.07 - 14.286}}$$

$$= \left(1564^{13.286} \times \frac{110000 \times \pi^{7.123}}{1420^{14.286}}\right)^{0.1414} = 7.025(\text{damage-unit})$$

2. 计算各级应力下的对应损伤量

从表 2-6 中取各级应力幅值，按式（1-107）计算如下：

$$D_i = \left(\sigma_a^{(1-n')/n'} \times \frac{E \times \pi^{1/2n'}}{K'^{1/n'}}\right)^{-\frac{2m' \times n'}{2n'-m'}} = \left(\sigma_a^{(1-0.07)/0.07} \times \frac{110000 \times \pi^{1/2 \times 0.07}}{1420^{1/0.07}}\right)^{-\frac{2 \times 14.286 \times 0.07}{2 \times 0.07 - 14.286}}$$

$$= \left(\sigma_a^{13.286} \times \frac{110000 \times \pi^{7.123}}{1420^{14.286}}\right)^{0.1414} \quad (\text{damage-unit})$$

计算结果，将各级应力下对应的损伤值再填入表 2-6 中。

3. 综合材料常数计算

（1）损伤速率模型指数计算。

按式（2-52）计算，计算如下：

$$m_2 = \frac{m_1 \ln \sigma_s' + \ln D_{1fc}}{\ln \sigma_s + 0.5 \ln(2E\pi D_{1fc})} = \frac{14.286 \times \ln(1203.5) + \ln(4.294)}{\ln(1203.5) + 0.5 \times \ln(2 \times 110000 \times \pi \times 4.294)} = 7.067$$

（2）综合材料常数计算。

假如 $\alpha_2 = 1.0$，则按式（2-48）计算如下：

$$A_\sigma' = 2(2\sigma_f \times \alpha \times \sqrt{\pi D_{fc}})^{-m_2} = 2(2 \times 1564 \times 1 \times \sqrt{\pi 7.025})^{-7.067} = 7.11 \times 10^{-30}$$

4. 损伤演化速率计算

按式（2-50）对各级应力下的对应损伤速率进行计算，计算如下：

$$dD/dN = 2(2\sigma_f \times \alpha \sqrt{\pi D_{fc}})^{-m_2} \times (2\sigma_i \times \alpha \sqrt{\pi D_i})^{m_2}$$

$$= 7.11 \times 10^{-30} (?\sigma_i \times \alpha \sqrt{\pi D_i})^{7.067} \quad (\text{damage-unit/cycle})$$

方法 1（B 形式）：计算速率，用式（2-10）~式（2-12）计算

（1）各个应力幅 $(\Delta\sigma/2)_i$ 相对应的损伤值计算，与方法 4 相同。

（2）综合材料常数 ϖ_σ 计算。

可用下式计算

$$\varpi_\sigma = 2[2 \times \alpha (D_{fc}^{(m-2\times n)/2m})^{\frac{1}{1-n}}]^{-m}$$

$$= 2[2 \times 1(7.025^{(14.286-2\times 0.07)/2 \times 14.286})^{1/1-0.07}]^{-14.286} = 3.643 \times 10^{-11}$$

（3）损伤应力因子值计算。

$$\varpi = (D_i^{(m-2\times n)/2m})^{\frac{1}{1-n}} = (D_i^{(14.286-2\times 0.07)/2 \times 14.286})^{\frac{1}{1-0.07}} = (D_i^{0.495})^{1.0753}$$

（4）计算各应力幅和损伤值 D_i 相对应的损伤扩展速率 dD/dN_i。

从表 2-5 中取各应力所对应的损伤值 D_i，按以下速率计算式，分别计算出各损伤速率 dD/dN_i，计算式如下：

代入综合材料常数 A_σ，将表中各损伤值数据代入下式损伤变量中，计算

对应的速率，

$$\mathrm{d}D/\mathrm{d}N = \varpi'_\sigma \times (2\varpi')^m = 3.643 \times 10^{-11} \times [2 \times (D_i^{(m-2\times n)/2\times m})^{\frac{1}{1-n}}]^m$$

$$= 3.643 \times 10^{-11} \times [2 \times (D_i^{(14.286-2\times 0.07)/2\times 14.286})^{\frac{1}{1-0.07}}]^{14.286}$$

$$= 3.643 \times 10^{-11} \times [2 \times (D_i^{0.495})^{1.0753}]^{14.286} (\mathrm{mm/cycle})$$

将各计算速率再填入表 2-6 中。最后，按表 2-6 中绘制两种方法的比较曲线。

从表 2-6 对钛合金 TC4(Ti-6Al-4V) 在 $R=-1$ 计算结果的数据可见，方法 4 和方法 1 两类计算损伤速率的计算式结构形式差异颇大，但方法 4 和方法 1 在相同载荷条件下，两种模型计算结果的数据，从低周、高周至超高周的速率值十分接近。这表明此类速率计算式符合损伤速率演化的客观规律。

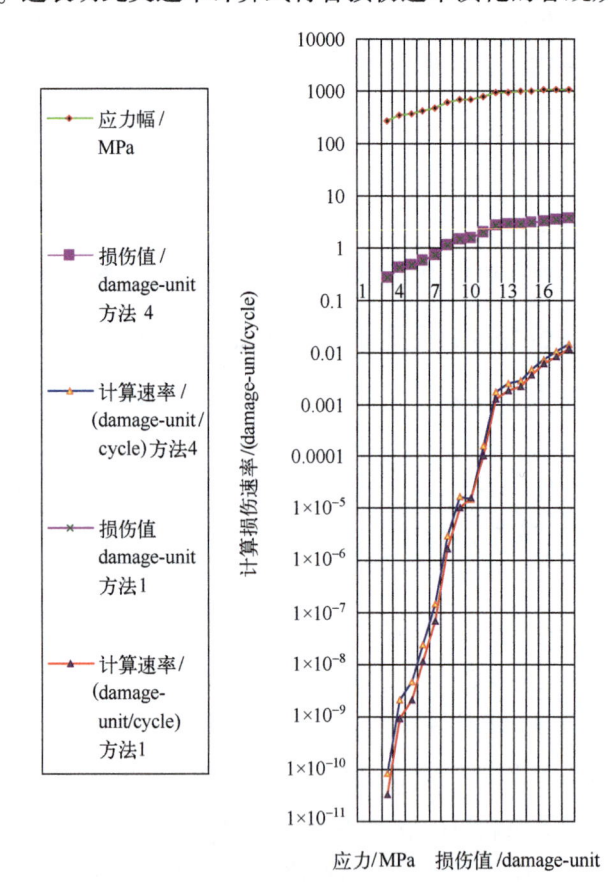

图 2-6 钛合金 TC4(Ti-6Al-4V) 在 $R=-1$ 下用 K-型与 σ-型两种模型计算各级应力下的损伤值和损伤速率绘制的比较曲线

第2章 连续材料和结构中损伤与裂纹的速率计算

表2-6 钛合金TC4(Ti-6Al-4V)在$R=-1$下用两种方法计算各级应力下的损伤值和损伤速率的比较

应力范围 $\Delta\sigma$	2184	2128	2074	2010	1940	1914	1864	1510	方法
应力幅 σ_a	1092	1064	1037	1005	970	957	932	785	
损伤值 D_i	3.58	3.41	3.257	3.06	2.863	2.8	2.656	1.924	方法4
损伤速率	0.0146	0.01023	7.25×10^{-3}	4.66×10^{-3}	2.868×10^{-3}	2.41×10^{-3}	1.659×10^{-3}	1.578×10^{-4}	式(2-51)
损伤值 D_i	3.58	3.41	3.257	3.06	2.863	2.8	2.656	1.924	方法1
损伤速率	0.0119	8.19×10^{-3}	5.77×10^{-3}	3.593×10^{-3}	2.166×10^{-3}	1.83×10^{-3}	1.224×10^{-3}	1.05×10^{-4}	式(2-14)
应力范围 $\Delta\sigma$	1372	1332	1176	942	824	732	692	544	方法
应力幅 σ_a	686	666	538	471	412	366	346	272	
损伤速率	1.50	1.413	1.12	0.737	0.578	0.464	0.418	0.267	方法4
损伤速率	1.526×10^{-5}	1.66×10^{-5}	3.02×10^{-6}	1.438×10^{-7}	2.367×10^{-8}	4.717×10^{-9}	2.19×10^{-9}	8.21×10^{-11}	式(2-51)
损伤值 D_i	1.50	1.413	1.12	0.737	0.578	0.464	0.418	0.267	方法1
损伤速率	1.59×10^{-5}	1.01×10^{-5}	1.723×10^{-6}	7.15×10^{-8}	1.126×10^{-8}	2.12×10^{-9}	9.58×10^{-10}	3.17×10^{-11}	式(2-14)

从曲线2-6材料钛合金TC4(Ti-6Al-4V)速率行为的演化趋势可见，方法4K-型（蓝色）曲线和方法1σ-型（红色）曲线十分接近。

计算实例2

这里有一种合金钢40CrMnSiMoVA(GC-4)[21]，在低周疲劳下其性能数据如下：

弹性模量$E=200100$；疲劳载荷下屈服应力$\sigma'_s=1757$MPa；循环强度系数$K'=3411$，应变硬化指数$n'=0.14$；疲劳强度系数$\sigma'_f=3501$MPa，疲劳强度指数$b=-0.1054$，$m_1=9.448$；疲劳延性系数$\varepsilon_f=2.884$，疲劳延性指数$c=-0.8732$，$\lambda=1.1452$；对称循环下疲劳强度极限$\sigma_{-1}=718$MPa。

假定在对称循环加载下，$R=-1$，试用两种计算方法，按如下要求计算：

(1) 按表2-6中各载荷$\Delta\sigma_i$，计算各对应应力下之裂纹尺寸数据a_i；

(2) 根据表2-7中各裂纹尺寸a_i，以及上文适用于高周低应力和低周高应力的速率计算式，计算相对应的各级裂纹速率$(da/dN)_i$；

(3) 按两种计算方法得出的数据$(da/dN)_i$，绘制其全过程速率比较曲线。

计算方法和步骤如下：

方法2：β-型（B形式）

1. 相关参数计算

(1) 裂纹过渡尺寸计算，其可按下式求出：

$$a_{tr}=\frac{K^2}{\sigma_s^{2(1-n)}\times E^{2n}\times\pi}c_1=\frac{3411^2}{1757^{2(1-0.14)}\times201000^{2\times0.14}\times\pi}\times1\text{mm}=0.3182(\text{mm})$$

(2) 临界裂纹尺寸以及各个应力下裂纹尺寸a_i的计算。

按以下计算式，其中断裂应力是$\sigma'_f=3501$MPa，$\sigma'_s=1757$MPa。各应力$(\Delta\sigma/2)_i$可从表2-6中取值，再按以下计算式计算其对应的裂纹尺寸a_i。

其中断裂临界尺寸如下：

$$a_{2fc}=\frac{\sigma_f^{2(1-n)}\times E^{2n}\times\pi}{K^2}c_1=\frac{3501^{2(1-0.14)}\times201000^{2\times0.14}\pi}{3411^2}\times1=10.287(\text{mm})$$

屈服应力下的临界尺寸为

$$a_{1fc}=\frac{\sigma_s^{2(1-n)}\times E^{2n}\times\pi}{K^2}c_1=\frac{1757^{2(1-0.14)}\times201000^{2\times0.14}\pi}{3411^2}\times1=3.143(\text{mm})$$

各个应力下的裂纹尺寸为

第 2 章 连续材料和结构中损伤与裂纹的速率计算

$$a_i = \frac{\sigma_i^{2(1-n)} \times E^{2n} \times \pi}{K^2} c_1 = \sigma_i^{2(1-0.14)} \times 201000^{2\times 0.14} \frac{\pi}{3411^2} \times 1 \text{(mm)}$$

计算结果，再列入表 2-6 中。

(3) 综合材料常数计算。

此时其指数 m，可按如下关系求出。

$m = -1/b = -1/(-0.1054) = 9.488$。假定取修正系数 $\alpha = 1$，于是综合材料常数即为

$$\varpi_\sigma = 2\left\{2\left(\alpha \frac{a_{2fc}}{\pi}\right)^{1/2(1-n)}\right\}^{-m} = 2\left\{2\left(1 \times \frac{10.287}{\pi}\right)^{1/2(1-0.14)}\right\}^{-9.488} = 4.01 \times 10^{-6}$$

2. 对应于各裂纹尺寸下的速率计算

假定取裂纹体修正系数 $\varphi = 1$，从门槛尺寸 0.234mm 对应的速率开始，则各裂纹尺寸对应的速率计算如下：

$$(da/dN)_i = 2\left\{2\left(1\frac{a_{2fc}}{\pi}\right)^{1/2(1-n)}\right\}^{-m} \times \left\{2\left(\varphi \frac{a_i}{\pi}\right)^{1/2(1-n)}\right\}^{m}$$

$$= 2\left\{2\left(1 \times \frac{10.287}{\pi}\right)^{1/2(1-0.14)}\right\}^{-9.488} \times \left\{2\left(1\frac{a_i}{\pi}\right)^{1/2(1-0.14)}\right\}^{9.488}$$

$$= 4.01 \times 10^{-6} \times \left\{2\left(1\frac{0.234}{\pi}\right)^{1/2(1-0.14)}\right\}^{9.488} = 1.727^{-9} \text{(mm/cycle)}$$

将每一速率计算结果的数据再列入表 2-7 方法 4 中。

方法 4：K-型

1. 相关参数计算

(1) 裂纹门槛尺寸计算式为

$$a_{th} = 0.564^{\frac{1}{0.5+b}} = 0.564^{\frac{1}{0.5-0.1054}} = 0.234 \text{(mm)}$$

(2) 屈服应力下的临界尺寸计算，式为

$$a'_{1fc} = \left(\sigma_s'^{(1-n')/n'} \times \frac{E \times \pi^{1/2 \times n'}}{K'^{1/n'}}\right)^{-\frac{2m_1 n'}{2n'-m_1}}$$

$$= \left(1757^{(1-0.14')/0.14'} \times \frac{201000 \times \pi^{1/2 \times 0.14}}{K'^{1/0.14}}\right)^{-\frac{2\times 9.488 \times 0.14}{2\times 0.14' - 9.488}}$$

$$= \left(1757^{6.143} \times \frac{201000 \times \pi^{3.571}}{3411^{7.143}}\right)^{0.2885} = 3.25 \text{(mm)}$$

(3) 断裂应力 a_{2fc} 下临界尺寸计算 a_{2fc}。

$$a_{2fc} = \left(\sigma_f'^{(1-n')/n'} \times \frac{E \times \pi^{1/2 \times n'}}{K'^{1/n'}} \right)^{-\frac{2m_1 n'}{2n'-m_1}}$$

$$= \left(3501^{(1-0.14')/0.14'} \times \frac{201000 \times \pi^{1/2 \times 0.14}}{K'^{1/0.14}} \right)^{-\frac{2 \times 9.488 \times 0.14}{2 \times 0.14' - 9.488}}$$

$$= \left(3501^{6.143} \times \frac{201000 \times \pi^{3.571}}{3411^{7.143}} \right)^{0.2885} = 11.04(\text{mm})$$

(4) 各个应力下的裂纹尺寸计算。

取表中的各应力幅值 $\sigma_a = \Delta\sigma/2$，按下式可计算出各对应裂纹尺寸 a_i：

$$a_i = \left((\Delta\sigma/2)_i^{(1-n')/n'} \times \frac{E \times \pi^{1/2 \times n'}}{K'^{1/n'}} \right)^{-\frac{2m_1 n'}{2n'-m_1}}$$

$$= \left((\Delta\sigma/2)_i^{6.143} \times \frac{201000 \times \pi^{3.571}}{3411^{7.143}} \right)^{0.2885} \quad (\text{mm})$$

计算结果再列入表 2-7 方法 4 中。

(5) 速率方程指数 m_2 计算。

$m_1 = -1/b = -1/-0.1054 = 9.448$，而 m_2 计算式为

$$m_2 = \frac{m_1 \ln\sigma_s + \ln a_{1fc}}{\ln\sigma_s + 0.5\ln(2E\pi a_{1fc})} = \frac{9.488 \times \ln 1757 + \ln 3.25}{\ln 1757 + 0.5\ln(2 \times 201000 \times \pi \times 3.25)} = 4.7$$

2. 对应于各应力与各裂纹尺寸下的速率计算

(1) 综合材料常数计算。

假定修正系数 $\alpha = 1.0$，则

$$A_\sigma = 2(2\sigma_f' \times \alpha\sqrt{\pi a_{2fc}})^{-m_2} = 2(2 \times 3501\sqrt{1\pi 11.04})^{-4.7}$$

$$= 4.066 \times 10^{-22} (\text{MPa} \cdot \sqrt{\text{mm}} \cdot \text{mm/cycle})$$

(2) 对应于各应力 $\Delta\sigma_i$ 和各裂纹尺寸 a_i 下的速率计算。

同样地，取表 2-7 中各应力 $\Delta\sigma_i$ 和各裂纹尺寸 a_i，按下式计算各相应的裂纹速率：

$$da/dN = 2(2\sigma_f \times \alpha\sqrt{\pi a_{2fc}})^{-m_2} \times (\Delta\sigma_i \sqrt{\pi a_2})^{m_2}$$

$$= 4.066 \times 10^{-22} \times (\Delta\sigma_i \sqrt{\pi a_i})^{4.7} (\text{mm/cycle})$$

再将每一速率计算结果的数据列入表 2-7 中。

表 2-7　40CrMnSiMoVA(GC-4)（$R=-1$）两种方法计算各级应力下的裂纹尺寸和裂纹速率

σ_{max}/σ_{ai}	2087	1994	1895	1719	1620	1491	1399	1214	1079	981	883	804	718	
$\Delta\sigma_i$	4174	3988	3790	3438	3240	2982	2798	2428	2158	1962	1766	1608	1436	
a_i	4.2235	3.907	3.58	3.027	2.733	2.37	2.124	1.664	1.359	1.153	0.9624	0.819	0.674	方法 2
da/dN	0.015	9.6×10^{-3}	5.92×10^{-3}	2.34×10^{-3}	1.35×10^{-3}	6.08×10^{-4}	3.32×10^{-4}	8.65×10^{-5}	2.83×10^{-5}	1.14×10^{-5}	4.22×10^{-6}	1.73×10^{-6}	5.91×10^{-7}	方法 2
a_i	4.413	4.071	3.72	3.13	2.82	2.432	2.17	1.69	1.37	1.158	0.961	0.814	0.666	方法 4
da/dN	0.02	0.0136	8.67×10^{-3}	3.65×10^{-3}	2.16×10^{-3}	1.03×10^{-3}	5.87×10^{-4}	1.67×10^{-4}	5.87×10^{-5}	2.53×10^{-5}	9.95×10^{-6}	4.33×10^{-6}	1.59×10^{-6}	方法 4

单位：$\Delta\sigma_i$——MPa；a_i——mm；da/dN——mm/cycle。

从表2-7计算结果的数据可见，对材料40CrMnSiMoVA(GC-4)而言，方法4和方法2两类计算裂纹速率的计算式结构形式差异颇大，但方法4和方法2在相同载荷条件下，两种模型计算结果的13级载荷的速率数据，从低周至高周的速率值都比较接近。这表明此类速率计算式符合裂纹速率演化的客观规律。

3. 绘制曲线

根据表2-7中的数据，用两种方法计算对高周和低周加载下速率绘制的曲线于图2-7中。

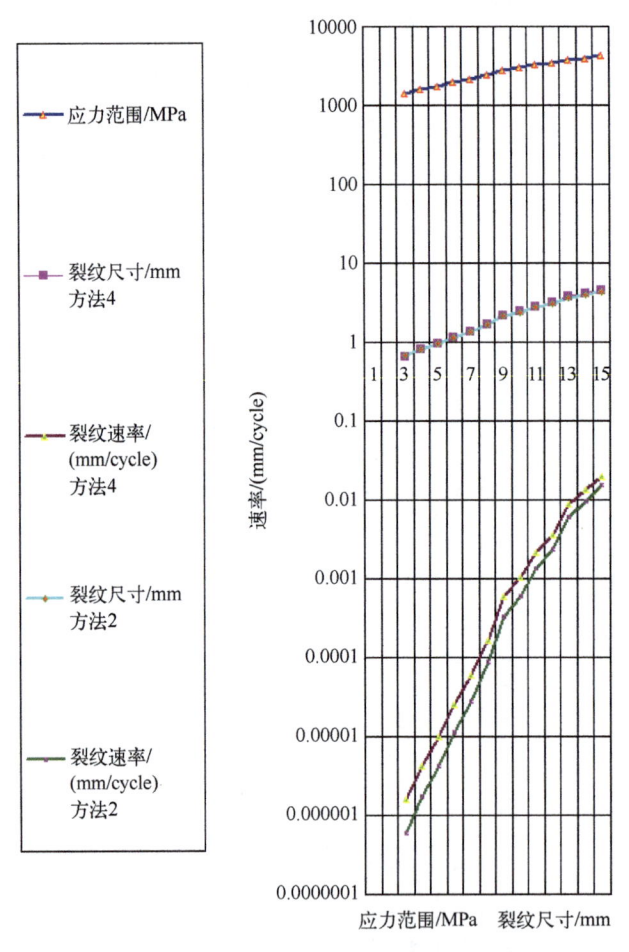

图 2-7　40CrMnSiMoVA 在高低周各级应力下两种方法
计算速率曲线的比较

在图2-7中材料40CrMnSiMoVA在高低周各级应力下速率行为的演化趋势可见，方法4和方法2两类计算裂纹速率的计算式结构形式差异颇大，但在

13级载荷下，方法4：K-型（棕色）曲线和方法2：β-型（绿色）曲线都还比较接近。

2.2 多轴疲劳载荷下损伤与裂纹扩展全过程速率计算

在单轴疲劳加载下上文已就方法1（σ-型）、方法2（β-型）、方法3（γ-型）与方法4（K-型）提出4种计算模型和计算方法。在多轴疲劳加载下，仍可就4种模型和4种方法建立其计算模型，提出其计算方法。

2.2.1 方法1：σ-型

多轴疲劳载荷下损伤与裂纹全过程速率计算，用一个计算公式计算高低周载荷下全过程裂纹速率的数学表达式，用方法1（σ-型）计算，也可以按第一强度理论、第二强度理论、第三强度理论、第四强度理论[29-30]分别建立其计算式。

1. 按第一强度理论建立损伤体（裂纹体）的损伤速率（裂纹速率）计算

对于连续介质材料，如果三个主应力的关系是 $\sigma_1 > \sigma_2 > \sigma_3$，第一损伤体（裂纹体）强度理论认为最大拉伸应力是引起材料损伤（或萌生裂纹）而导致破坏的主要因素。此时，对方法1（σ-型）要分别为损伤体和裂纹体建立新的速率计算式。

1）损伤速率计算

多轴疲劳加载下，这一型的损伤演化速率为

$$dD/dN = A'_{1-equ} [2(\sigma'_{1-equ})^{\frac{1}{1-n}}]^m \text{(damage-unit/cycle)} \quad (2-61)$$

式中：σ'_{1-equ} 为一个当量损伤应力强度因子值，它呈现强度含义，其物理意义是损伤扩展的推动力，表达式如下：

$$\sigma'_{1-equ} = \left(\frac{K \times D_{1-equ}^{(m-2\times n)/2\times m}}{E^n \times \pi^{1/2}} \right)^{\frac{1}{1-n}} \text{(MPa · damage-unit)} \quad (2-62)$$

A'_{1-equ} 是材料综合性能常数，对于 $R=-1$，$\sigma_m=0$ 的对称循环加载下，其为

$$A'_{1-equ} = 2 \left\{ 2 \left(\frac{K \times D_{fc}^{(m-2\times n)/2\times m}}{E^n \times \pi^{1/2}} \right)^{\frac{1}{1-n}} \alpha \right\}^{-m} [(\text{MPa})^m \cdot \text{damage-unit}] \quad (2-63)$$

对于 $R \neq -1$，$\sigma_m \neq 0$，有

$$A'_{1-equ} = 2 \left\{ 2 \left(\frac{K \times D_{fc}^{(m-2\times n)/2\times m}}{E^n \times \pi^{1/2}} \right)^{\frac{1}{1-n}} \alpha(1-R) \right\}^{-m} [(\text{MPa})^m \cdot \text{damage-unit}]$$

$$(2-64)$$

因此，其完整计算式为

$$dD/dN = A'_{1-equ}\left\{2\left(\frac{K \times D_{1-equ}^{(m-2\times n)/2\times m}}{E^n \times \pi^{1/2}}\right)^{\frac{1}{1-n}}\right\}^m \text{（damage-unit/cycle）} \quad (2-65)$$

2) 裂纹速率计算

多轴疲劳下裂纹速率的计算式为

$$da/dN = A_{1-equ}(2(\sigma_{1-equ})^{\frac{1}{1-n}})^m \text{（mm/cycle）} \quad (2-66)$$

式中：σ_{equ} 为一个当量裂纹应力强度因子值，其也呈现强度含义，此 σ_{equ} 的物理意义是裂纹扩展的推动力，表达式如下：

$$\sigma_{1-equ} = \left(\frac{K \times a_{1-equ}^{(m-2\times n)/2\times m}}{E^n \times \pi^{1/2}}\right)^{\frac{1}{1-n}} \text{（MPa · mm）} \quad (2-67)$$

A_{1-equ} 是材料综合性能常数，对于 $R=-1, \sigma_m=0$ 的环加载下，其为

$$A_{1-equ} = 2\left\{2\left(\frac{K \times a_{fc}^{(m-2\times n)/2\times m}}{E^n \times \pi^{1/2}}\right)^{\frac{1}{1-n}}\alpha\right\}^{-m} [(\text{MPa})^m \cdot \text{mm}] \quad (2-68)$$

对于 $R \neq -1, \sigma_m \neq 0$，有

$$A_{1-equ} = 2\left\{2\left(\frac{K \times a_{fc}^{(m-2\times n)/2\times m}}{E^n \times \pi^{1/2}}\right)^{\frac{1}{1-n}}\alpha(1-R)\right\}^{-m} [(\text{MPa})^m \cdot \text{mm}] \quad (2-69)$$

因此，其完整的计算式为

$$da/dN = A_{1-equ}\left\{2\left(\frac{K \times a_{1-equ}^{(m-2\times n)/2\times m}}{E^n \times \pi^{1/2}}\right)^{\frac{1}{1-n}}\right\}^m \text{（mm/cycle）} \quad (2-70)$$

2. 按第二强度理论建立损伤体（裂纹体）的损伤速率（裂纹速率）计算

第二种损伤体（裂纹体）强度理论，认为最大拉伸引起的线应变量 ε 是材料引发损伤（萌生裂纹）导致断裂的主要因素。

1) 损伤速率计算

按第二种损伤体（裂纹体）强度理论其当量应力强度因子应该是如下形式：

$$\sigma'_{1-equ} = (0.7 \sim 0.8)\left(\frac{K \times D_{1-equ}^{(m-2\times n)/2\times m}}{E^n \times \pi^{1/2}}\right)^{\frac{1}{1-n}} \text{（MPa · damage-unit）} \quad (2-71)$$

材料综合性能常数为

$$A'_{2-equ} = \left\{2(0.7 \sim 0.8)\left(\frac{K \times D_{fc}^{(m-2\times n)/2\times m}}{E^n \times \pi^{1/2}}\right)^{\frac{1}{1-n}}\right\}^{-m} (\text{MPa · damage-unit}) \quad (2-72)$$

因此其完整损伤速率计算式为

第2章 连续材料和结构中损伤与裂纹的速率计算

$$dD/dN = A'_{2\text{-equ}}\left\{2(0.7\sim 0.8)\left(\frac{K\times D_{1\text{-equ}}^{(m-2\times n)/2\times m}}{E^n\times \pi^{1/2}}\right)^{\frac{1}{1-n}}\right\}^m \text{ (damage-unit/cycle)}$$

2) 裂纹速率计算

其当量裂纹应力强度因子为

$$\sigma_{2\text{-equ}} = (0.7\sim 0.8)\left(\frac{K\times a_{1\text{-equ}}^{(m-2\times n)/2\times m}}{E^n\times \pi^{1/2}}\right)^{\frac{1}{1-n}} \text{ (MPa·mm)} \tag{2-73}$$

材料综合性能常数为

$$A_{2\text{-equ}}\left\{2(0.7\sim 0.8)\left(\frac{K\times a_{\text{fc}}^{(m-2\times n)/2\times m}}{E^n\times \pi^{1/2}}\right)^{\frac{1}{1-n}}\right\}^{-m} \text{ (MPa·mm)} \tag{2-74}$$

其完整裂纹速率计算式为

$$da/dN = A_{2\text{-equ}}\left\{2(0.7\sim 0.8)\left(\frac{K\times a_i^{(m-2\times n)/2\times m}}{E^n\times \pi^{1/2}}\right)^{\frac{1}{1-n}}\right\}^m \text{ (mm/cycle)} \tag{2-75}$$

3. 按第三强度理论建立损伤体（裂纹体）的损伤速率（裂纹速率）计算

第三种损伤体（裂纹体）强度理论认为，最大剪应力是引起材料损伤（萌生裂纹）导致断裂的主要因素。按照这一理论，其考虑主应力 σ_1 和 σ_3 对强度的影响是主要因素。

1) 损伤速率计算

根据第三种损伤体强度理论，其当量应力强度因子应该是如下形式：

$$\sigma'_{3\text{-equ}} = 0.5\left(\frac{K\times D_{1\text{-equ}}^{(m-2\times n)/2\times m}}{E^n\times \pi^{1/2}}\right)^{\frac{1}{1-n}} \text{ (MPa·damage-unit)} \tag{2-76}$$

材料综合性能常数为

$$A'_{3\text{-equ}} = \left\{1.0\left(\frac{K\times D_{\text{fc}}^{(m-2\times n)/2\times m}}{E^n\times \pi^{1/2}}\right)^{\frac{1}{1-n}}\right\}^{-m} \text{ (MPa·damage-unit)} \tag{2-77}$$

其完整损伤速率计算式为

$$dD/dN = A'_{3\text{-equ}}\left\{2\times 0.5\left(\frac{K\times D_{1\text{-equ}}^{(m-2\times n)/2\times m}}{E^n\times \pi^{1/2}}\right)^{\frac{1}{1-n}}\right\}^m \text{ (damage-unit/cycle)} \tag{2-78}$$

2) 裂纹速率计算

根据第三种裂纹体强度理论，其当量裂纹应力强度因子为

$$\sigma_{3\text{-equ}} = 0.5\left(\frac{K\times a_{1\text{-equ}}^{(m-2\times n)/2\times m}}{E^n\times \pi^{1/2}}\right)^{\frac{1}{1-n}} \text{ (MPa·mm)} \tag{2-79}$$

材料综合性能常数为

$$A_{3-\text{equ}} = \left\{ 1.0 \left(\frac{K \times a_{\text{fc}}^{(m-2\times n)/2\times m}}{E^n \times \pi^{1/2}} \right)^{\frac{1}{1-n}} \right\}^{-m} (\text{MPa} \cdot \text{mm}) \qquad (2-80)$$

因此完整裂纹速率计算式为

$$da/dN = A_{3-\text{equ}} \left\{ 1.0 \left(\frac{K \times a_{1-\text{equ}}^{(m-2\times n)/2\times m}}{E^n \times \pi^{1/2}} \right)^{\frac{1}{1-n}} \right\}^{m} (\text{mm/cycle}) \qquad (2-81)$$

4. 按第四强度理论建立损伤体（裂纹体）的损伤速率（裂纹速率）计算

第四种损伤体（裂纹体）强度理论认为形状改变比能是引起材料流动产生损伤或裂纹而导致断裂的主要原因。

1）损伤速率计算

根据第四种损伤体强度理论，其当量应力强度因子应是如下形式：

$$\sigma'_{4-\text{equ}} = \frac{1}{\sqrt{3}} \left(\frac{K \times D_{1-\text{equ}}^{(m-2\times n)/2\times m}}{E^n \times \pi^{1/2}} \right)^{\frac{1}{1-n}} (\text{MPa} \cdot \text{damage-unit}) \qquad (2-82)$$

材料综合性能常数为

$$A'_{4-\text{equ}} = \left\{ \frac{2}{\sqrt{3}} \left(\frac{K \times D_{\text{fc}}^{(m-2\times n)/2\times m}}{E^n \times \pi^{1/2}} \right)^{\frac{1}{1-n}} \right\}^{-m} (\text{MPa} \cdot \text{damage-unit}) \qquad (2-83)$$

其完整损伤速率计算式为

$$dD/dN = A'_{4-\text{equ}} \left\{ \frac{2}{\sqrt{3}} \left(\frac{K \times D_{1-\text{equ}}^{(m-2\times n)/2\times m}}{E^n \times \pi^{1/2}} \right)^{\frac{1}{1-n}} \right\}^{m} (\text{damage-unit/cycle}) \qquad (2-84)$$

2）裂纹速率计算

当量裂纹应力强度因子为

$$\sigma_{4-\text{equ}} = \frac{1}{\sqrt{3}} \left(\frac{K \times a_{1-\text{equ}}^{(m-2\times n)/2\times m}}{E^n \times \pi^{1/2}} \right)^{\frac{1}{1-n}} (\text{MPa} \cdot \text{mm}) \qquad (2-85)$$

材料综合性能常数为

$$A_{4-\text{equ}} = \left\{ \frac{2}{\sqrt{3}} \left(\frac{K \times a_{\text{fc}}^{(m-2\times n)/2\times m}}{E^n \times \pi^{1/2}} \right)^{\frac{1}{1-n}} \right\}^{-m} (\text{MPa} \cdot \text{mm}) \qquad (2-86)$$

因此完整裂纹速率计算式为

$$da/dN = A_{2-\text{equ}} \left\{ \frac{2}{\sqrt{3}} \left(\frac{K \times a_{\text{equ}}^{(m-2\times n)/2\times m}}{E^n \times \pi^{1/2}} \right)^{\frac{1}{1-n}} \right\}^{m} (\text{mm/cycle}) \qquad (2-87)$$

2.2.2 方法2：β-型

多轴疲劳载荷下损伤与裂纹全过程速率计算，用一个计算公式计算高低周载荷下全过程裂纹速率的数学表达式，用方法2（β-型）计算，还可以按第一强度理论、第二强度理论、第三强度理论、第四强度理论[29-30]分别建立其计算式。

1. 按第一强度理论建立损伤体（裂纹体）的损伤速率（裂纹速率）计算

对于连续介质材料，如果三个主应力的关系是 $\sigma_1 > \sigma_2 > \sigma_3$，第一损伤体（裂纹体）强度理论认为，最大拉伸应力是引起材料损伤（或萌生裂纹）而导致破坏的主要因素。此时，对方法2（β-型）要分别为损伤体和裂纹体建立新的速率计算式。

1) 损伤速率计算

多轴疲劳加载下，这一型的损伤演化速率为

$$dD/dN = \beta'_{\sigma'_{1-equ}} \left[2 \left(\beta'_{1-equ} \right)^{1/2(1-n)} \right]^m (\text{damage-unit/cycle}) \quad (2-88)$$

式中：β'_{1-equ} 为一个当量损伤应力强度因子值，它呈现强度含义，此 β'_{1-equ} 的物理意义是损伤扩展的驱动力，表达式如下：

$$\beta'_{1-equ} = \left(\frac{K'^2}{E^{2n}} \times \frac{D_{1-equ}}{\pi} \right)^{\frac{1}{2(1-n)}} (\text{MPa} \cdot \text{damage-unit}) \quad (2-89)$$

$\beta'_{\sigma'_{1-equ}}$ 是材料综合性能常数，对于 $R=-1$，$\sigma_m=0$ 的循环加载下，其为

$$\beta'_{\sigma'_{1-equ}} = 2 \left\{ 2 \left(\frac{K'^2}{E^{2n}} \times \frac{D_{fc}}{\pi} \right)^{\frac{1}{2(1-n)}} \alpha \right\}^{-m} (\text{MPa} \cdot \text{damage-unit}) \quad (2-90)$$

对于 $R \neq -1$，$\sigma_m \neq 0$，有

$$\beta'_{\sigma'_{1-equ}} = 2 \left\{ 2 \left(\frac{K'^2}{E^{2n}} \times \frac{D_{fc}}{\pi} \right)^{\frac{1}{2(1-n)}} \alpha (1-R) \right\}^{-m} (\text{MPa} \cdot \text{damage-unit}) \quad (2-91)$$

因此，其完整计算式为

$$dD/dN = \beta'_{\sigma'_{1-equ}} \left\{ 2 \left(\frac{K'^2}{E^{2n}} \times \frac{D_{1-equ}}{\pi} \right)^{\frac{1}{2(1-n)}} \right\}^m (\text{damage-unit/cycle}) \quad (2-92)$$

2) 裂纹速率计算

多轴疲劳加载下，这一型的裂纹速率为

$$da/dN = \beta'_{\sigma'_{1-equ}} \left[2 \left(\beta'_{1-equ} \right)^{1/2(1-n)} \right]^m (\text{mm/cycle}) \quad (2-93)$$

式中：β_{1-equ} 为一个当量裂纹应力强度因子值，它呈现强度含义，此 β'_{1-equ} 的物理意义是裂纹扩展的驱动力，表达式如下：

$$\beta_{1\text{-equ}} = \left(\frac{K'^2}{E^{2n}} \times \frac{a_{\text{equ}}}{\pi}\right)^{\frac{1}{2(1-n)}} \text{ (MPa · mm)} \quad (2\text{-}94)$$

$\beta_{\sigma_{1\text{-equ}}}$ 是材料综合性能常数,对于 $R=-1$, $\sigma_m=0$ 的循环加载下,其为

$$\beta_{\sigma_{1\text{-equ}}} = 2\left\{2\left(\frac{K'^2}{E^{2n}} \times \frac{a_{\text{fc}}}{\pi}\right)^{\frac{1}{2(1-n)}} \alpha\right\}^{-m} \text{ (MPa · mm)} \quad (2\text{-}95)$$

2. 按第二强度理论建立损伤体(裂纹体)的损伤速率(裂纹速率)计算

对于连续介质材料,第二种损伤体(裂纹体)强度理论,认为最大拉伸引起的线应变量 ε 是材料引发损伤(萌生裂纹)导致断裂的主要因素。

此时,对方法2(β-型)要分别为损伤体和裂纹体建立新的速率计算式。

1) 损伤速率计算

多轴疲劳加载下,这一型的损伤演化速率为

$$\mathrm{d}D/\mathrm{d}N = \beta'_{\sigma'_{2\text{-equ}}}\left[2(0.7\sim0.8)(\beta'_{2\text{-equ}})^{1/2(1-n)}\right]^m \text{(damage-unit/cycle)}$$

$$(2\text{-}96)$$

式中:$\beta'_{2\text{-equ}}$ 为一个当量损伤应力强度因子值,它呈现强度含义,此 $\beta'_{2\text{-equ}}$ 的物理意义是损伤扩展的驱动力,表达式如下:

$$\beta'_{2\text{-equ}} = (0.7\sim0.8)\left(\frac{K'^2}{E^{2n}} \times \frac{D_i}{\pi}\right)^{\frac{1}{2(1-n)}} \text{ (MPa · damage-unit)} \quad (2\text{-}97)$$

注意:式中 $D_i = D_{1\text{-equ}}$,以下计算式相同,不再重复说明。$\beta_{\sigma'_{2\text{-equ}}}$ 是材料综合性能常数,对于 $R=-1$, $\sigma_m=0$ 的循环加载下,其为

$$\beta_{\sigma'_{2\text{-equ}}} = 2\left\{2(0.7\sim0.8)\left(\frac{K'^2}{E^{2n}} \times \frac{D_{\text{fc}}}{\pi}\right)^{\frac{1}{2(1-n)}} \alpha\right\}^{-m} \text{ (MPa · damage-unit)} \quad (2\text{-}98)$$

对于 $R \neq -1$, $\sigma_m \neq 0$,有

$$\beta_{\sigma'_{2\text{-equ}}} = 2\left\{2(0.7\sim0.8)\left(\frac{K'^2}{E^{2n}} \times \frac{D_{\text{fc}}}{\pi}\right)^{\frac{1}{2(1-n)}} \alpha(1-R)\right\}^{-m} \text{ (MPa · damage-unit)}$$

$$(2\text{-}99)$$

因此,其完整计算式为

$$\mathrm{d}D/\mathrm{d}N = \beta_{\sigma'_{2\text{-equ}}}\left\{2(0.7\sim0.8)\left(\frac{K'^2}{E^{2n}} \times \frac{D_i}{\pi}\right)^{\frac{1}{2(1-n)}}\right\}^m \text{(damage-unit/cycle)}$$

$$(2\text{-}100)$$

2) 裂纹速率计算

多轴疲劳加载下,这一型的裂纹速率为

$$da/dN = \beta_{\sigma_{2-equ}} \left[2(0.7 \sim 0.8)(\beta_{2-equ})^{1/2(1-n)} \right]^m (\text{mm/cycle}) \quad (2-101)$$

式中：β_{2-equ} 为一个当量裂纹应力强度因子值，它呈现强度含义，此 β'_{1-equ} 的物理意义是裂纹扩展的驱动力，表达式如下：

$$\beta_{2-equ} = (0.7 \sim 0.8) \left(\frac{K'^2}{E^{2n}} \times \frac{a_i}{\pi} \right)^{\frac{1}{2(1-n)}} (\text{MPa} \cdot \text{mm}) \quad (2-102)$$

$\beta_{\sigma_{2-equ}}$ 是材料综合性能常数，对于 $R=-1$，$\sigma_m=0$ 的循环加载下，其为

$$\beta_{\sigma_{2-equ}} = 2 \left\{ 2(0.7 \sim 0.8) \left(\frac{K'^2}{E^{2n}} \times \frac{a_{fc}}{\pi} \right)^{\frac{1}{2(1-n)}} \alpha \right\}^{-m} (\text{MPa} \cdot \text{mm}) \quad (2-103)$$

3. 按第三强度理论建立损伤体（裂纹体）的损伤速率（裂纹速率）计算

第三种损伤体（裂纹体）强度理论认为，最大剪应力是引起材料损伤（萌生裂纹）导致断裂的主要因素。按照这一理论，其考虑主应力 σ_1 和 σ_3 对强度的影响是主要因素。此时，对方法 2（β-型）要分别为损伤体和裂纹体建立新的速率计算式。

1）损伤速率计算

多轴疲劳加载下，这一型的损伤演化速率为

$$dD/dN = \beta_{\sigma'_{3-equ}} \left[2 \times 0.5 (\beta'_{3-equ})^{1/2(1-n)} \right]^m (\text{damage-unit/cycle}) \quad (2-104)$$

式中：β'_{3-equ} 为一个当量损伤应力强度因子值，它呈现强度含义，此 β'_{1-equ} 的物理意义是损伤扩展的驱动力，表达式如下：

$$\beta'_{3-equ} = 0.5 \left(\frac{K'^2}{E^{2n}} \times \frac{D_i}{\pi} \right)^{\frac{1}{2(1-n)}} (\text{MPa} \cdot \text{damage-unit}) \quad (2-105)$$

$\beta_{\sigma'_{3-equ}}$ 是材料综合性能常数，对于 $R=-1$，$\sigma_m=0$ 的循环加载下，其为

$$\beta_{\sigma'_{3-equ}} = 2 \left\{ 1.0 \left(\frac{K'^2}{E^{2n}} \times \frac{D_{fc}}{\pi} \right)^{\frac{1}{2(1-n)}} \alpha \right\}^{-m} (\text{MPa} \cdot \text{damage-unit}) \quad (2-106)$$

对于 $R \neq -1$，$\sigma_m \neq 0$，有

$$\beta_{\sigma'_{3-equ}} = 2 \left\{ 1.0 \left(\frac{K'^2}{E^{2n}} \times \frac{D_{fc}}{\pi} \right)^{\frac{1}{2(1-n)}} \alpha (1-R) \right\}^{-m} (\text{MPa} \cdot \text{damage-unit}) \quad (2-107)$$

因此，其完整计算式为

$$dD/dN = \beta_{\sigma'_{3-equ}} \left\{ 1.0 \left(\frac{K'^2}{E^{2n}} \times \frac{D_i}{\pi} \right)^{\frac{1}{2(1-n)}} \right\}^m (\text{damage-unit/cycle}) \quad (2-108)$$

2）裂纹速率计算

多轴疲劳加载下，这一型的裂纹速率为

$$da/dN = \beta_{\sigma_{3-equ}} \left[1.0 \times (\beta_{3-equ})^{1/2(1-n)} \right]^m (\text{mm/cycle}) \quad (2-109)$$

式中：β_{3-equ} 为一个当量裂纹应力强度因子值，它呈现强度含义，此 β_{3-equ} 的物理意义是裂纹扩展的驱动力，表达式如下：

$$\beta_{3-equ} = 0.5 \left(\frac{K'^2}{E^{2n}} \times \frac{a_i}{\pi} \right)^{\frac{1}{2(1-n)}} (\text{MPa} \cdot \text{mm}) \quad (2-110)$$

$\beta_{\sigma_{3-equ}}$ 是材料综合性能常数，对于 $R = -1$，$\sigma_m = 0$ 的循环加载下，其为

$$\beta_{\sigma_{3-equ}} = 2 \left\{ 1.0 \left(\frac{K'^2}{E^{2n}} \times \frac{a_{fc}}{\pi} \right)^{\frac{1}{2(1-n)}} \alpha \right\}^{-m} (\text{MPa} \cdot \text{mm}) \quad (2-111)$$

其完整的裂纹速率计算式为

$$da/dN = \beta_{\sigma_{3-equ}} \left[1.0 \left(\left(\frac{K'^2}{E^{2n}} \times \frac{a_i}{\pi} \right)^{\frac{1}{2(1-n)}} \right) \right]^m (\text{mm/cycle}) \quad (2-112)$$

4. 按第四强度理论建立损伤体（裂纹体）的损伤速率（裂纹速率）计算

第四种损伤体（裂纹体）强度理论认为，形状改变比能是引起材料流动产生损伤或裂纹而导致断裂的主要原因。此时，对方法2（β-型）要分别为损伤体和裂纹体建立新的速率计算式。

1) 损伤速率计算

多轴疲劳加载下，这一型的损伤速率为

$$dD/dN = \beta'_{\sigma'_{4-equ}} \left[\frac{2}{\sqrt{3}} (\beta'_{4-equ}) \right]^m (\text{damage-unit/cycle}) \quad (2-113)$$

根据第四种损伤体强度理论，其当量应力强度因子应是如下形式：

$$\beta'_{4-equ} = \frac{1}{\sqrt{3}} \left(\frac{K'^2}{E^{2n}} \times \frac{D_i}{\pi} \right)^{\frac{1}{2(1-n)}} (\text{MPa} \cdot \text{damage-unit}) \quad (2-114)$$

$\beta_{\sigma'_{4-equ}}$ 是材料综合性能常数，对于 $R = -1$，$\sigma_m = 0$ 的循环加载下，其为

$$\beta_{\sigma'_{4-equ}} = 2 \left\{ \frac{2}{\sqrt{3}} \left(\frac{K'^2}{E^{2n}} \times \frac{D_{fc}}{\pi} \right)^{\frac{1}{2(1-n)}} \alpha \right\}^{-m} (\text{MPa} \cdot \text{damage-unit}) \quad (2-115)$$

对于 $R \neq -1$，$\sigma_m \neq 0$，有

$$\beta_{\sigma'_{4-equ}} = 2 \left\{ \frac{2}{\sqrt{3}} \left(\frac{K'^2}{E^{2n}} \times \frac{D_{fc}}{\pi} \right)^{\frac{1}{2(1-n)}} \alpha(1-R) \right\}^{-m} (\text{MPa} \cdot \text{damage-unit}) \quad (2-116)$$

因此，其完整计算式为

$$dD/dN = \beta_{\sigma'_{4-equ}} \left\{ \frac{2}{\sqrt{3}} \left(\frac{K'^2}{E^{2n}} \times \frac{D_i}{\pi} \right)^{\frac{1}{2(1-n)}} \right\}^m (\text{damage-unit/cycle}) \quad (2-117)$$

2）裂纹速率计算

多轴疲劳加载下，这一型的裂纹速率为

$$da/dN = \beta_{\sigma_{4-equ}} \left(\frac{2}{\sqrt{3}} \times \beta_{4-equ} \right)^m \text{ (mm/cycle)} \quad (2-118)$$

根据第四种裂纹体强度理论，其当量应力强度因子应是如下形式：

$$\beta_{4-equ} = \frac{1}{\sqrt{3}} \left(\frac{K'^2}{E^{2n}} \times \frac{a_i}{\pi} \right)^{\frac{1}{2(1-n)}} \text{ (MPa·mm)} \quad (2-119)$$

$\beta_{\sigma_{4-equ}}$ 是材料综合性能常数，对于 $R=-1$，$\sigma_m = 0$ 的循环加载下，其为

$$\beta_{\sigma_{4-equ}} = 2 \left\{ 2 \left(\frac{K'^2}{E^{2n}} \times \frac{a_{fc}}{\pi} \right)^{\frac{1}{2(1-n)}} \alpha \right\}^{-m} \text{ (MPa·mm)} \quad (2-120)$$

对于 $R \neq -1$，$\sigma_m \neq 0$，有

$$\beta_{\sigma_{4-equ}} = 2 \left\{ 2 \left(\frac{K'^2}{E^{2n}} \times \frac{D_{fc}}{\pi} \right)^{\frac{1}{2(1-n)}} \alpha (1-R) \right\}^{-m} \text{ (MPa·mm)} \quad (2-121)$$

因此，其完整计算式为

$$da/dN = \beta_{\sigma_{4-equ}} \left\{ \frac{2}{\sqrt{3}} \left(\frac{K'^2}{E^{2n}} \times \frac{a}{\pi} \right)^{\frac{1}{2(1-n)}} \right\}^m \text{ (mm/cycle)} \quad (2-122)$$

2.2.3 方法3：γ-型

多轴疲劳载荷下损伤与裂纹全过程速率计算，用一个计算公式计算高低周载荷下全过程裂纹速率的数学表达式，用方法1（γ-型）计算，也可以按第一强度理论、第二强度理论、第三强度理论、第四强度理论[29-30]分别建立其计算式。

1. 按第一强度理论建立损伤体（裂纹体）的损伤速率（裂纹速率）计算

对于连续介质材料，如果三个主应力的关系是 $\sigma_1 > \sigma_2 > \sigma_3$，第一损伤体（裂纹体）强度理论认为，最大拉伸应力是引起材料损伤（或萌生裂纹）而导致破坏的主要因素。此时，用方法3（γ-型）建立计算式仍分别为损伤体和裂纹体建立新的速率计算。

1）损伤速率计算

多轴疲劳加载下，这一型的损伤速率可用极少性能常数和损伤变量相组合来计算，而且量纲和单位与其他方法都不同，其强度单位是采用强度系数 K' 值同变量值 D_i 之比的单位，如（damage-unit×%）。对损伤演化速率而言，其为

$$dD/dN = J'_{1-equ} (2\gamma'_{1-equ})^m \text{ (damage-unit/cycle)} \quad (2-123)$$

式中：$\gamma'_{1-\text{equ}}$为一个当量损伤应力强度因子值，它是用损伤变量D_i与两个材料性能常数组成的因子量，呈现强度含义，此$\gamma'_{1-\text{equ}}$的物理意义也是损伤扩展的推动力，表达式如下：

$$\gamma'_{1-\text{equ}} = \sigma_{\text{equ}} \times \sqrt[m]{D_i^{-n}} \; (\text{MPa} \cdot \text{damage-unit}) \tag{2-124}$$

$J_{1-\text{equ}}$是材料综合性能常数，对于$R=-1$，$\sigma_m=0$循环加载下，其为

$$J_{1-\text{equ}} = 2\,(2\sigma'_f \times \alpha \times \sqrt[m]{D_{\text{fc}}^{-n}})^{-m} (\text{MPa} \cdot \text{damage-unit}) \tag{2-125}$$

对于$R \neq -1$，$\sigma_m \neq 0$，有

$$J_{1-\text{equ}} = 2\,[2\sigma'_f \times \alpha(1-R) \times \sqrt[m]{D_{\text{fc}}^{-n}}]^{-m} (\text{MPa} \cdot \text{damage-unit}) \tag{2-126}$$

注意：此方法的综合材料常数J对于弹性模量小于1.5×10^5MPa。例如LC4CS，有

$$J_{1-\text{equ}} = (2\sigma'_f \times \alpha \times \sqrt[-m]{D_{\text{fc}}^{-n}})^{-m} (\text{MPa}) \tag{2-127}$$

式中：D_{fc}由下式计算：

$$D_{\text{fc}} = \left(\frac{K'}{\sigma'_f}\right)^{-n'} (\%) \tag{2-128}$$

因此，其完整计算式为

$$\mathrm{d}D/\mathrm{d}N = J_{1-\text{equ}}(\Delta\sigma_{1-\text{equ}} \times \sqrt[m]{D_i^{-n}})^m (\text{damage-unit/cycle}) \tag{2-129}$$

式中的变量值，可用$D_i = (K'/\sigma'_i)^{-n'} (\text{damage-unit} \times \%)$求得。

2）裂纹速率计算

$$\mathrm{d}a/\mathrm{d}N = J_{\text{equ}}(2\gamma_{\text{equ}})^m (\text{mm/cycle}) \tag{2-130}$$

式中：γ_{equ}为一个当量裂纹应力强度因子值，它是用裂纹变量a_i与两个材料性能常数组成的因子量，呈现强度含义，其物理意义也是裂纹扩展的驱动力，表达式如下：

$$\gamma_{1-\text{equ}} = \sigma_{\text{equ}} \sqrt[m]{a_i^{-n}} \; (\text{MPa} \cdot \text{mm}) \tag{2-131}$$

J_{equ}是材料综合性能常数，对于$R=-1$，$\sigma_m=0$的循环加载下，其为

$$J_{1-\text{equ}} = 2\,(2\sigma'_f \times \alpha \times \sqrt[m]{a_{\text{fc}}^{-n}})^{-m} (\text{MPa} \cdot \text{mm}) \tag{2-132}$$

对于$R \neq -1$，$\sigma_m \neq 0$，有

$$J_{1-\text{equ}} = 2\,(2\sigma'_f \times \alpha(1-R) \times \sqrt[m]{a_{\text{fc}}^{-n}})^{-m} (\text{MPa} \cdot \text{mm}) \tag{2-133}$$

同样，此方法的综合材料常数J对于弹性模量小于1.5×10^5MPa。例如LC4CS，有

$$J_{1-\text{equ}} = (2\sigma'_f \times \alpha \times \sqrt[-m]{a_{\text{fc}}^{-n}})^{-m} (\text{MPa} \cdot \text{mm}) \tag{2-134}$$

式中：a_{fc}由下式计算：

$$a_{fc} = \left(\frac{K'}{\sigma'_f}\right)^{-n'} c_1 \, (\text{mm} \times \%) \tag{2-135}$$

因此，其完整计算式为

$$da/dN = J_{1-\text{equ}} (\Delta\sigma_{1-\text{equ}} \times \sqrt[m]{a_i^{-n}})^m \, (\text{mm/cycle}) \tag{2-136}$$

式中的变量值 a_i，可用 $a_i = (K'/\sigma'_i)^{-n'} c_1 \, (\text{mm} \times \%)$ 求得；$c_1 = 1\text{mm}$。

2. 按第二强度理论建立损伤体（裂纹体）的损伤速率（裂纹速率）计算

第二损伤体（裂纹体）强度理论认为，最大拉伸引起的线应变量 ε 是材料引发损伤（萌生裂纹）导致断裂的主要因素。

用方法3（γ-型）建立计算式，仍分别为损伤体和裂纹体建立新的速率计算。

1) 损伤速率计算

多轴疲劳加载下，这一型的损伤演化速率为

$$dD/dN = J'_{2-\text{equ}} [2(0.7 \sim 0.8) \gamma'_{2-\text{equ}}]^m (\text{damage-unit/cycle}) \tag{2-137}$$

式中：$\gamma'_{2-\text{equ}}$ 为一个当量损伤应力强度因子值，表达式如下：

$$\gamma'_{2-\text{equ}} = (0.7 \sim 0.8) \sigma_{\text{equ}} \times \sqrt[m]{D_i^{-n}} \, (\text{MPa} \cdot \text{damage-unit}) \tag{2-138}$$

$J'_{2-\text{equ}}$ 是材料综合性能常数，对于 $R = -1$，$\sigma_m = 0$ 循环加载下，其为

$$J'_{2-\text{equ}} = 2 \left[2(0.7 \sim 0.8) \sigma'_f \times \alpha \times \sqrt[m]{D_{fc}^{-n}} \right]^{-m} (\text{MPa} \cdot \text{damage-unit}) \tag{2-139}$$

对于 $R \neq -1$，$\sigma_m \neq 0$，有

$$J'_{2-\text{equ}} = 2 \left[2(0.7 \sim 0.8) \sigma'_f \times \alpha (1-R) \times \sqrt[m]{D_{fc}^{-n}} \right]^{-m} (\text{MPa} \cdot \text{damage-unit}) \tag{2-140}$$

注意：此方法的综合材料常数 $J_{2-\text{equ}}$ 对于弹性模量小于 $1.5 \times 10^5 \text{MPa}$。例如 LC4CS，有

$$J'_{2-\text{equ}} = \left[2(0.7 \sim 0.8) \sigma'_f \times \alpha \times \sqrt[m]{D_{fc}^{-n}} \right]^{-m} (\text{MPa}) \tag{2-141}$$

式中：D_{fc} 由下式计算：

$$D_{fc} = \left(\frac{K'}{\sigma'_f}\right)^{-n'} (\%) \tag{2-142}$$

因此，其完整计算式为

$$dD/dN = J'_{2-\text{equ}} (\Delta\sigma_{2-\text{equ}} \times \sqrt[m]{D_i^{-n}})^m \, (\text{damage-unit/cycle}) \tag{2-143}$$

式中的变量值，可用 $D_i = (K'/\sigma'_i)^{-n'} (\text{damage-unit} \times \%)$ 求得。

2) 裂纹速率计算

$$da/dN = J_{2-\text{equ}} [2(0.7 \sim 0.8) \gamma_{2-\text{equ}}]^m (\text{mm/cycle}) \tag{2-144}$$

式中：$\gamma_{2-\text{equ}}$ 为一个当量裂纹应力强度因子值，表达式如下：

$$\gamma_{2-equ} = (0.7 \sim 0.8)\sigma_{equ} \times \sqrt[m]{a_i^{-n}} \text{ (MPa · mm)} \quad (2-145)$$

J_{2-equ}是材料综合性能常数，对于$R=-1$，$\sigma_m=0$循环加载下，其为

$$J_{2-equ} = 2\left[2(0.7 \sim 0.8)\sigma_f' \times \alpha \times \sqrt[m]{a_{fc}^{-n}}\right]^{-m} \text{ (MPa · mm)} \quad (2-146)$$

对于$R \neq -1$，$\sigma_m \neq 0$，有

$$J_{2-equ} = 2\left[2(0.7 \sim 0.8)\sigma_f' \times \alpha(1-R) \times \sqrt[m]{a_{fc}^{-n}}\right]^{-m} \text{ (MPa · mm)} \quad (2-147)$$

注意：此方法的综合材料常数J_{2-equ}对于弹性模量小于$1.5 \times 10^5 \text{MPa}$。例如LC4CS，有

$$J_{2-equ} = \left[2(0.7 \sim 0.8)\sigma_f' \times \alpha \times \sqrt[m]{a_{fc}^{-n}}\right]^{-m} \text{ (MPa · mm)} \quad (2-148)$$

式中：a_{fc}由下式计算：

$$a_{fc} = \left(\frac{K'}{\sigma_f'}\right)^{-n'} c_1 \text{ (mm\%)} \quad (2-149)$$

因此，其完整计算式为

$$da/dN = J_{2-equ} \times (\Delta\sigma_{2-equ} \times \sqrt[m]{a_i^{-n}})^m \text{ (mm/cycle)} \quad (2-150)$$

式中的裂纹变量，可用$a_i = (K'/\sigma_i')^{-n'} c_1 \text{(mm·\%)}$求得。

3. 按第三强度理论建立损伤体（裂纹体）的损伤速率（裂纹速率）计算

第三损伤体（裂纹体）强度理论认为最大剪应力是引起材料损伤（萌生裂纹）导致断裂的主要因素。按照这一理论，其考虑主应力σ_1和σ_3对强度的影响是主要的因素。此时，用方法3（γ-型）建立计算式，仍分别为损伤体和裂纹体建立新的速率计算。

1) 损伤速率计算

多轴疲劳加载下，这一型的损伤演化速率为

$$dD/dN = J_{3-equ}'(2 \times 0.5\gamma_{3-equ}')^m \text{ (damage-unit/cycle)} \quad (2-151)$$

式中：γ_{3-equ}'为一个当量损伤应力强度因子值，它是用损伤变量D_i与两个材料性能常数组成的因子量，呈现强度含义，此γ_{3-equ}'的物理意义也是损伤扩展的推动力，表达式如下：

$$\gamma_{3-equ}' = 0.5\sigma_{equ}\sqrt[m]{D_i^{-n}} \text{ (MPa · damage-unit)} \quad (2-152)$$

J_{3-equ}'是材料综合性能常数，对于$R=-1$，$\sigma_m=0$循环加载下，其为

$$J_{3-equ}' = 2\left(\sigma_f'\alpha\sqrt[m]{D_{fc}^{-n}}\right)^{-m} \text{ (MPa · damage-unit)} \quad (2-153)$$

对于$R \neq -1$，$\sigma_m \neq 0$，有

$$J_{3-equ}' = 2\left[\sigma_f'\alpha(1-R)\sqrt[m]{D_{fc}^{-n}}\right]^{-m} \text{ (MPa · damage-unit)} \quad (2-154)$$

注意：此方法的综合材料常数J_{3-equ}'对于弹性模量小于$1.5 \times 10^5 \text{MPa}$。例如LC4CS，有

第 2 章 连续材料和结构中损伤与裂纹的速率计算

$$J_{3\text{-equ}} = (\sigma_f' \alpha \sqrt[-m]{D_{\text{fc}}^{-n}})^{-m} \text{ (MPa)} \tag{2-155}$$

式中：D_{fc} 由下式计算：

$$D_{\text{fc}} = \left(\frac{K'}{\sigma_f'}\right)^{-n'} (\%) \tag{2-156}$$

因此，其完整计算式为

$$dD/dN = J_{3\text{-equ}}' (0.5\Delta\sigma_{3\text{-equ}} \sqrt[m]{D_i^{-n}})^m \text{ (damage-unit/cycle)} \tag{2-157}$$

式中的变量值，可用 $D_i = (K'/\sigma_i')^{-n'}$ (damage-unit×%) 求得。

2) 裂纹速率计算

$$da/dN = J_{3\text{-equ}} [2(0.5\times\gamma_{3\text{-equ}})]^m \text{ (mm/cycle)} \tag{2-158}$$

式中：$\gamma_{3\text{-equ}}$ 为一个当量裂纹应力强度因子值，表达式如下：

$$\gamma_{3\text{-equ}} = 0.5\sigma_{\text{equ}} \sqrt[m]{a_i^{-n}} \text{ (MPa·mm)} \tag{2-159}$$

$J_{3\text{-equ}}$ 是材料综合性能常数，对于 $R=-1$，$\sigma_m=0$ 的循环加载下，其为

$$J_{3\text{-equ}} = 2(\sigma_f' \alpha \sqrt[m]{a_{\text{fc}}^{-n}})^{-m} \text{ (MPa·mm)} \tag{2-160}$$

对于 $R\neq-1$，$\sigma_m\neq 0$，有

$$J_{3\text{-equ}} = 2[\sigma_f' \alpha(1-R) \sqrt[m]{a_{\text{fc}}^{-n}}]^{-m} \text{ (MPa·mm)} \tag{2-161}$$

同样，此方法的综合材料常数 J 对于弹性模量小于 1.5×10^5MPa。例如 LC4CS，有

$$J_{3\text{-equ}} = (\sigma_f' \alpha \sqrt[-m]{a_{\text{fc}}^{-n}})^{-m} \text{ (MPa·mm)} \tag{2-162}$$

式中：a_{fc} 由下式计算：

$$a_{\text{fc}} = \left(\frac{K'}{\sigma_f'}\right)^{-n'} c_1 \text{ (mm×%)} \tag{2-163}$$

因此，其完整计算式为

$$da/dN = J_{3\text{-equ}} (0.5\Delta\sigma_{3\text{-equ}} \sqrt[m]{a_i^{-n}})^m \text{ (mm/cycle)} \tag{2-164}$$

式中的变量值 a_i，可用 $a_i = (K'/\sigma_i')^{-n'} c_1$ (mm×%) 求得；$c_1 = 1$mm。

4. 按第四强度理论建立损伤体（裂纹体）的损伤速率（裂纹速率）计算

第四种损伤体（裂纹体）强度理论认为形状改变比能是引起材料流动产生损伤或裂纹而导致断裂的主要原因。

根据这一理论，此时，用方法 3（γ-型）建立计算式，仍分别为损伤体和裂纹体建立新的速率计算。

1) 损伤速率计算

对损伤演化速率计算，它应为

$$dD/dN = J_{4\text{-equ}}' (2\gamma_{4\text{-equ}}')^m \text{ (damage-unit/cycle)} \tag{2-165}$$

式中:γ'_{4-equ}为一个当量损伤应力强度因子值,呈现强度含义,此γ'_{equ}的物理意义,也是损伤扩展的推动力,表达式如下:

$$\gamma'_{4-equ}=\frac{1}{\sqrt{3}}\sigma_{equ}\sqrt[m]{D_i^{-n}} \ (\text{MPa}\cdot\text{damage-unit}) \qquad (2-166)$$

J'_{4-equ}是材料综合性能常数,对于$R=-1$,$\sigma_m=0$循环加载下,其为

$$J'_{4-equ}=2\left(\frac{2}{\sqrt{3}}\sigma'_f\alpha\sqrt[m]{D_{fc}^{-n}}\right)^{-m} \ (\text{MPa}\cdot\text{damage-unit}) \qquad (2-167)$$

对于$R\neq-1$,$\sigma_m\neq 0$,有

$$J'_{4-equ}=2\left(\frac{2}{\sqrt{3}}\sigma'_f\times\alpha(1-R)\times\sqrt[m]{D_{fc}^{-n}}\right)^{-m} \ (\text{MPa}\cdot\text{damage-unit}) \qquad (2-168)$$

注意:此方法的综合材料常数J'_{4-equ}对于弹性模量小于1.5×10^5MPa。例如LC4CS,有

$$J'_{4-equ}=\left(\frac{2}{\sqrt{3}}\sigma'_f\times\alpha(1-R)\times\sqrt[m]{D_{fc}^{-n}}\right)^{-m} \ (\text{MPa}\cdot\text{damage-unit}) \qquad (2-169)$$

因此,其完整计算式为

$$dD/dN=J'_{4-equ}\left(\frac{2}{\sqrt{3}}\times\Delta\sigma_{1-equ}\times\sqrt[m]{D_i^{-n}}\right)^m \ (\text{damage-unit/cycle}) \qquad (2-170)$$

2) 裂纹速率计算

对裂纹扩展速率计算,它应为

$$da/dN=J_{4-equ}(2\gamma_{4-equ})^m \ (\text{mm/cycle}) \qquad (2-171)$$

式中:γ_{4-equ}为一个当量裂纹应力强度因子值,呈现强度含义,此γ_{4-equ}的物理意义也是损伤扩展的推动力,表达式如下:

$$\gamma_{4-equ}=\frac{1}{\sqrt{3}}\sigma_{equ}\sqrt[m]{a_i^{-n}} \ (\text{MPa}\cdot\text{mm}) \qquad (2-172)$$

J_{4-equ}是材料综合性能常数,对于$R=-1$,$\sigma_m=0$循环加载下,它为

$$J_{4-equ}=2\left(\frac{2}{\sqrt{3}}\sigma'_f\times\alpha\times\sqrt[m]{a_{fc}^{-n}}\right)^{-m} \ (\text{MPa}\cdot\text{mm}) \qquad (2-173)$$

对于$R\neq-1$,$\sigma_m\neq 0$,有

$$J_{4-equ}=2\left(\frac{2}{\sqrt{3}}\sigma'_f\times\alpha(1-R)\times\sqrt[m]{a_{fc}^{-n}}\right)^{-m} \ (\text{MPa}\cdot\text{mm}) \qquad (2-174)$$

注意:此方法的综合材料常数J_{4-equ}对于弹性模量小于1.5×10^5MPa,例如LC4CS,有

第 2 章　连续材料和结构中损伤与裂纹的速率计算

$$J_{4\text{-equ}} = \left(\frac{2}{\sqrt{3}}\sigma'_f \times \alpha(1-R) \times \sqrt[m]{a_{\text{fc}}^{-n}}\right)^{-m} (\text{MPa} \cdot \text{mm}) \quad (2-175)$$

因此，其完整计算式为

$$dD/dN = J_{4\text{-equ}}\left(\frac{2}{\sqrt{3}} \times \Delta\sigma_{1\text{-equ}} \times \sqrt[m]{D_i^{-n}}\right)^m (\text{damage-unit/cycle}) \quad (2-176)$$

2.2.4　方法 4：*K*-型

多轴疲劳载荷下损伤与裂纹全过程速率计算，用一个计算公式计算高低周载荷下全过程裂纹速率的数学表达式，还可用方法 1（*K*-型）计算，而且也可以按第一强度理论、第二强度理论、第三强度理论、第四强度理论[29-30]分别建立其计算式。

1. 按第一强度理论建立损伤体（裂纹体）的损伤速率（裂纹速率）计算

在三向应力状况下，第一种损伤体（裂纹体）强度理论认为，最大拉伸应力是引起材料损伤（或萌生裂纹）而导致破坏的主要因素，此时，当量应力 σ_{equ} 与最大主应力的关系是 $\sigma_{\text{equ}} = \sigma_1 = \sigma_{\max}$。在这里，仍分别为损伤体和裂纹体建立新的速率计算。

1）损伤速率计算

这种方法损伤演化速率的计算式如下：

$$dD/dN = A'_{1\text{-equ}}(2K'_{1\text{-equ}})^m (\text{damage-unit/cycle}) \quad (2-177)$$

式中：$K'_{1\text{-equ}}$ 为一个属第一强度理念的当量损伤应力强度因子幅值，它呈现强度含义，其物理意义也是损伤扩展的推动力，表达式如下：

$$K'_{\text{equ}} = \sigma_{1\text{-equ}}\phi\sqrt{\pi D_i} (\text{MPa} \cdot \sqrt{\text{damage-unit}} \text{ 或 MPa}) \quad (2-178)$$

$A'_{1\text{-equ}}$ 是材料综合性能常数，对于 $R=-1$，$\sigma_m = 0$ 的循环加载下，其为

$$A'_{1\text{-equ}} = 2(2\sigma'_f \times \alpha \times \sqrt{\pi D_{\text{fc}}})^{-m} (\text{MPa}) \quad (2-179)$$

对于 $R \neq -1$，$\sigma_m \neq 0$，有

$$A'_{1\text{equ}} = 2[2\sigma'_f \alpha(1-R)\sqrt{\pi D_{\text{fc}}}]^{-m} (\text{MPa}) \quad (2-180)$$

因此，其完整计算式为

$$dD/dN = A'_{1\text{-equ}}(\Delta\sigma_{1\text{-equ}}\sqrt{\pi D_i})^m (\text{damage-unit/cycle}) \quad (2-181)$$

2）裂纹速率计算

裂纹速率计算如下：

$$da/dN = A_{1\text{-equ}}(2K_{1\text{-equ}})^m (\text{mm/cycle}) \quad (2-182)$$

式中：$K_{1\text{-equ}}$ 为一个当量裂纹应力强度因子幅值，它具有强度含义，其物理意义是裂纹扩展的推动力，表达式如下：

$$K_{1\text{-equ}}=\sigma_{1\text{-equ}}\sqrt{\pi a_i}\,(\text{MPa}\cdot\text{mm}) \tag{2-183}$$

$A_{1\text{-equ}}$ 是材料综合性能常数,对于 $R=-1$, $\sigma_m=0$ 的循环加载下,其为

$$A_{1\text{-equ}}=2(2\sigma'_f\alpha\sqrt{\pi a_{fc}})^{-m}(\text{MPa}\cdot\text{mm}) \tag{2-184}$$

对于 $R\ne-1$, $\sigma_m\ne0$,有

$$A_{1\text{-equ}}=2[2\sigma'_f\alpha(1-R)\sqrt{\pi a_{fc}}]^{-m}(\text{MPa}\cdot\text{mm}) \tag{2-185}$$

因此,其完整计算式为

$$\mathrm{d}a/\mathrm{d}N=A_{1\text{-equ}}(\Delta\sigma_{1\text{-equ}}\sqrt{\pi\times a_i})^m(\text{mm/cycle}) \tag{2-186}$$

2. 按第二强度理论建立损伤体(裂纹体)的损伤速率(裂纹速率)计算

第二种损伤体(裂纹体)强度理论认为,最大拉伸引起的线应变量 ε 是材料引发损伤(萌生裂纹)导致断裂的主要因素。

1) 损伤速率计算

这种方法损伤演化速率的计算式如下:

$$\mathrm{d}D/\mathrm{d}N=A'_{2\text{-equ}}[(0.7\sim0.8)2K'_{2\text{-equ}}]^m(\text{damage-unit/cycle}) \tag{2-187}$$

式中:$K'_{2\text{-equ}}$ 为一个属第二强度理念的当量损伤应力强度因子幅值,它呈现强度含义,其物理意义也是损伤扩展的推动力,表达式如下:

$$K'_{\text{equ}}=(0.7\sim0.8)\sigma_{1\text{-equ}}\phi\sqrt{\pi D_i}\,(\text{MPa}\cdot\sqrt{\text{damage-unit}}\text{ 或 MPa}) \tag{2-188}$$

$A'_{2\text{-equ}}$ 是材料综合性能常数,对于 $R=-1$, $\sigma_m=0$ 的循环加载下,其为

$$A'_{2\text{-equ}}=2[(0.7\sim0.8)2\sigma'_f\alpha\sqrt{\pi D_{fc}}]^{-m}(\text{MPa}) \tag{2-189}$$

对于 $R\ne-1$, $\sigma_m\ne0$,有

$$A'_{2\text{-equ}}=2[2(0.7\sim0.8)\sigma'_f\alpha(1-R)\sqrt{\pi D_{fc}}]^{-m}(\text{MPa}) \tag{2-190}$$

因此,其完整计算式为

$$\mathrm{d}D/\mathrm{d}N=A'_{2\text{-equ}}[(0.7\sim0.8)(\Delta\sigma_{1\text{-equ}}\times\sqrt{\pi D_i})]^m(\text{damage-unit/cycle}) \tag{2-191}$$

2) 裂纹速率计算

裂纹速率计算应为

$$\mathrm{d}a/\mathrm{d}N=A_{2\text{-equ}}[(0.7\sim0.8)\Delta K_{2\text{-equ}}]^m(\text{mm/cycle}) \tag{2-192}$$

式中:$\Delta K_{2\text{-equ}}$ 为一个当量裂纹应力强度因子范围值,它具有强度含义,其物理意义是裂纹扩展的推动力,表达式如下:

$$K_{2\text{-equ}}=(0.7\sim0.8)\Delta\sigma_{1\text{-equ}}\sqrt{\pi a_i}\,(\text{MPa}\cdot\text{mm}) \tag{2-193}$$

$A_{2\text{-equ}}$ 是材料综合性能常数,对于 $R=-1$, $\sigma_m=0$ 的循环加载下,其为

$$A_{2\text{-equ}}=2[2(0.7\sim0.8)\sigma'_f\alpha\sqrt{\pi a_{fc}}]^{-m}(\text{MPa}\cdot\text{mm}) \tag{2-194}$$

对于 $R\ne-1$, $\sigma_m\ne0$,有

第 2 章 连续材料和结构中损伤与裂纹的速率计算

$$A_{2\text{-equ}} = 2[2(0.7 \sim 0.8)\sigma'_f \alpha(1-R)\sqrt{\pi a_{fc}}]^{-m}(\text{MPa} \cdot \text{mm}) \quad (2\text{-}195)$$

因此,其完整计算式为

$$da/dN = A'_{2\text{-equ}}[(0.7 \sim 0.8)\Delta\sigma_{1\text{-equ}}\sqrt{\pi \times a_i}]^m(\text{mm/cycle}) \quad (2\text{-}196)$$

3. 按第三强度理论建立损伤体(裂纹体)的损伤速率(裂纹速率)计算

第三损伤体(裂纹体)强度理论认为,最大剪应力是引起材料损伤(萌生裂纹)导致断裂的主要因素。按照这一理论,其考虑主应力 σ_1 和 σ_3 对强度的影响是主要因素。

这里仍分损伤速率和裂纹速率进行计算。

1) 损伤速率计算

这种方法损伤演化速率的计算式如下:

$$dD/dN = A'_{3\text{-equ}}(0.5\Delta K'_{3\text{-equ}})^m(\text{damage-unit/cycle}) \quad (2\text{-}197)$$

式中:$\Delta K'_{3\text{-equ}}$ 为第三强度理念的当量损伤应力强度因子范围值,它呈现强度含义,其物理意义也是损伤扩展的推动力,表达式如下:

$$\Delta K'_{3\text{-equ}} = 0.5\Delta\sigma_{1\text{-equ}}\phi\sqrt{\pi D_i}(\text{MPa} \cdot \sqrt{\text{damage-unit}} \text{ 或 MPa}) \quad (2\text{-}198)$$

$A'_{3\text{-equ}}$ 是材料综合性能常数,对于 $R=-1$,$\sigma_m=0$ 的循环加载下,其为

$$A'_{3\text{-equ}} = 2(\sigma'_f \alpha \sqrt{\pi D_{fc}})^{-m}(\text{MPa}) \quad (2\text{-}199)$$

对于 $R \neq -1$,$\sigma_m \neq 0$,有

$$A'_{3\text{-equ}} = 2[\sigma'_f \alpha(1-R)\sqrt{\pi D_{fc}}]^{-m}(\text{MPa}) \quad (2\text{-}200)$$

因此,其完整计算式为

$$dD/dN = A'_{3\text{-equ}}[0.5(\Delta\sigma_{1\text{-equ}}\sqrt{\pi D_i})]^m(\text{damage-unit/cycle}) \quad (2\text{-}201)$$

2) 裂纹速率计算

裂纹速率计算应为

$$da/dN = A_{3\text{-equ}} \times (0.5 \times \Delta K_{2\text{-equ}})^m(\text{mm/cycle}) \quad (2\text{-}202)$$

式中:$\Delta K_{3\text{-equ}}$ 为一个当量裂纹应力强度因子范围值,它具有强度含义,其物理意义是裂纹扩展的推动力,表达式如下:

$$\Delta K_{3\text{-equ}} = 0.5\Delta\sigma_{1\text{-equ}}\sqrt{\pi a_i}(\text{MPa} \cdot \text{mm}) \quad (2\text{-}203)$$

$A_{3\text{-equ}}$ 是材料综合性能常数,对于 $R=-1$,$\sigma_m=0$ 的循环加载下,其为

$$A_{3\text{-equ}} = 2(\sigma'_f \alpha \sqrt{\pi a_{fc}})^{-m}(\text{MPa} \cdot \text{mm}) \quad (2\text{-}204)$$

对于 $R \neq -1$,$\sigma_m \neq 0$,有

$$A_{3\text{-equ}} = 2[\sigma'_f \times \alpha(1-R) \times \sqrt{\pi a_{fc}}]^{-m}(\text{MPa} \cdot \text{mm}) \quad (2\text{-}205)$$

因此,其完整计算式为

$$da/dN = A'_{3\text{-equ}}(0.5 \times \Delta\sigma_{1\text{-equ}} \times \sqrt{\pi \times a_i})^m(\text{mm/cycle}) \quad (2\text{-}206)$$

4. 按第四强度理论建立损伤体（裂纹体）的损伤速率（裂纹速率）计算

第四种损伤体（裂纹体）强度理论认为，形状改变比能是引起材料流动产生损伤或裂纹而导致断裂的主要原因。

在这里，仍分别为损伤体和裂纹体建立新的速率计算。

1) 损伤速率计算

这种方法损伤演化速率的计算式如下：

$$dD/dN = A'_{4-equ}(2K'_{4-equ})^m \text{ (damage-unit/cycle)} \qquad (2-207)$$

式中：K'_{4-equ} 为第一强度理念的当量损伤应力强度因子幅值，它呈现强度含义，其物理意义也是损伤扩展的推动力，表达式如下：

$$K'_{4-equ} = \frac{2}{\sqrt{3}}\sigma_{1-equ}\phi\sqrt{\pi D_i} \text{ (MPa} \cdot \sqrt{\text{damage-unit}} \text{ 或 MPa)} \qquad (2-208)$$

A'_{4-equ} 是材料综合性能常数，对于 $R=-1$，$\sigma_m=0$ 的循环加载下，其为

$$A'_{4-equ} = 2\left(\frac{2}{\sqrt{3}}\sigma'_f\alpha\sqrt{\pi D_{fc}}\right)^{-m} \text{ (MPa)} \qquad (2-209)$$

对于 $R\neq-1$，$\sigma_m\neq 0$，有

$$A'_{4-equ} = 2\left[\frac{2}{\sqrt{3}}\sigma'_f\alpha(1-R)\sqrt{\pi D_{fc}}\right]^{-m} \text{ (MPa)} \qquad (2-210)$$

因此，其完整计算式为

$$dD/dN = A'_{4-equ}\left[\frac{2}{\sqrt{3}}(\Delta\sigma_{4equ}\sqrt{\pi D_i})\right]^m \text{ (damage-unit/cycle)} \qquad (2-211)$$

2) 裂纹速率计算

裂纹速率计算如下：

$$da/dN = A_{4-equ}\left(\frac{2}{\sqrt{3}}K_{1-equ}\right)^m \text{ (mm/cycle)} \qquad (2-212)$$

式中：K_{4-equ} 为一个当量裂纹应力强度因子幅值，它具有强度含义，其物理意义是裂纹扩展的推动力，表达式如下：

$$K_{4-equ} = \frac{2}{\sqrt{3}}\sigma_{1-equ}\sqrt{\pi a_i} \text{ (MPa} \cdot \text{mm)} \qquad (2-213)$$

A_{4-equ} 是材料综合性能常数，对于 $R=-1$，$\sigma_m=0$ 的循环加载下，其为

$$A_{4-equ} = 2\left(\frac{2}{\sqrt{3}}\sigma'_f\alpha\sqrt{\pi a_{fc}}\right)^{-m} \text{ (MPa} \cdot \text{mm)} \qquad (2-214)$$

对于 $R\neq-1$，$\sigma_m\neq 0$，有

$$A_{4\text{-equ}} = 2\left[\frac{2}{\sqrt{3}}\sigma'_f\alpha(1-R)\sqrt{\pi a_{fc}}\right]^{-m} (\text{MPa}\cdot\text{mm}) \quad (2\text{-}215)$$

因此，其完整计算式为

$$da/dN = A_{4\text{-equ}}\left(\frac{1}{\sqrt{3}}\Delta\sigma_{1\text{-equ}}\sqrt{\pi\times a_i}\right)^m (\text{mm/cycle}) \quad (2\text{-}216)$$

计算实例

有一个中碳钢 45 号制的试件，其性能数据见表 2-8。

表 2-8 中碳钢 45 相关参数的性能数据[20-22]

σ_s/MPa	σ_b/MPa	E/MPa	K'	n'	b/m	σ'_f/MPa
456	539	200000	1153	0.179	-0.123/8.13	1115

假设在多轴疲劳加载下产生的应力状态，有拉应力 $\sigma_{\max}$、$\sigma_{\min}$、$\Delta\sigma$；横向剪应力 $\tau_{t\max}$、$\tau_{t\min}$、$\Delta\tau_{t\min}$；扭转剪应力 $\tau_{p\max}$、$\tau_{p\min}$、$\Delta\tau_{p\min}$。

此试件在超高周疲劳加载下，由于其处在弯曲拉应力、横向剪应力，扭转剪应力的复杂应力状态下运转，通常在试件内部引发在三向应力状态。

根据上述性能数据及假定产生的应力状态，试用 σ-型计算方法，按第一种裂纹强度理论建立的计算式，分别计算当量应力 $\sigma_{1\text{-equ}}$ 对应当量裂纹尺寸 a_{equ}；并计算当量裂纹尺寸 a_{equ} 相对应的速率，以及计算门槛尺寸 a_{th} 相对应的速率。

计算步骤与方法如下：

1. 相关参数的计算

1）根据式（1-145）的计算式

假定当量应力[23]如下：

假定最大当量应力为

$$\sigma_{1\text{-equ}}^{\max} = \sqrt{\sigma_{\max}^2 + 4\tau_t^2 + 4\tau_p^2} = 270(\text{MPa})$$

假定最小当量应力为

$$\sigma_{1\text{-equ}}^{\min} = \sqrt{\sigma_{\min}^2 + 4\tau_{t\min}^2 + 4\tau_{p\min}^2} = 100(\text{MPa})$$

2）计算当量应力范围 $\Delta\sigma_{1\text{-equ}}$ 和计算当量应力幅 $\sigma_{1\text{-equ}} = \Delta\sigma_{1\text{-equ}}/2$

当量应力范围为

$$\Delta\sigma_{1\text{-equ}} = \sigma_{1\text{-equ}}^{\max} - \sigma_{1\text{-equ}}^{\min} = 270 - 100 = 170(\text{MPa})$$

当量应力幅为

$$\sigma_{1\text{-equ}} = (\sigma_{1\text{-equ}}^{\max} - \sigma_{1\text{-equ}}^{\min})/2 = (270-100)/2 = 85(\text{MPa})$$

3) 当量平均应力 $\sigma_{1\text{-equ}}^m$ 的计算

$$\sigma_{1\text{-equ}}^m = (\sigma_{1\text{-equ}}^{\max} + \sigma_{1\text{-equ}}^{\min})/2 = (270+100)/2 = 185(\text{MPa})$$

4) 裂纹扩展门槛尺寸计算

$$a_{\text{th}} = \left(\frac{1}{\pi^{0.5}}\right)^{\frac{1}{0.5+b}} c_1 = (0.564)^{\frac{1}{0.5+0.123}} \times 1\text{mm} = 0.219(\text{mm})$$

5) 对应于断裂应力下临界裂纹尺寸 a_{fc} 的计算

$$a_{\text{fc}} = \left(\sigma_s'^{(1-n')/n'} \times \frac{E \times \pi^{1/2 \times n'}}{K'^{1/n'}}\right)^{-\frac{2m \times n'}{2n'-m_1}}$$

$$= \left(1115^{(1-0.179)/0.179} \times \frac{200000 \times \pi^{1/2 \times 0.179}}{1153^{1/0.179}}\right)^{-\frac{2 \times 8.13 \times 0.179}{2 \times 0.179 - 8.13}}$$

$$= \left(1115^{4.5866} \times \frac{200000 \times \pi^{2.793}}{1153^{5.5866}}\right)^{0.3745} = 21.56(\text{mm})$$

6) 计对应于当量应力幅 $\sigma_{1\text{-equ}} = 85\text{MPa}$ 的当量裂纹尺寸 a_{equ}

$$a_{\text{equ}} = \left(\sigma_{1\text{-equ}}^{(1-n')/n'} \times \frac{E \times \pi^{1/2 \times n'}}{K'^{1/n'}}\right)^{-\frac{2 \times m \times n'}{2n'-m_1}}$$

$$= \left(85^{(1-0.179)/0.179} \times \frac{200000 \times \pi^{1/2 \times 0.179}}{1153^{1/0.179}}\right)^{-\frac{2 \times 8.13 \times 0.179}{2 \times 0.179 - 8.13}}$$

$$= \left(850^{4.5866} \times \frac{200000 \times \pi^{2.793}}{1153^{5.5866}}\right)^{0.3745} = 0.259(\text{mm})$$

2. 试用第一种裂纹强度理论建立的裂纹速率方程，计算其裂纹速率

1) 当量综合材料常数 $A_{1\text{-equ}}$ 的计算

按式 (2-9) 计算，假定 $\alpha = 1$。它应是如下形式：

$$A_{1\text{-equ}} = 2\left\{2\left(\frac{K' \times a_{\text{fc}}^{(m-2 \times n)/2 \times m}}{E^{n'} \times \pi^{1/2}}\right)^{\frac{1}{1-n}} \left(1 - \frac{\sigma_m}{\sigma_f'}\right)\right\}^{-m}$$

$$= 2\left\{2\left(\frac{1153 \times 21.56^{(8.13-2 \times 0.179)/2 \times 8.13}}{200000^{0.179} \times \pi^{1/2}}\right)^{\frac{1}{1-0.179}} \left(1 - \frac{185}{1115}\right)\right\}^{-8.13}$$

$$= 2\left\{2\left(\frac{1153 \times 21.56^{0.478}}{200000^{0.179} \times \pi^{0.5}}\right)^{1.22} \times 0.83\right\}^{-8.13} = 4.973 \times 10^{-27} [\text{MPa} \cdot \text{mm}]$$

2) 对应裂纹门槛尺寸 0.219mm 的裂纹速率的计算

按式 (2-5) 计算，其为

第 2 章　连续材料和结构中损伤与裂纹的速率计算

$$\mathrm{d}a/\mathrm{d}N = A_\sigma \times \left\{ 2\left(\frac{K \times a_{\text{th}}^{(m-2\times n)/2\times m}}{E^n \times \pi^{1/2}}\right)^{\frac{1}{1-n}} \right\}^m$$

$$= A'_\sigma \times \left\{ 2\left(\frac{K \times a_{\text{th}}^{(8.13-2\times 0.179)/2\times 8.13}}{200000^{0.179} \times \pi^{1/2}}\right)^{\frac{1}{1-0.179}} \right\}^{8.13}$$

$$= 4.973 \times 10^{-27} \times \left\{ 2\left(\frac{1153 \times 0.219^{0.478}}{200000^{0.179} \times \pi^{0.5}}\right)^{1.22} \right\}^{8.13}$$

$$= 3.228 \times 10^{-9} (\text{mm/cycle})$$

3）对应裂纹尺寸 0.259mm 裂纹速率的计算

其速率应为

$$\mathrm{d}a/\mathrm{d}N = A'_\sigma (2\sigma'_1{}^{\frac{1}{1-n}})^m = A'_\sigma \left\{ 2\left(\frac{K \times a_{1-\text{equ}}^{(m-2\times n)/2\times m}}{E^n \times \pi^{1/2}}\right)^{\frac{1}{1-n}} \right\}^m$$

$$= A'_\sigma \left\{ 2\left(\frac{K \times a_{1-\text{equ}}^{(8.13-2\times 0.179)/2\times 8.13}}{200000^{0.179} \times \pi^{1/2}}\right)^{\frac{1}{1-0.179}} \right\}^{8.13}$$

$$= 4.973 \times 10^{-27} \left\{ 2\left(\frac{1153 \times 0.259^{0.478}}{200000^{0.179} \times \pi^{0.5}}\right)^{1.22} \right\}^{8.13}$$

$$= 7.15 \times 10^{-9} (\text{mm/cycle})$$

4）对应临界裂纹尺寸 21.56mm 裂纹速率的计算

$$\mathrm{d}a/\mathrm{d}N = A'_\sigma (2\sigma'_1{}^{\frac{1}{1-n}})^m = A'_\sigma \left\{ 2\left(\frac{K \times a_{1-\text{equ}}^{(m-2\times n)/2\times m}}{E^n \times \pi^{1/2}}\right)^{\frac{1}{1-n}} \right\}^m$$

$$= A'_\sigma \left\{ 2\left(\frac{K \times a_{1-\text{equ}}^{(8.13-2\times 0.179)/2\times 8.13}}{200000^{0.179} \times \pi^{1/2}}\right)^{\frac{1}{1-0.179}} \right\}^{8.13}$$

$$= 4.973 \times 10^{-27} \left\{ 2\left(\frac{1153 \times 21.56^{0.478}}{200000^{0.179} \times \pi^{0.5}}\right)^{1.22} \right\}^{8.13}$$

$$= 9.1 (\text{mm/cycle})$$

参 考 文 献

[1] YU Y G. Calculations of strengths & lifetime predictions on fatigue-damage of materials & structures [M]. Moscow：TECHNOSPHERA，2023：128-144.

[2] 虞岩贵. 材料与结构损伤的计算理论和方法 [M]. 北京：国防工业出版社，2022：77-152.

[3] Яньгуй Юй. Расчеты на усталость и разрушение материалов и конструкций без трещин в машиностроении [M]. Moscow：ТЕХНОСФЕРА，2021：11-45.

[4] YU Y G. Calculations of strengths & lifetime prediction on fatigue-damage of materials & structures [M]. Moscow: TECHNOSPHERA, 2023: 149-166.

[5] YU Y G. Calculations on damages of metallic materials and structures [M]. Moscow: KnoRus, 2019: 1-25, 276-376.

[6] Яньгуй Юй. Расчеты на прочность и прогноз на Срок службы о повреждении механических деталей и материалов [M]. Moscow: ТЕХНОСФЕРА, 2021: 11-45.

[7] YU Y G. Calculations on fracture mechanics of materials and structures [M]. Moscow: KnoRus, 2019: 10-25, 285-393.

[8] YU Y G. Calculations on damageing strength in whole process to elastic-plastic materials——the genetic elements and clone technology in mechanics and engineering fields [J]. American Journal of Science and Technology, 2016, 3 (6): 162-173.

[9] YU Y G. Calculations and assessment for damageing strength to linear elastic materials in whole process——the genetic elements and clone technology in mechanics and engineering fields [J]. American Journal of Science and Technology, 2016, 3 (6): 152-161.

[10] YU Y G. Calculations for dama gegrowth life in whole process realized with two kinks of methods for elastic-plastic materials contained crack [J]. AASCIT Journal of Materials Sciences and Applications, 2015, 1 (3): 100-113.

[11] YU Y G. The calculations of damage propagation life in whole process realized with conventional material constants [J]. AASCIT Engineering and Technology, 2015, 2 (3): 146-158.

[12] YU Y G. Damage growth life calculations realized in whole process with two kinks of methods [J]. AASCIT American Journal of Science and Technology, 2015, 2 (4): 146-164.

[13] YU Y G. The life predicting calculations in whole process realized by calculable materials constants from short damage to long damage growth process [J]. International Journal of Materials Science and Applications, 2015, 4 (2): 83-95.

[14] YU Y G. The life predicting calculations based on conventional material constants from short damageto long damage growth process [J]. International Journal of Materials Science and Applications, 2015, 4 (3): 173-188.

[15] YU Y G. Multi-Targets calculations realized for components produced cracks with conventional material constants under complex stress states [J]. AASCIT Engineering and Technology, 2016, 3 (1): 30-46.

[16] YU Y G. Life predictions based on calculable materials constants from micro to macro fatigue damage processes [J]. AASCIT American Journal of Materials Research, 2014, 1 (4): 59-73.

[17] YU Y G. The predicting calculations for lifetime in whole process realized with two kinks of methods for elastic-plastic materials contained crack [J]. AASCIT Journal of Materials Sciences and Applications, 2015, 1 (2): 15-32.

[18] YU Y G. Calculations for crack growth life in whole process realized with the single stress-strain-parameter method for elastic-plastic materials contained crack [J]. AASCIT Journal of Materials Sciences and Applications, 2015, 1 (3): 98-106.

[19] MORROW J D. Fatigue design handbook, section 3.2, sae advances in engineering [J]. Society for Automotive Engineers, 1968, 4: 21-29.

[20] 吴学仁. 飞机结构金属材料力学性能手册: 第1卷 静强度·疲劳/耐久性 [M]. 北京: 航空工业出版社, 1996: 392-395.

[21] 赵少汴, 王忠保. 抗疲劳设计——方法与数据 [M]. 北京: 机械工业出版社, 1997: 90-109, 469-489.

[22] 机械设计手册编委会. 机械设计手册: 第5卷 [M]. 北京: 机械工业出版社, 2004: 124-135.

[23] PARIS P C, ERDOGAN F. A critical analysis of damage propagation laws [J]. Journal of Basic Engineering, 1963, 85: 528-534.

[24] PARIS P C, GOMEZ M P, ANDERSON W P. A rational analytic of fatigue [J]. The Trend in Engineering, 1961, 13: 9-14.

[25] Ярема С Я. О корреляции параметров уравнения Париса и характеристиках циклической трещиностоикости материалов [J]. ПРОБЛЕМЫ ПРОЧНОСТИ. (Львов), 1981, 9: 20-28.

[26] WELLS A A. Unstable crack propagation in metals: cleavage and fast fracture symp crack propagation [D]. Cranfield Campus: College of Aeronautics, 1961.

[27] ДОРОНИН С В, ЛЕПИХИН А М, МОСКВИЧЕВ В В. Моделирование Прочностии Разруошения Несущих Конструкций Технических Систем [M]. НОВОСИБИРСК: АУКА, 2005: 160-165.

[28] В. И. Драган, П. В. Яснй, Механизмы развития усталостных трещин при кручении [J]. ПРОБЛЕМЫ ПРОЧНОСТИ. (Киев) 1983, 1: 38-42.

[29] 皮萨连科, 等. 材料力学手册 [M]. 范钦珊, 朱祖成, 译. 北京: 中国建筑工业出版社, 1981: 211-213.

[30] 刘鸿文. 材料力学 (上册) [M]. 北京: 人民教育出版社, 1979: 232-238.

第3章 连续材料损伤体与裂纹体寿命预测计算

材料性能有呈脆性的，也有呈韧性的；有弹性的，也有塑性的。构件材料处于载荷加载下，有单调加载形式，也有反复疲劳加载形式；有单向疲劳加载形式，也有二向、三向疲劳加载等形式。因此，表达其演化行为的数学模型和描述方法也应有各种各样的形式。

在寿命预测计算问题上，照样可以分全过程寿命预测连续计算与全过程寿命预测分阶段计算。后者还可以再分低周疲劳、高周疲劳、超高周疲劳寿命预测计算，以及全过程寿命分段连接预测计算。对于分阶段计算所建立的数学模型和计算方法，文献［1-18］已有详细论述。材料行为综合图1-6与图3-1中的曲线，既有全过程的描绘曲线，又有分阶段的曲线。本章着重就全过程寿

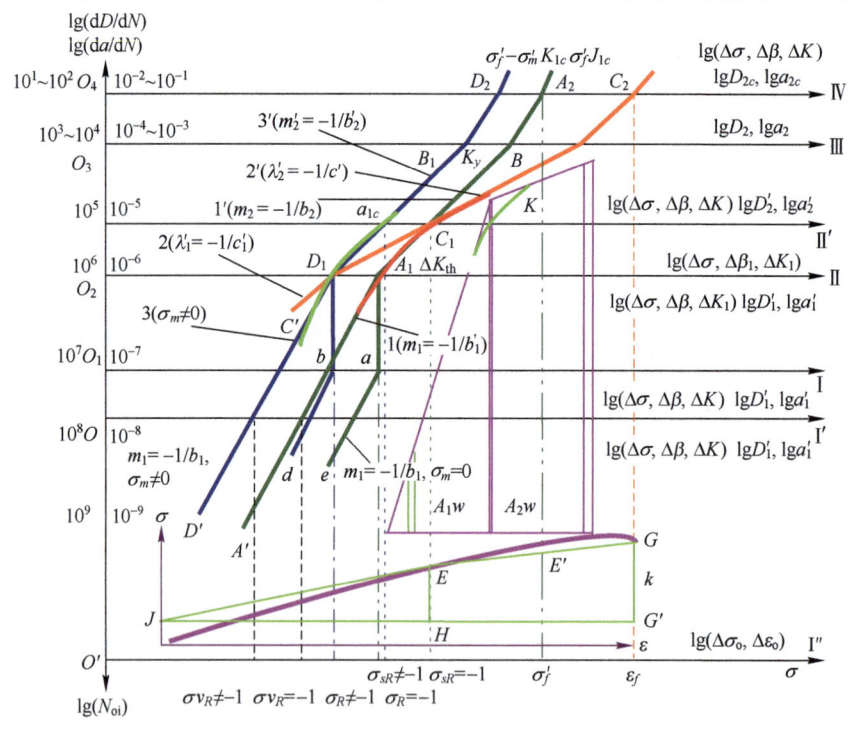

图3-1 损伤或裂纹演化的寿命曲线

第 3 章 连续材料损伤体与裂纹体寿命预测计算

命连续预测计算提出一些新的计算模型和计算方法。

本章分两大主题：单轴疲劳载荷下损伤体与裂纹体全过程寿命预测计算，多轴疲劳载荷下损伤体与裂纹体全过程寿命预测计算。

3.1 单轴疲劳载荷下损伤体与裂纹体全过程寿命预测计算

许多材料的强度和韧性都比较好，其在疲劳加载下行为演化过程往往能连续很长时间。本书分别提出几种模型和几种方法，试图用上文中的材料常数以及损伤变量或裂纹变量，从而建立几种模型，并提出几种方法来试图为某些金属结构材料进行设计计算和失效分析计算做初步探索和尝试。

用同一寿命计算式既适用于计算某一材料试件在低周疲劳载荷下的寿命计算，又适用于计算同一材料在高周甚至超高周疲劳载荷下的寿命计算，在一般情况下是难以完成的工作。

但是，作者对 4 种材料的实验数据做了初步研究发现，对某些材料而言，还是有某些可能的，现提出了一些作为尝试的计算模型与方法。

在单轴疲劳载荷下，用一个计算公式连续计算损伤体与裂纹体全过程寿命预测计算，此书可提出 4 种方法：σ-型、β-型、λ-型、K-型。本节提供了σ-型、β-型两种方法；后两种方法将放在 3.2 节多轴疲劳载荷下论述。

3.1.1 方法 1：σ-型

1. 对损伤计算

高低周载荷下计算全过程损伤体寿命预测的数学表达式，建议采用如下计算式进行计算。

用多个性能常数和损伤变量相组合来对损伤体进行寿命预测计算，对损伤体寿命预测而言，其为

$$N = \int_0^1 \frac{\mathrm{d}D}{A'_\sigma \left(2\left(\frac{K \times D_i^{(m-2\times n)/2\times m}}{E^n \times \pi^{1/2}}\right)^{\frac{1}{1-n}}\right)^m} (\text{cycle}) \tag{3-1}$$

式中：D_i 为应力幅（$\sigma_a = \Delta\sigma/2$）对应的损伤值；$A'_\sigma$ 为综合材料常数，其物理含义也是一个功率的概念，同速率方程中概念相同，是一个循环中抵抗外力在断裂之前所释放出能量的最大增量值；A'_σ 的几何含义是图 1-6 和图 3-1 中最大的微梯形面积。

形象描述材料行为变化过程，见图 3-1 中曲线低周的 C_2C_1C'（红色线），

高（超高）周的 A_2BA_1A'（绿色线）（$\sigma_m=0$），高（超高）周的 $D_2B_1D_1D'$（蓝色线）（$\sigma_m\neq0$）。

式（3-1）积分下限为"0"，上限为"1"，此式计算结果的寿命值，其倒数值正是相同参数计算下的速率值。另一种寿命预测计算表达式其积分上下限有确定值，其表达形式如下：

$$N=\int_{D_{\text{th}}}^{D_{\text{fc}}}\frac{\mathrm{d}D}{A'_\sigma\left(2\left(\frac{K\times D_i^{(m-2\times n)/2\times m}}{E^n\times\pi^{1/2}}\right)^{\frac{1}{1-n}}\right)^m}(\text{cycle}) \qquad (3\text{-}2)$$

式（3-2）积分下限 D_{th} 是门槛损伤值，定义它是超高周疲劳损伤扩展门槛值；积分上限 D_{fc} 是对应于断裂应力（疲劳强度系数）的临界损伤值。它们的表达式（数学模型），与以上正文中相同。

式（3-2）与式（3-1）计算结果的数值是不同的，差异极大。式（3-2）计算的寿命取决于上下限的设置和寿命安全系数的取值大小，要用实验确定。

对于 $R=-1$，$\sigma_m=0$ 的循环加载下，损伤体的寿命预测完整的表达式应为

$$N=\int_0^1\frac{\mathrm{d}D}{2\left\{2\left(\frac{K\times D_{\text{fc}}^{(m-2\times n)/2\times m}}{E^n\times\pi^{1/2}}\right)^{\frac{1}{1-n}}\alpha\right\}^{-m}\cdot\left(2\left(\frac{K\times D_i^{(m-2\times n)/2\times m}}{E^n\times\pi^{1/2}}\right)^{\frac{1}{1-n}}\right)^m}(\text{cycle})$$

$$(3\text{-}3)$$

另一种寿命预测计算表达式：

$$N=\int_{D_{\text{th}}}^{D_{\text{fc}}}\frac{\mathrm{d}D}{2\left\{2\left(\frac{K\times D_{\text{fc}}^{(m-2\times n)/2\times m}}{E^n\times\pi^{1/2}}\right)^{\frac{1}{1-n}}\alpha\right\}^{-m}\cdot\left(2\left(\frac{K\times D_i^{(m-2\times n)/2\times m}}{E^n\times\pi^{1/2}}\right)^{\frac{1}{1-n}}\right)^m}(\text{cycle})$$

$$(3\text{-}4)$$

式（3-4）与式（3-3）计算结果的数值也是不同的，式（3-4）计算的寿命取决于上下限的设置，同样也取决于寿命安全系数的取值大小。

对于 $R\neq-1$，$\sigma_m\neq0$，有

$$N=\int_0^1\frac{\mathrm{d}D}{2\left\{2\left(\frac{K\times D_{\text{fc}}^{(m-2\times n)/2\times m}}{E^n\times\pi^{1/2}}\right)^{\frac{1}{1-n}}\alpha(1-R)\right\}^{-m}\cdot\left(2\left(\frac{K\times D_i^{(m-2\times n)/2\times m}}{E^n\times\pi^{1/2}}\right)^{\frac{1}{1-n}}\right)^m}(\text{cycle})$$

$$(3\text{-}5)$$

第3章 连续材料损伤体与裂纹体寿命预测计算

$$N = \int_{D_{\text{th}}}^{D_{\text{fc}}} \frac{\mathrm{d}D}{2\left\{2\left(\dfrac{K \times D_{\text{fc}}^{(m-2\times n)/2\times m}}{E^n \times \pi^{1/2}}\right)^{\frac{1}{1-n}} \alpha(1-R)\right\}^{-m} \cdot \left(2\left(\dfrac{K \times D_i^{(m-2\times n)/2\times m}}{E^n \times \pi^{1/2}}\right)^{\frac{1}{1-n}}\right)^m} (\text{cycle}) \quad (3\text{-}6)$$

同理,式(3-6)与式(3-5)计算结果的数值是不同的。

但是,必须指出,国内外传统疲劳设计计算中所提出的无限寿命设计和计算是不符合实际的,也不符合科学逻辑。材料和结构有一定的寿命,式(3-5)和式(3-6)就能计算出不同材料和结构在某一载荷加载下,其有着某一确定值的寿命数据。

2. 对裂纹计算

高低周载荷下计算全过程裂纹体寿命预测的数学表达式,建议采用如下 A 和 B 两种形式计算式。

A. 用多个性能常数和裂纹变量相组合来对裂纹体进行寿命预测计算,其为

$$N = \int_{0}^{1} \frac{\mathrm{d}a}{A_\sigma \left(2\left(\dfrac{K \times a_i^{(m-2\times n)/2\times m}}{E^n \times \pi^{1/2}}\right)^{\frac{1}{1-n}}\right)^m} (\text{cycle}) \quad (3\text{-}7)$$

式中:a_i 为应力幅($\sigma_a = \Delta\sigma/2$)对应的裂纹尺寸值;$A_\sigma$ 为综合材料常数,其物理含义也是一个功率的概念,同速率方程中概念相同,是一个循环中抵抗外力在断裂之前所释放出能量的最大增量值;A_σ 的几何含义是图 1-6 和图 3-1 中最大的微梯形面积。

形象描述材料行为变化过程,见图 3-1 中低周的 C_2C_1C'(红色线),高(超高)周的 A_2BA_1A'(绿色线)($\sigma_m = 0$),高(超高)周的 $D_2B_1D_1D'$(蓝色线)($\sigma_m \neq 0$)。

式(3-1)积分下限为"0",上限为"1",此式计算结果的寿命值,其倒数值正是相同参数计算下的速率值。而另一种寿命预测计算表达式如下:

$$N = \int_{a_{\text{th}}}^{a_{\text{fc}}} \frac{\mathrm{d}a}{A_\sigma \left(2\left(\dfrac{K \times a_i^{(m-2\times n)/2\times m}}{E^n \times \pi^{1/2}}\right)^{\frac{1}{1-n}}\right)^m} (\text{cycle}) \quad (3\text{-}8)$$

式(3-8)积分下限 a_{th} 是小裂纹门槛尺寸,定义它是超高周疲劳裂纹扩展门槛值;积分上限 a_{fc} 是对应于断裂应力(疲劳强度系数)的临界裂纹尺寸。它们的表达式(数学模型)与以上正文中相同。

式(3-8)与式(3-7)计算结果的数值是不同的,式(3-8)计算的寿

命取决于上下限的设置，同样要用实验确定。

对于 $R=-1$，$\sigma_m=0$ 的循环加载下，裂纹体的寿命预测完整的表达式应为

$$N = \int_0^1 \frac{\mathrm{d}a}{2\left\{2\left(\dfrac{K \times a_{\mathrm{fc}}^{(m-2\times n)/2\times m}}{E^n \times \pi^{1/2}}\right)^{\frac{1}{1-n}} \alpha\right\}^{-m} \cdot \left(2\left(\dfrac{K \times a_i^{(m-2\times n)/2\times m}}{E^n \times \pi^{1/2}}\right)^{\frac{1}{1-n}}\right)^m} (\mathrm{cycle})$$

(3-9)

此处要说明，上式寿命计算结果数值的倒数，正好是同样参数在相同条件下微分计算结果的数值。

就积分上下限范围而言，还有另一种寿命预测计算表达式，即

$$N = \int_{a_{\mathrm{th}}}^{a_{\mathrm{fc}}} \frac{\mathrm{d}a}{2\left\{2\left(\dfrac{K \times a_{\mathrm{fc}}^{(m-2\times n)/2\times m}}{E^n \times \pi^{1/2}}\right)^{\frac{1}{1-n}} \alpha\right\}^{-m} \cdot \left(2\left(\dfrac{K \times a_i^{(m-2\times n)/2\times m}}{E^n \times \pi^{1/2}}\right)^{\frac{1}{1-n}}\right)^m} (\mathrm{cycle})$$

(3-10)

必须注意，式（3-10）计算结果的寿命数值同式（3-9）计算结果数据，差异相当大。这需要由构件的安全系数的取值来决定积分计算式上下限的取值。由设计者按实际情况与实验相结合来确定其安全系数的取值。

对于 $R \neq -1$，$\sigma_m \neq 0$，有

$$N = \int_0^1 \frac{\mathrm{d}a}{2\left\{2\left(\dfrac{K \times a_{\mathrm{fc}}^{(m-2\times n)/2\times m}}{E^n \times \pi^{1/2}}\right)^{\frac{1}{1-n}} \alpha(1-R)\right\}^{-m} \cdot \left(2\left(\dfrac{K \times a_i^{(m-2\times n)/2\times m}}{E^n \times \pi^{1/2}}\right)^{\frac{1}{1-n}}\right)^m} (\mathrm{cycle})$$

(3-11)

对此加载条件下，另一种寿命预测计算表达式为

$$N = \int_{a_{\mathrm{th}}}^{a_{\mathrm{fc}}} \frac{\mathrm{d}a}{2\left\{2\left(\dfrac{K \times a_{\mathrm{fc}}^{(m-2\times n)/2\times m}}{E^n \times \pi^{1/2}}\right)^{\frac{1}{1-n}} \alpha(1-R)\right\}^{-m} \cdot \left(2\left(\dfrac{K \times a_i^{(m-2\times n)/2\times m}}{E^n \times \pi^{1/2}}\right)^{\frac{1}{1-n}}\right)^m} (\mathrm{cycle})$$

(3-12)

式（3-12）与式（3-11）计算结果的数值是不同的，式（3-12）计算的寿命也取决于上下限的设置，要用实验确定。

B. 只按损伤变量或裂纹变量与较少的材料常数组合来计算损伤或裂纹扩展寿命预测计算式，对损伤演化寿命预测而言，其为

$$N = \int_0^1 \frac{\mathrm{d}D}{\varpi_\sigma' \times [2(\varpi')]^m} (\mathrm{cycle}) \qquad (3\text{-}13)$$

形象描述材料行为变化过程，见图3-1中低周的$C'C_1C_2$（红色线），高（超高）周的$A'A_1BA_2$（绿色线）（$\sigma_m=0$），高（超高）周的$D'D_1B_1D_2$（蓝色线）（$\sigma_m\neq0$）。

式中：ϖ'为一个损伤应力因子值，它是用损伤变量与材料性能有关的较少常数组成的因子量，其物理意义也是裂纹扩展的推动力，它具有用损伤变量呈现其推动损伤变化过程的含义。计算表达式为

$$\varpi' = \left[D_i^{(m-2\times n)/2\times m} \right]^{\frac{1}{1-n}} \tag{3-14}$$

材料综合常数ϖ'_σ也是可计算的，对于$R=-1$，$\sigma_m=0$循环加载下，其为

$$\varpi'_\sigma = 2\left\{ 2\alpha\left[D_{fc}^{(m-2\times n)/2\times m} \right]^{\frac{1}{1-n}} \right\}^{-m} (\text{damage-unit}) \tag{3-15}$$

对于$R\neq-1$，$\sigma_m\neq0$，有

$$\varpi'_\sigma = 2\left\{ 2\alpha(1-R)\left[D_{fc}^{(m-2\times n)/2\times m} \right]^{\frac{1}{1-n}} \right\}^{-m} (\text{damage-unit}) \tag{3-16}$$

对裂纹扩展寿命预测而言，应为

$$N = \int_0^1 \frac{\mathrm{d}a}{\varpi_\sigma(2\varpi)^m} (\text{cycle}) \tag{3-17}$$

式中：ϖ为一个裂纹应力强度因子值，它是用裂纹变量与材料性能有关的较少常数组成的因子量，其物理意义也是裂纹扩展的驱动力，具有用裂纹变量呈现其推动变化过程的含义，是借助变量裂纹尺寸和常量来表达，即

$$\varpi = \left[a_i^{(m-2\times n)/2\times m} \right]^{\frac{1}{1-n}} (\text{mm}) \tag{3-18}$$

材料综合常数ϖ_σ对于$R=-1$，$\sigma_m=0$循环加载下，有

$$\varpi_\sigma = 2\left\{ 2\alpha\left[a_{fc}^{(m-2\times n)/2\times m} \right]^{\frac{1}{1-n}} \right\}^{-m} (\text{mm}) \tag{3-19}$$

对于$R\neq-1$，$\sigma_m\neq0$，有

$$\varpi_\sigma = 2\left\{ 2\left[a_{fc}^{(m-2\times n)/2\times m} \right]^{\frac{1}{1-n}} \alpha(1-R) \right\}^{-m} (\text{mm}) \tag{3-20}$$

以上诸式中：D_{fc}和a_{fc}为对应于断裂应力σ'_f（疲劳强度系数）下的损伤值或裂纹尺寸；D_i与a_i为对应于应力幅$\sigma_{ia}=\Delta\sigma_i/2$下的损伤值或裂纹尺寸，$\Delta\sigma_i$为从超高周低应力到低周高应力逐级增加的应力范围值。

以上各式中的系数α是对不同材料与不同加载条件下的修正系数。对于高强度钢材，在对称循环载荷下，$\alpha\leqslant1$；在非对称循环载荷下，大约是$\alpha\leqslant 0.5$。但α必须由实验确定。

有趣的是，上述各寿命预测计算式结构及其组成的参数差异很大，但计算结果的数据非常接近。

3.1.2 方法2：β-型

采用方法β-型计算全过程损伤体寿命预测的数学表达式，也建议采用A、

B两种形式计算式。

A种方法是用多个性能常数和损伤变量（或裂纹尺寸变量）相组合来对损伤体（或裂纹体）进行寿命预测计算。对损伤体寿命预测而言，其为

$$N = \int_0^1 \frac{\mathrm{d}D}{\beta_\sigma' \times \left[(2\beta')^{\frac{1}{2(1-n)}}\right]^m} (\text{cycle}) \quad (3-21)$$

式中：β'为损伤应力因子；β_σ'为综合材料常数，其物理含义也是一个功率的概念，同速率方程中概念相同。但对于铝合金那些弹性模量小于1.0×10^5MPa的材料，综合材料常数要缩小50%。

而对于弹性模量大于2.0×10^5MPa材料，损伤体的寿命预测完整的表达式，在$R=-1$，$\sigma_m=0$的循环加载下，应为

$$N = \int_0^1 \frac{\mathrm{d}D}{2\left\{2\left(\frac{K'^2}{E^{2n}}\times\frac{D_{fc}}{\pi}\right)^{\frac{1}{2(1-n)}}\alpha\right\}^{-m} \cdot \left\{2\left(\frac{K'^2}{E^{2n}}\times\frac{D_i}{\pi}\right)^{\frac{1}{2(1-n)}}\right\}^m} (\text{cycle}) \quad (3-22)$$

式中：D_i为应力幅（$\sigma_a=\Delta\sigma/2$）对应的损伤值；D_{fc}为对应于断裂应力（疲劳强度系数）值的临界损伤值。

形象描述材料行为变化过程，见图3-1中低周的C_2C_1C'（红色线），高（超高）周的A_2BA_1A'（绿色线）（$\sigma_m=0$），高（超高）周的$D_2B_1D_1D'$（蓝色线）（$\sigma_m\neq0$）。

式（3-1）积分下限为"0"，上限为"1"，此式计算结果的寿命值，其倒数值正是相同参数计算下的速率值。而另一种寿命预测计算表达式如下：

$$N = \int_{D_{th}}^{D_{fc}} \frac{\mathrm{d}D}{\beta_\sigma'\left[2(\beta')^{\frac{1}{2(1-n)}}\right]^m} (\text{cycle}) \quad (3-23)$$

对于$R=-1$，$\sigma_m=0$循环加载下，其完整表达式为

$$N = \int_{D_{th}}^{D_{fc}} \frac{\mathrm{d}D}{2\left\{2\left(\frac{K'^2}{E^{2n}}\times\frac{D_{fc}}{\pi}\right)^{\frac{1}{2(1-n)}}\alpha\right\}^{-m} \cdot \left\{2\left(\frac{K'^2}{E^{2n}}\times\frac{D_i}{\pi}\right)^{\frac{1}{2(1-n)}}\right\}^m} (\text{cycle})$$

$$(3-24)$$

对于$R\neq-1$，$\sigma_m\neq0$的循环加载下，损伤体的寿命预测完整的表达式应为

$$N = \int_{D_{th}}^{D_{fc}} \frac{\mathrm{d}D}{2\left\{2\left(\frac{K'^2}{E^{2n}}\times\frac{D_{fc}}{\pi}\right)^{\frac{1}{2(1-n)}}\alpha(1-R)\right\}^{-m} \cdot \left\{2\left(\frac{K'^2}{E^{2n}}\times\frac{D_i}{\pi}\right)^{\frac{1}{2(1-n)}}\right\}^m} (\text{cycle})$$

$$(3-25)$$

或者用平均应力修正，可表达为

第 3 章 连续材料损伤体与裂纹体寿命预测计算

$$N = \int_{D_{th}}^{D_{fc}} \frac{\mathrm{d}D}{2\left\{2\left(\dfrac{K'^2}{E^{2n}} \times \dfrac{D_{fc}}{\pi}\right)^{\frac{1}{2(1-n)}} \alpha\left(1 - \dfrac{\sigma_m}{\sigma_{fc}}\right)\right\}^{-m} \cdot \left\{2\left(\dfrac{K'^2}{E^{2n}} \times \dfrac{D_i}{\pi}\right)^{\frac{1}{2(1-n)}}\right\}^m} (\mathrm{cycle}) \tag{3-26}$$

式（3-2）积分下限 D_{th}、积分上限 D_{fc} 以及它们的表达式（数学模型），与以上正文中解释相同。

同理，式（3-6）与式（3-5）计算结果的数值差异较大，处理方法同上所述。

对于全过程裂纹体寿命预测的数学表达式，建议采用如下计算式。

A. 用多个性能常数和裂纹变量相组合来对裂纹体进行寿命预测计算，即

$$N = \int_0^1 \frac{\mathrm{d}a}{\beta'_\sigma \left[(2\beta')^{\frac{1}{2(1-n)}}\right]^m} (\mathrm{cycle}) \tag{3-27}$$

式中：β 为裂纹因子；β_σ 为综合材料常数，其物理含义也是一个功率的概念，同速率方程中概念相同。但对于铝合金那些弹性模量小于 $1.0\times10^5 \mathrm{MPa}$ 的材料，综合材料常数要缩小 50%。

对于弹性模量大于 $2.0\times10^5 \mathrm{MPa}$ 的材料，裂纹体寿命预测完整的表达式在 $R=-1$，$\sigma_m=0$ 的循环加载下，应为

$$N = \int_0^1 \frac{\mathrm{d}a}{2\left\{2\left(\dfrac{K'^2}{E^{2n}} \times \dfrac{a_{fc}}{\pi}\right)^{\frac{1}{2(1-n)}} \alpha\right\}^{-m} \cdot \left\{2\left(\dfrac{K'^2}{E^{2n}} \times \dfrac{a_i}{\pi}\right)^{\frac{1}{2(1-n)}}\right\}^m} (\mathrm{cycle}) \tag{3-28}$$

式中：a_i 为应力幅（$\sigma_a = \Delta\sigma/2$）对应的裂纹尺寸；$a_{fc}$ 为对应于断裂应力（疲劳强度系数）值的临裂纹尺寸。

形象描述材料行为变化过程，见图 3-1 中低周的 C_2C_1C'（红色线）、高（超高）周的 A_2BA_1A'（绿色线）（$\sigma_m=0$），高（超高）周的 $D_2B_1D_1D'$（蓝色线）（$\sigma_m \neq 0$）。

式（3-1）积分下限为"0"，上限为"1"，此式计算结果的寿命值，其倒数值正是相同参数计算下的速率值。而另一种寿命预测计算表达式如下：

$$N = \int_{a_{th}}^{a_{fc}} \frac{\mathrm{d}a}{\beta_\sigma \left[(2\beta)^{\frac{1}{2(1-n)}}\right]^m} (\mathrm{cycle}) \tag{3-29}$$

对于 $R=-1$，$\sigma_m=0$ 循环加载下，其完整表达式为

$$N = \int_{a_{\text{th}}}^{a_{\text{fc}}} \frac{\mathrm{d}a}{2\left\{2\left(\dfrac{K'^2}{E^{2n}} \times \dfrac{a_{\text{fc}}}{\pi}\right)^{\frac{1}{2(1-n)}} \alpha\right\}^{-m} \cdot \left\{2\left(\dfrac{K'^2}{E^{2n}} \times \dfrac{a_i}{\pi}\right)^{\frac{1}{2(1-n)}}\right\}^m} (\text{cycle})$$

(3-30)

对于 $R \neq -1$，$\sigma_m \neq 0$ 的循环加载下，裂纹体的寿命预测完整的表达式应为

$$N = \int_{a_{\text{th}}}^{a_{\text{fc}}} \frac{\mathrm{d}a}{2\left\{2\left(\dfrac{K'^2}{E^{2n}} \times \dfrac{a_{\text{fc}}}{\pi}\right)^{\frac{1}{2(1-n)}} \alpha(1-R)\right\}^{-m} \cdot \left\{2\left(\dfrac{K'^2}{E^{2n}} \times \dfrac{a_i}{\pi}\right)^{\frac{1}{2(1-n)}}\right\}^m} (\text{cycle})$$

(3-31)

或者用平均应力修正，可表达为

$$N = \int_{a_{\text{th}}}^{a_{\text{fc}}} \frac{\mathrm{d}a}{2\left\{2\left(\dfrac{K'^2}{E^{2n}} \times \dfrac{a_{\text{fc}}}{\pi}\right)^{\frac{1}{2(1-n)}} \alpha\left(1 - \dfrac{\sigma_m}{\sigma_{\text{fc}}}\right)\right\}^{-m} \cdot \left\{2\left(\dfrac{K'^2}{E^{2n}} \times \dfrac{a_i}{\pi}\right)^{\frac{1}{2(1-n)}}\right\}^m} (\text{cycle})$$

(3-32)

式（3-29）积分下限 a_{th}、积分上限 a_{fc} 以及它们的表达式（数学模型），与以上正文中的解释相同。

同理，式（3-27）与式（3-29）计算结果的数值差异较大，处理方法同上所述。

B. 只用较少个性能常数和损伤变量（或裂纹尺寸变量）相组合来对损伤体（或裂纹体）进行寿命预测计算。对损伤体寿命预测而言，其为

$$N = \int_0^1 \frac{\mathrm{d}D}{\varpi'_\sigma \times (2\varpi')^m} (\text{cycle}) \tag{3-33}$$

式中：ϖ' 为损伤因子；ϖ'_σ 为综合材料常数，其物理含义也是一个功率的概念，同速率方程中概念相同。损伤体的寿命预测完整的表达式，对于 $R=-1$，$\sigma_m=0$ 的循环加载下，应为

$$N = \int_0^1 \frac{\mathrm{d}D}{2\left\{2\left(\alpha \dfrac{D_{\text{fc}}}{\pi}\right)^{1/2(1-n)}\right\}^{-m} \cdot \left\{2\left(\dfrac{D_i}{\pi}\right)^{1/2(1-n)}\right\}^m} (\text{cycle}) \tag{3-34}$$

式中：D_i 为应力幅（$\sigma_a = \Delta\sigma/2$）对应的损伤值；$D_{\text{fc}}$ 为对应于断裂应力（疲劳强度系数）值的临界损伤值。

形象描述材料行为变化过程，见图 3-1 中低周的 $C_2 C_1 C'$（红色线），高（超高）周的 $A_2 B A_1 A'$（绿色线）（$\sigma_m = 0$），高（超高）周的 $D_2 B_1 D_1 D'$（蓝色线）（$\sigma_m \neq 0$）。

第3章 连续材料损伤体与裂纹体寿命预测计算

式（3-1）积分下限为"0"；上限为"1"，此式计算结果的寿命值，其倒数值正是相同参数计算下的速率值。而另一种寿命预测计算表达式如下：

$$N = \int_{D_{\text{th}}}^{D_{\text{fc}}} \frac{\mathrm{d}D}{\varpi_{\sigma}' [2(\varpi')]^{m}} (\text{cycle}) \tag{3-35}$$

对于 $R=-1$，$\sigma_m=0$ 循环加载下，其完整表达式为

$$N = \int_{D_{\text{th}}}^{D_{\text{fc}}} \frac{\mathrm{d}D}{2 \left\{ 2 \left(\alpha \dfrac{D_{\text{fc}}}{\pi} \right)^{1/2(1-n)} \right\}^{-m} \cdot \left\{ 2 \left(\dfrac{D_i}{\pi} \right)^{1/2(1-n)} \right\}^{m}} (\text{cycle}) \tag{3-36}$$

对于 $R \neq -1$，$\sigma_m \neq 0$ 的循环加载下，损伤体的寿命预测完整的表达式应为

$$N = \int_{D_{\text{th}}}^{D_{\text{fc}}} \frac{\mathrm{d}D}{2 \left\{ 2 \left(\dfrac{D_{\text{fc}}}{\pi} \right)^{1/2(1-n)} \alpha(1-R) \right\}^{-m} \cdot \left\{ 2 \left(\dfrac{D_i}{\pi} \right)^{1/2(1-n)} \right\}^{m}} (\text{cycle}) \tag{3-37}$$

或者用平均应力 σ_m 修正，可表达为

$$N = \int_{D_{\text{th}}}^{D_{\text{fc}}} \frac{\mathrm{d}D}{2 \left\{ 2 \left(\dfrac{D_{\text{fc}}}{\pi} \right)^{1/2(1-n)} \alpha \left(1 - \dfrac{\sigma_m}{\sigma_f'} \right) \right\}^{-m} \cdot \left\{ 2 \left(\dfrac{D_i}{\pi} \right)^{1/2(1-n)} \right\}^{m}} (\text{cycle}) \tag{3-38}$$

式（3-35）积分下限 D_{th}、积分上限 D_{fc} 以及它们的表达式（数学模型），与以上正文中解释相同。

同理，式（3-33）与式（3-35）计算结果的数值差异较大，处理方法同上所述。

对裂纹扩展寿命预测而言，这种方法也只用较少个性能常数和裂纹变量相组合来对裂纹体进行寿命预测计算，其为

$$N = \int_0^1 \frac{\mathrm{d}a}{\varpi_{\sigma}' (2\varpi)^m} (\text{cycle}) \tag{3-39}$$

式中：ϖ 为裂纹因子；ϖ_σ 为裂纹体综合材料常数，其物理含义也是一个功率的概念，同速率方程中概念相同。裂纹体的寿命预测完整的表达式，对于 $R=-1$，$\sigma_m=0$ 循环加载下，应为

$$N = \int_0^1 \frac{\mathrm{d}a}{2 \left\{ 2 \left(\alpha \dfrac{a_{\text{fc}}}{\pi} \right)^{1/2(1-n)} \right\}^{-m} \cdot \left\{ 2 \left(\dfrac{a_i}{\pi} \right)^{1/2(1-n)} \right\}^{m}} (\text{cycle}) \tag{3-40}$$

式中：a_i 为应力幅（$\sigma_a = \Delta\sigma/2$）对应的裂纹尺寸；$a_{\text{fc}}$ 为对应于断裂应力（疲劳强度系数）值的临界裂纹尺寸。

形象描述材料行为变化过程，见图 3-1 中低周的 C_2C_1C'（红色线）、高（超高）周的 A_2BA_1A'（绿色线）（$\sigma_m=0$）、高（超高）周的 $D_2B_1D_1D'$（蓝色

线）（$\sigma_m \neq 0$）。

式（3-1）积分下限为"0"；上限为"1"，此式计算结果的寿命值，其倒数值也正是相同参数计算下的速率值。而另一种寿命预测计算表达式如下：

$$N = \int_{a_{th}}^{a_{fc}} \frac{\mathrm{d}a}{\varpi_\sigma (2\varpi)^m} (\mathrm{cycle}) \tag{3-41}$$

对于 $R=-1$，$\sigma_m=0$ 循环加载下，其完整表达式为

$$N = \int_{a_{th}}^{a_{fc}} \frac{\mathrm{d}a}{2\left\{2\left(\alpha \frac{a_{fc}}{\pi}\right)^{1/2(1-n)}\right\}^{-m} \cdot \left\{2\left(\frac{a_i}{\pi}\right)^{1/2(1-n)}\right\}^m} (\mathrm{cycle}) \tag{3-42}$$

对于 $R \neq -1$，$\sigma_m \neq 0$ 的循环加载下，裂纹体的寿命预测完整的表达式应为

$$N = \int_{a_{th}}^{a_{fc}} \frac{\mathrm{d}a}{2\left\{2\left(\frac{a_{fc}}{\pi}\right)^{1/2(1-n)} \alpha(1-R)\right\}^{-m} \cdot \left\{2\left(\frac{a_i}{\pi}\right)^{1/2(1-n)}\right\}^m} (\mathrm{cycle})$$

$$\tag{3-43}$$

或借文献[19]用平均应力 σ_m 修正，可表达为

$$N = \int_{a_{th}}^{a_{fc}} \frac{\mathrm{d}a}{2\left\{2\left(\frac{a_{fc}}{\pi}\right)^{1/2(1-n)} \alpha\left(1-\frac{\sigma_m}{\sigma_f'}\right)\right\}^{-m} \cdot \left\{2\left(\frac{a_i}{\pi}\right)^{1/2(1-n)}\right\}^m} (\mathrm{cycle})$$

$$\tag{3-44}$$

式（3-41）积分下限 a_{th}、积分上限 a_{fc} 以及它们的表达式（数学模型），与以上正文中解释相同。

同理，式（3-39）与式（3-41）计算结果的数值差异较大，处理方法同上所述。

计算实例

由合金钢40CrMnSiMoVA（GC-4）[20-22]制成试件，假如其在应力递增并在对称循环（$R=-1$，$\sigma_m=0$）的加载下，试用正文方法1中的计算式（3-1）、式（3-3）与式（3-21）、式（3-22）对此材料做寿命的比较计算；用方法2中式（3-17）、式（3-40）对这试件材料做损伤体和裂纹体寿命预测比较计算。其性能数据在表3-1中。根据计算数据绘制损伤演化寿命和裂纹扩展寿命比较曲线。

表3-1 合金钢40CrMnSiMoVA（GC-4）在低周疲劳下的性能数据

材 料	E	K'	n'	σ_f'	b/m
40CrMnSiMoVA	201000	3411	0.14	3501	0.1054/9.488

第3章 连续材料损伤体与裂纹体寿命预测计算

计算方法和步骤如下:

损伤计算

方法1: σ-型, 用式 (3-1) 和式 (3-3) 计算

对损伤临界值 D_{fc} 以及各个应力下损伤值 D_i 的计算[1-7]。

(1) 临界损伤值按以下计算式计算, 其中断裂应力 $\sigma'_f = 3501 \text{MPa}$,

$$D_{fc} = \left(\sigma_f'^{(1-n')/n'} \times \frac{E \times \pi^{1/2 \times n'}}{K'^{1/n'}} \right)^{-\frac{2m_1 n'}{2n'-m_1}}$$

$$= \left(3501^{(1-0.14)/0.14} \times \frac{201000 \times \pi^{1/2 \times 0.14}}{K'^{1/0.14}} \right)^{-\frac{2 \times 9.488 \times 0.14}{2 \times 0.14 - 9.488}}$$

$$= \left(3501^{6.143} \times \frac{201000 \times \pi^{3.571}}{3411^{7.143}} \right)^{0.2885} = 11.04 (\text{damage-unit})$$

各个应力 $(\Delta\sigma/2 = \sigma_i)_i$ 从表 3-1 中取值, 再按计算式 (1-3) 计算各应力相对应的损伤值 D_i, 计算结果再列入表 3-1 中。

$$D_i = \left(\sigma_i^{(1-n')/n'} \times \frac{E \times \pi^{1/2 \times n'}}{K'^{1/n'}} \right)^{-\frac{2m \times n'}{2n'-m_1}} = \left(\sigma_i^{(1-0.14)/0.14} \times \frac{201000 \times \pi^{1/2 \times 0.14}}{K'^{1/0.14}} \right)^{-\frac{2 \times 9.488 \times 0.14}{2 \times 0.14 - 9.488}}$$

$$= \left(\sigma_i^{6.143} \times \frac{201000 \times \pi^{3.571}}{3411^{7.143}} \right)^{0.2885} (\text{damage-unit})$$

门槛损伤值 $D_{th}(\text{damage-unit})$, 由下式计算:

$$D_{th} = 0.564^{\frac{1}{0.5+b}} = 0.564^{\frac{1}{0.5-0.1054}} = 0.234(\text{damage-unit})$$

(2) 综合材料常数计算, 计算如下, 假设修正系数 $\alpha = 1$。

$$A'_\sigma = 2 \left\{ 2 \left(\frac{K' \times D_{fc}^{(m-2n)/2m}}{E^{n'} \times \pi^{1/2}} \right)^{\frac{1}{1-0.14}} \alpha \right\}^{-m}$$

$$= 2 \left\{ 2 \left(\frac{3411 \times 11.04^{(9.488-2 \times 0.14/2 \times 9.488)}}{201000^{0.14} \times \pi^{1/2}} \right)^{\frac{1}{1-0.14}} \times 1 \right\}^{-9.488}$$

$$= 2 \left\{ 2 \left(\frac{3411 \times 11.04^{0.485}}{201000^{0.14} \times \pi^{0.5}} \right)^{1.163} \times 1 \right\}^{-9.488} = 6.5296 \times 10^{-37} [(\text{MPa})^m \cdot \text{damage-unit}]$$

(3) 各损伤值 D_i 对应的因子值 σ'_i 按下式计算:

$$\sigma'_i = \left(\frac{K \times D_i^{(m-2n/2m)}}{E^n \times \pi^{1/2}} \right)^{\frac{1}{1-n}} = \left(\frac{3411 \times D_i^{0.485}}{201000^{0.14} \times \pi^{0.5}} \right)^{1.163} (\text{MPa} \cdot \text{damage-unit})$$

(4) 计算各应力幅和对应损伤值 D_i 下各对应的损伤体寿命 N_i。

从表 3-1 中取各应力下所对应的损伤值 D_i，按以下寿命计算式，分别计算出各应力 σ_i 和损伤量 D_i 相对应的寿命 N_i。

$$N = \int_0^1 \frac{\mathrm{d}D}{A'_\sigma \times \left(2\left(\frac{K \times D_i^{(m-2\times n)/2\times m}}{E^n \times \pi^{1/2}}\right)^{\frac{1}{1-n}}\right)^m}$$

$$= \int_0^1 \frac{\mathrm{d}D}{6.5296 \times 10^{-37} \times \left(2\left(\frac{3411 \times D_i^{(9.488-2\times 0.14)/2\times 9.488}}{201000^{0.14} \times \pi^{0.5}}\right)^{\frac{1}{1-0.14}}\right)^{9.488}}$$

$$= \int_0^1 \frac{\mathrm{d}D}{6.5296 \times 10^{-37} \times \left(2\left(\frac{3411 \times D_i^{0.485}}{201000^{0.14} \times \pi^{0.5}}\right)^{1.163}\right)^{9.488}} (\text{cycle})$$

将计算结果每一损伤量对应的寿命数据再填入表 3-1 中。

方法 2：β-型，用式（3-13）、式（3-22）计算寿命

（1）按以下计算式计算，其中断裂应力为 $\sigma'_f = 3501\mathrm{MPa}$，各个应力 $(\Delta\sigma/2)_i$ 从表 3-2 中取值，再按计算式计算各应力相对应的裂纹尺寸。计算结果，再列入表 3-2 中。临界断裂应力尺寸计算如下：

$$D_{fc} = \frac{\sigma_f^{2(1-n)} \times E^{2n} \times \pi}{K^2} c_1 = \frac{3501^{2(1-0.14)} \times 201000^{2\times 0.14} \pi}{3411^2} \times 1 = 10.3(\mathrm{mm})$$

计算各个应力下的对应损伤值：

$$D_i = \frac{\sigma_i^{2(1-n)} \times E^{2n} \times \pi}{K^2} c_1 = \frac{\sigma_i^{2(1-0.14)} \times 201000^{2\times 0.14} \pi}{3411^2} \times 1 (\text{damage-unit})$$

（2）综合材料常数计算，计算如下：

$$\beta'_\sigma = 2\left\{2\left(\frac{K'^2}{E^{2n}} \times \frac{D_{fc}}{\pi}\right)^{\frac{1}{2(1-n)}} \times \alpha\right\}^{-m}$$

$$= 2\left\{2\left(\frac{3411^2}{201000^{2\times 0.14}} \times \frac{10.3}{\pi}\right)^{\frac{1}{2(1-0.14)}} \times 1\right\}^{-9.488}$$

$$= 6.5246 \times 10^{-37}(\text{damage-unit} \cdot \mathrm{MPa})$$

（3）按式（3-21）和式（3-22），取表 3-1 中各损伤值，计算各对应的寿命，计算结果将寿命数据再列入表 3-1 中。

第3章 连续材料损伤体与裂纹体寿命预测计算

表 3-2 钢 40CrMnSiMoVA（GC-4）[20-21] 在 $R=-1$ 各应力幅下，方法 1 与方法 2 的损伤值和计算寿命数据

σ_{max}/σ_a	2087	1994	1895	1719	1620	1491	1399	1312	1214	1079	981	883	804	718	应力幅
$\Delta\sigma_i$/MPa	4174	3988	3790	3438	3240	2982	2798	2624	2428	2158	1962	1766	1608	1436	应力范围
D_i/damage-unit	4.416	4.071	3.72	3.13	2.817	2.432	2.172	1.939	1.69	1.371	1.158	0.961	0.814	0.666	方法 1A
N_i/cycle	67	104	169	425	747	1641	3005	5516	11510	35261	87042	236125	574114	1680369	式（3-3）
D_i/damage-unit	4.224	3.904	3.577	3.025	2.731	2.368	2.122	1.900	1.69	1.37	1.153	0.9624	0.819	0.674	方法 2A
N_i/cycle	68	105	171	431	757	1663	3045	5602	10690	34031	88103	238714	581317	1703031	式（3-22）
实验寿命	66	117	241	498	851	975	3039	5597	6340	17120	22890	91030	268900	10000000	
试件数	4	4	3	3	3	2	3	3	2	6	9	11	10	12	

139

$$N = \int_0^1 \frac{\mathrm{d}D}{\beta'_\sigma \left\{ 2(\beta')^{\frac{1}{2(1-n)}} \right\}^m} = \int_0^1 \frac{\mathrm{d}D}{\beta'_\sigma \left\{ 2\left(\frac{K'^2}{E^{2n}} \times \frac{D_i}{\pi} \right)^{\frac{1}{2(1-n)}} \right\}^m}$$

$$= \int_0^1 \frac{\mathrm{d}D}{6.5246 \times 10^{-37} \times \left\{ 2\left(\frac{3411^2}{201000^{2 \times 0.14}} \times \frac{D_i}{\pi} \right)^{\frac{1}{2(1-n)}} \right\}^{9.488}} (\text{cycle})$$

从上述表中的数据可知，两种方法计算数据颇为接近。

按表 3-1 中的数据，绘制高、低周各级应力下的计算寿命数据的对比曲线，如图 3-2 所示。

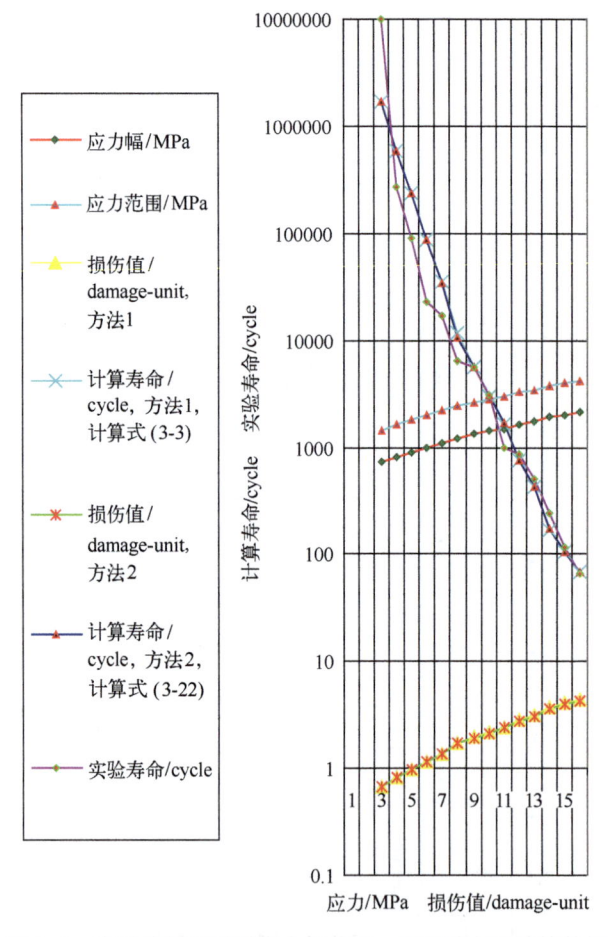

图 3-2 在对称循环递增应力加载下，用两种方法计算数据绘制损伤演化寿命比较曲线

第3章 连续材料损伤体与裂纹体寿命预测计算

从上述表3-1中的数据可知：

方法1、方法2两类计算式结构形式差异较大，但两种计算式、损伤值、其计算损伤体寿命的计算数据，以及计算结果的数据颇为接近。

方法1、方法2两类计算式中各分两种形式的计算式，两种计算式的结构和参数差异较大，一种呈现强度含义的概念，另一种呈损伤量的概念，但计算结果数据完全一致，只是在计算上有误差。

从图3-2也可看出，在$R=-1$加载下，方法1（浅蓝色）损伤计算寿命与方法2（深蓝色）损伤计算寿命曲线重叠，数据十分接近。

＊裂纹计算 用式（3-17）和式（3-22）做对比计算

方法1 用式（3-17）计算。

计算式如下：

$$N = \int_0^1 \frac{da}{\varpi_\sigma [2(\varpi)]^m}(\text{cycle})$$

（1）用式（1-15）计算各应力幅$(\Delta\sigma/2)_i$相对应的裂纹尺寸，等效于式（1-14），同上式计算。

（2）综合材料常数ϖ_σ计算。它可用下式计算：

$$\varpi_\sigma = 2\left\{2\alpha\left[a_{fc}^{(m-2\times n)/2m}\right]^{\frac{1}{1-n}}\right\}^{-m} = 2[2\times(11.04^{0.4852})^{1.163}]^{-9.488} = 7.22584\times10^{-9}$$

（3）裂纹应力因子值计算。

$$\varpi = [a_i^{(m-2\times n)/2\times m}]^{\frac{1}{1-n}} = [a_i^{(9.488-2\times0.14)/2\times9.488}]^{\frac{1}{1-0.14}} = (a_i^{0.4852})^{1.163}$$

（4）将综合材料常数ϖ_σ与裂纹应力因子计算式代入下式，再将表3-3中各裂纹尺寸代入变量中，按式（3-17）计算各裂纹尺寸a_i相对应的裂纹体预测寿命N_i，计算如下：

$$N = \int_0^1 \frac{1}{\varpi_\sigma \times [2(\varpi)]^m} = \int_0^1 \frac{1}{7.22584\times10^{-9}[2(a_i^{0.4852})^{1.163}]^{9.488}}(\text{cycle})$$

最后，将各计算寿命再列入表3-3中。

方法2 采用式（3-39）、式（3-40）计算。

（1）对临界尺寸计算及各应力幅$(\Delta\sigma/2)_i$相对应的裂纹尺寸计算，与上述方法计算相同。

（2）综合材料常数ϖ计算。

对应于断裂应力$\sigma_f' = 3501\text{MPa}$的临界尺寸的计算，上文已得$a_{2fc} = 10.3\text{mm}$。此处也可用下式计算综合材料常数

$$\varpi_\sigma = 2\left\{2\left(\alpha\frac{a_{2fc}}{\pi}\right)^{1/2(1-n)}\right\}^{-m} = 2\left\{2\left(1\times\frac{10.3}{\pi}\right)^{1/2(1-0.14)}\right\}^{-9.488} = 3.983\times10^{-6}(\text{mm})$$

(3) 计算各裂纹尺寸 a_i 下各对应的裂纹体寿命 N_i。
计算如下：

$$N = \int_0^1 \frac{\mathrm{d}a}{\varpi_\sigma [2(\varpi)]^m} = \int_0^1 \frac{\mathrm{d}a}{2\left\{2\left(\alpha \frac{a_{\mathrm{fc}}}{\pi}\right)^{1/2(1-n)}\right\}^{-m} \cdot \left\{2\left(\frac{a_i}{\pi}\right)^{1/2(1-n)}\right\}^m}$$

$$= \int_0^1 \frac{\mathrm{d}a}{3.983 \times 10^{-6} \times \left\{2\left(\frac{a_i}{\pi}\right)^{1/2(1-0.14)}\right\}^{9.488}} (\mathrm{cycle})$$

从表 3-3 中取各裂纹尺寸 a_i 值，按计算式计算各对应的裂纹尺寸下的寿命 N_i；计算结果再列入表 3-3 中。

从图 3-3 也可看出，当 $R=-1$ 时，方法 1（浅蓝色）裂纹计算寿命与方法 2（大红色）裂纹计算寿命曲线重叠，数据十分接近。

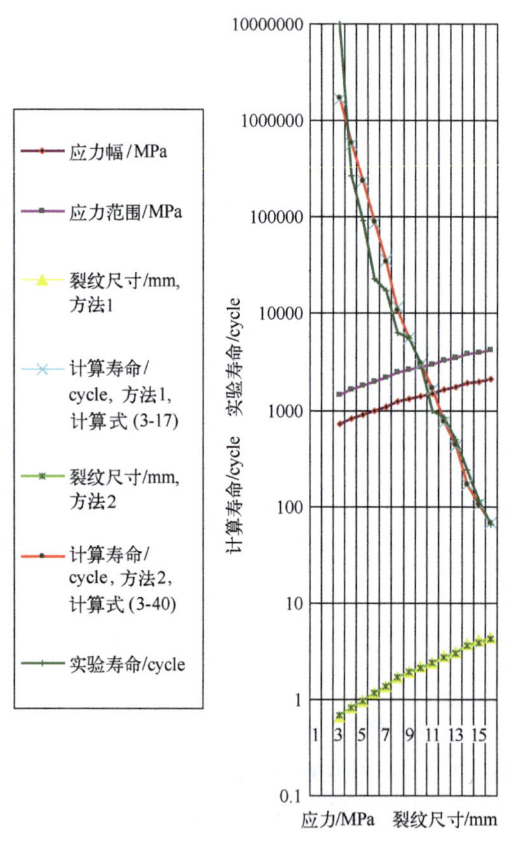

图 3-3 在对称循环递增应力加载下，用两种方法计算数据绘制裂纹体寿命的比较曲线

第3章 连续材料损伤体与裂纹体寿命预测计算

表 3-3 钢 40CrMnSiMoVA（GC-4）在（$R=-1$）各应力幅下的裂纹尺寸和裂纹体计算寿命数据的比较

σ_{max}/σ_a	2087	1994	1895	1719	1620	1491	1399	1312	1214	1079	981	883	804	718	应力幅范围
$\Delta\sigma_i$/MPa	4174	3988	3790	3438	3240	2982	2798	2624	2428	2158	1962	1766	1608	1436	
a_i/mm	4.416	4.071	3.72	3.13	2.817	2.432	2.172	1.939	1.69	1.371	1.158	0.961	0.814	0.666	方法 1
N_i/cycle	68	105	170	428	753	1654	3030	5562	11610	35583	87871	238472	580033	1698444	式（3-17）
a_i/mm	4.224	3.904	3.577	3.025	2.731	2.368	2.122	1.900	1.69	1.37	1.153	0.9624	0.819	0.674	方法 2
N_i/cycle	68	105	171	431	757	1663	3045	5602	10689	34029	88098	238698	581279	1702920	式（3-40）
实验寿命	66	117	241	498	851	975	3039	5597	6340	17120	22890	91030	268900	10000000	
试件数	4	4	3	3	3	2	3	3	2	6	9	11	10	12	

裂纹计算与损伤计算之间，在裂纹计算式中只用"$c_1 = 1\text{mm}$"转换后，以1个损伤单位（1damage-unit）等效于1mm尺寸，两者的计算式差异只是一个转换系数 c_1，其计算结果只是单位不同，计算数据完全等效一致。

两类计算式结构形式差异较大，但两种计算式的裂纹尺寸与裂纹体寿命的计算数据，以及方法1和方法2计算结果的数据较为接近。

方法1、方法2计算式中各分两种形式的计算式，两种计算式的结构和参数尽管差异较大，一种呈现强度含义的概念，另一种呈现裂纹尺寸的概念，但计算结果数据完全一致，只是在计算上有误差。

3.1.3 方法3：γ-型

高低周载荷下计算全过程损伤和裂纹速率的数学表达式，还可采用γ-型方法计算式进行计算。

1. 对损伤体寿命预测计算

损伤体寿命预测计算式为

$$N = \int_0^1 \frac{\mathrm{d}D}{J'_\sigma [2(\gamma')]^m} (\text{cycle}) \tag{3-45}$$

式中：γ'为此型的应力强度因子，即

$$\gamma' = K' = \sigma \times D_i^{-n} \tag{3-46}$$

K'值可用疲劳强度系数值代入计算；J'_σ为此型的综合材料常数，其物理含义也是一个功率的概念，同速率方程中概念相同，是一个循环中抵抗外力在断裂之前所释放出能量的最大增量值；J'_σ的几何含义是图1-6和图3-1中最大的微梯形面积。它也是可计算的，在$R=-1$，$\sigma_m=0$循环加载下，其为

$$J'_\sigma = 2(2\sigma_f \alpha \sqrt[-m]{D_{\text{fc}}^{-n}})^{-m} \tag{3-47}$$

对于$R \neq -1$，$\sigma_m \neq 0$，有

$$J'_\sigma = 2[2\sigma_f \alpha (1-R) \sqrt[-m]{D_{\text{fc}}^{-n}}]^{-m} \tag{3-48}$$

应该说明，此种方法临界损伤值D_{fc}和各应力对应的损伤值D_i是一比值大小的量值。若要计算此因子$\gamma'=K$的实际数值时，首先仿式（1-3）和式（1-8）计算各不同应力下的损伤值D_i和临界损伤值D_{fc}，其次按式（2-35）计算其实际的因子值。

形象描述材料行为变化过程，见图3-1中低周的C_2C_1C'（红色线），高（超高）周的A_2BA_1A'（绿色线）（$\sigma_m=0$），高（超高）周的$D_2B_1D_1D'$（蓝色线）（$\sigma_m \neq 0$）。

式（3-1）积分下限为"0"，上限为"1"，此式计算结果的寿命值，其倒

数值正是相同参数计算下的速率值。这种形式完整的损伤体寿命展开式如下：

对于 $R=-1$，$\sigma_m=0$，应为

$$N = \int_0^1 \frac{\mathrm{d}D}{2(2\sigma_f \alpha \sqrt[-m]{D_{\mathrm{fc}}^{-n}})^{-m} \cdot [2(\sigma \times \sqrt[m]{D^{-n}})]^m} (\mathrm{cycle}) \quad (3-49)$$

对于 $R \neq -1$，$\sigma_m \neq 0$，有

$$N = \int_0^1 \frac{\mathrm{d}D}{2[2\sigma_f \alpha (1-R) \sqrt[-m]{D_f^{-n}}]^{-m} \cdot [2(\sigma \times \sqrt[m]{D^{-n}})]^m} (\mathrm{cycle}) \quad (3-50)$$

另一种寿命预测计算表达式其积分上下限有确定值，其表达形式如下：

对于 $R=-1$，$\sigma_m=0$，应为

$$N = \int_{D_{\mathrm{th}}}^{D_{\mathrm{fc}}} \frac{\mathrm{d}D}{2(2\sigma_f \alpha \sqrt[-m]{D_{\mathrm{fc}}^{-n}})^{-m} \cdot [2(\sigma \times \sqrt[m]{D^{-n}})]^m} (\mathrm{cycle}) \quad (3-51)$$

对于 $R \neq -1$，$\sigma_m \neq 0$，有

$$N = \int_{D_{\mathrm{th}}}^{D_{\mathrm{fc}}} \frac{\mathrm{d}D}{2[2\sigma_f \alpha (1-R) \sqrt[-m]{D_f^{-n}}]^{-m} \cdot [2(\sigma \times \sqrt[m]{D^{-n}})]^m} (\mathrm{cycle}) \quad (3-52)$$

2. 裂纹体寿命预测计算

此型裂纹体寿命预测计算式如下：

$$N = \int_0^1 \frac{\mathrm{d}a}{J_\sigma (2\gamma)^m} (\mathrm{cycle}) \quad (3-53)$$

式中：γ 为此型的裂纹应力强度因子，即

$$\gamma = K' = \sigma \times a_i^{-n} \quad (3-54)$$

J_σ 为此型裂纹体综合材料常数，其物理含义也是一个功率的概念，同速率方程中概念相同，是一个循环中抵抗外力在断裂之前所释放出能量的最大增量值；J_σ 的几何含义是图 1-6 和图 3-1 中最大的微梯形面积。它也是可计算的，在 $R=-1$，$\sigma_m=0$ 循环加载下，其为

$$J_\sigma = 2(2\sigma_f \times \alpha \sqrt[-m]{a_{\mathrm{fc}}^{-n}})^{-m} \quad (3-55)$$

对于 $R \neq -1$，$\sigma_m \neq 0$，有

$$J_\sigma = 2[2\sigma_f \times \alpha \times (1-R) \sqrt[-m]{a_{\mathrm{fc}}^{-n}}]^{-m} \quad (3-56)$$

应该说明，此种方法临界裂纹尺寸 a_{fc} 和各应力对应的裂纹尺寸 a_i 是一比值大小的量值。若要计算此因子 $\gamma = K'$ 的实际数值时，首先借助式（1-4）和式（1-9）计算各不同应力下的裂纹值 a_i 和临界临界值 a_{fc}，其次按式（2-35）计算其实际的因子值。

形象描述材料行为变化过程，见图 3-1 中低周的 C_2C_1C'（红色线），高

（超高）周的 A_2BA_1A'（绿色线）（$\sigma_m=0$），高（超高）周的 $D_2B_1D_1D'$（蓝色线）（$\sigma_m\neq 0$）。

式（3-1）积分下限为"0"，上限为"1"，此式计算结果的寿命值，其倒数值正是相同参数计算下的速率值。这种形式完整的裂纹体寿命展开式如下：

对于 $R=-1$，$\sigma_m=0$，应为

$$N = \int_0^1 \frac{da}{2(2\sigma_f \alpha \sqrt[-m]{a_{fc}^{-n}})^{-m} \cdot [2(\sigma \times \sqrt[m]{a^{-n}})]^m}(\text{cycle}) \quad (3-57)$$

对于 $R\neq -1$，$\sigma_m\neq 0$，有

$$N = \int_0^1 \frac{da}{2[2\sigma_f \alpha(1-R)\sqrt[-m]{a_f^{-n}}]^{-m} \cdot [2(\sigma\sqrt[m]{a^{-n}})]^m}(\text{cycle}) \quad (3-58)$$

另一种形式寿命预测计算表达式其积分上下限有确定值，其表达形式如下：

对于 $R=-1$，$\sigma_m=0$，应为

$$N = \int_{a_{th}}^{a_{fc}} \frac{da}{2(2\sigma_f \alpha \sqrt[-m]{a_{fc}^{-n}})^{-m} \cdot [2(\sigma\sqrt[m]{a^{-n}})]^m}(\text{cycle}) \quad (3-59)$$

对于 $R\neq -1$，$\sigma_m\neq 0$，有

$$N = \int_{a_{th}}^{a_{fc}} \frac{da}{2[2\sigma_f \alpha(1-R)\sqrt[-m]{a_f^{-n}}]^{-m} \cdot [2(\sigma\sqrt[m]{a^{-n}})]^m}(\text{cycle}) \quad (3-60)$$

计算实例

材料 30CrMnSiNi2A[20-21]，其在低周疲劳下的相关数据如下：

$K'=2468, n'=0.13; \sigma_f'=2974\text{MPa}, b=-0.1026; \varepsilon_f'=2.075, c'=-0.7816; E=200000$

假定在对称循环加载下，$R=-1$，试按表 3-4 内载荷逐增情况下各级应力的数据，以正文适用于高周低应力和低周高应力的寿命计算式，用两种方法（正文中方法 2 和方法 3），计算各应力和损伤值对应的损伤体的寿命；最后再绘制两个计算式计算结果相关数据的比较曲线。

计算方法和步骤如下：

＊损伤体寿命预测计算

方法 2：β-型 [B 形式，式（3-33）和式（3-34）]

在正文中，对材料 30CrMnSiNi2A 进行速率计算得到的相关数据如下：

已计算各应力相对应的损伤值 D_i 在表 3-4 中，综合材料常数 $\varpi_\sigma = 6.231\times 10^{-7}$。

用此式计算损伤体寿命，计算如下：

第 3 章　连续材料损伤体与裂纹体寿命预测计算

$$N = \int_0^1 \frac{\mathrm{d}D}{\varpi_\sigma' \times (2\varpi')^m} = \int_0^1 \frac{\mathrm{d}D}{2\left\{2\left(\alpha \dfrac{D_{\mathrm{fc}}}{\pi}\right)^{1/2(1-n)}\right\}^{-m} \times \left\{2\left(\dfrac{D_i}{\pi}\right)^{1/2(1-n)}\right\}^m}$$

$$= \int_0^1 \frac{\mathrm{d}D}{6.231 \times 10^{-7} \times \left\{2\left(\dfrac{D_i}{\pi}\right)^{1/2(1-n)}\right\}^m}$$

$$= \int_0^1 \frac{\mathrm{d}D}{6.231 \times 10^{-7} \times \left\{2\left(\dfrac{D_i}{\pi}\right)^{1/2(1-0.13)}\right\}^{9.747}} (\mathrm{cycle})$$

然后，再将计算得出各数据列入表 3-4 中。

方法 3：γ-型，式（3-44）和式（3-48）

在正文中对材料 30CrMnSiNi2A 进行速率计算得到的相关数据如下：

临界尺寸 $D_{2\mathrm{fc}}$（damage-unit）；已计算各应力相对应的损伤值 D_i（以及比值损伤量）在表 3-4 中；综合材料常数 $J_\sigma = 3.2424 \times 10^{-37}$。

根据式（3-45）和式（3-49）取表 3-4 中输入各应力范围值与对应的比值损伤值 D_i，计算对应的各寿命 N 数据，计算如下：

$$N = \int_0^1 \frac{\mathrm{d}D}{J_\sigma' \times (2\gamma')^m} = \int_0^1 \frac{\mathrm{d}D}{2(2\sigma_f \alpha \sqrt[m]{D_{\mathrm{fc}}^{-n}})^{-m} \times [2(\sigma \sqrt[m]{D_i^{-n}})]^m}$$

$$= \int_0^1 \frac{\mathrm{d}D}{3.2424 \times 10^{-37} \times (\Delta\sigma \sqrt[9.747]{D_i^{-0.13}})^{9.747}} (\mathrm{cycle})$$

然后再将寿命 N 和相关数据列入表 3-4 中；按照表中数据，绘制成图 3-4 中的寿命比较曲线。

由表 3-4 计算可见，在实验数据中，其中间几点比较分散；而在计算数据中，尽管两种计算方法的计算式结构差异很大，特别是第二种方法和第三种方法计算式中损伤参数的概念和单位差别更大，但对材料 30CrMnSiNi2A 而言，用单一式对从低周、高周至超高周（高应力到低应力）的十多种不同应力的计算，方法 2 与方法 3 其计算结果的寿命数据两者却十分接近。

从上述计算中可见，尽管两种计算方法的计算式结构差异很大，特别是第二种方法和第三种方法计算式中损伤参数的概念和单位差别更大，对材料 30CrMnSiNi2A 而言，用单一式对从低周、高周至超高周（高应力到低应力）的十多种不同应力的计算，从上述曲线描述可知，方法 2（红色曲线）与方法 3（绿色曲线）其计算结果的寿命数据绘制曲线两者都十分接近。实验数据中，中间几点比较分散，两头数据与曲线（蓝色）比较相近。

表 3-4 材料 30CrMnSiNi2A 用两种方法计算各应力下对应寿命数据同试验寿命数据的比较

$(\Delta\sigma_i/\sigma_{ai})$/MPa	592/296	686/343	1044/522	1322/661	1474/737	1624/812	2032/1016	2170/1085	方法
D_i/mm	0.246	0.318	0.66	0.995	1.209	1.4373	2.145	2.4124	方法 2,B
N_{cal}/cycle	2.94×10^9	6.794×10^8	1.167×10^7	1.17×10^6	4.04×10^5	1.57×10^5	1.77×10^4	9.3×10^3	式 (3-34)
D_i/%	0.7590	0.7737	0.8171	0.8426	0.8546	0.8654	0.8910	0.8987	方法 3
N_{cal}/cycle	2.83×10^9	6.745×10^8	11335885	1139783	395292	153953	37389	9175	式 (3-49)
N_{test}/cycle	3936		10000000	183360	83150	126014	11550	11698	实验寿命
试件数	3		21	11	9	3	6	3	
$(\Delta\sigma_i/\sigma_{ai})$/MPa	2428/1214	2594/1297	2808/1404	2978/1489	3198/1599	3340/1670	3390/1695	3558/1779	方法
D_i/mm	2.9486	3.318	3.832	4.248	4.824	5.213	5.353	5.836	方法 2,B
N_{cal}/cycle	3.124×10^3	1638	757	427	213	140	121	75	式 (3-34)
D_i/%	0.9119	0.9198	0.9293	0.9364	0.9451	0.9508	0.9523	0.9583	方法 3
N_{cal}/cycle	3075	1616	747	422	211	138	120	75	式 (3-49)
N_{test}/cycle	3936	1228	948	540	292	156	118	48	实验寿命
试件数	3	4	3	3	3	3	3	3	

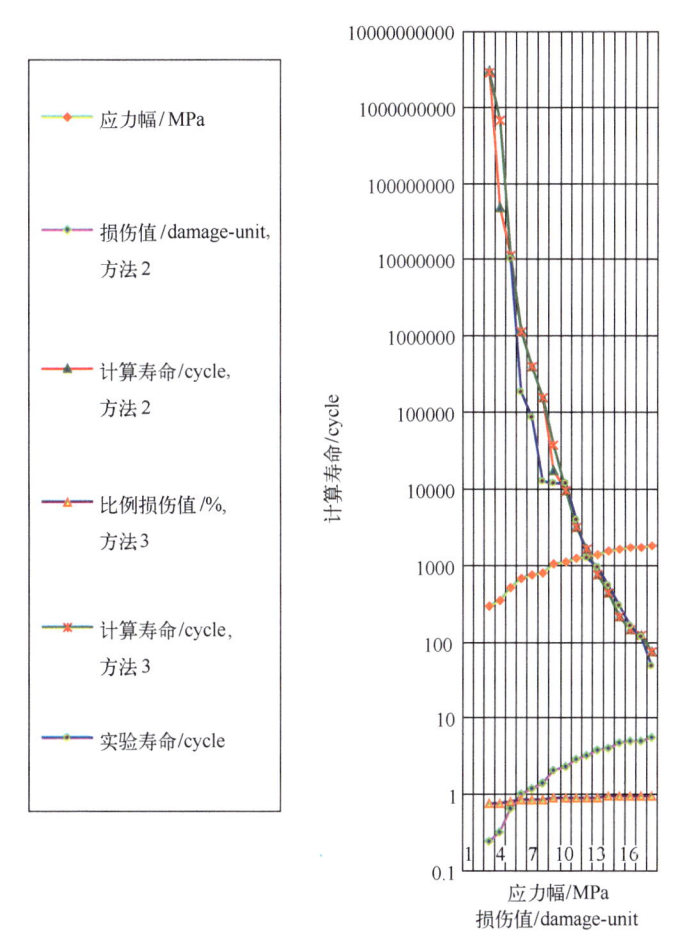

图 3-4 材料 30CrMnSiNi2A 在各应力幅值下（$R=-1$），
两种方法计算寿命与实验寿命数据绘制曲线的比较

3.1.4 方法 4：K-型

高低周载荷下计算全过程损伤体或裂纹体寿命的数学表达式，还可以采用 K-型计算式进行计算。

*对损伤体寿命而言，其寿命预测计算式建议采用如下形式：

$$N = \int_0^1 \frac{\mathrm{d}D}{A'_\sigma \times [2(\sigma_i \times \varphi \sqrt{\pi D_i})^{m_2}]^{m_2}} (\text{cycle}) \qquad (3-61)$$

形象描述材料行为变化过程，见图 1-6 中低周的 C_2C_1C'（红色线），高周的 A_2BA_1（绿色线）（$\sigma_m=0$），高周的 $D_2B_1D_1$（蓝色线）（$\sigma_m \neq 0$）。

149

A'_σ 是综合材料常数，对于弹性模量 $E<1.0\times10^5$ 的材料，例如某些铝合金，A'_σ 要除以 2（缩小 50%）。但对于 $E\geqslant2.0\times10^5$，$R=-1$，$\sigma_m=0$ 循环加载下，其寿命展开式为

$$N=\int_0^1\frac{\mathrm{d}D}{2\left(2\sigma_f\alpha\sqrt{\pi D_{\mathrm{fc}}}\right)^{-m_2}\times(2\sigma_i\sqrt{\pi D_i})^{m_2}}(\mathrm{cycle}) \qquad (3\text{-}62)$$

上述表达式计算寿命数据的倒数，正是同样计算参数计算结果的速率数据。如果下限"0"用门槛损伤值 D_{th} 或过渡值取代，上限用临界损伤值 D_{fc} 取代，其寿命值差异极大。这取决于设计者需要和对安全系数的取值。

对于 $R\neq-1$，$\sigma_m\neq0$，有

$$N=\int_0^1\frac{\mathrm{d}D}{2[2\sigma_f\alpha(1-R)\sqrt{\pi D_{\mathrm{fc}}}]^{-m_2}\times(2\sigma_i\sqrt{\pi D_i})^{m_2}}(\mathrm{cycle}) \qquad (3\text{-}63)$$

还要说明，临界损伤值 D_{fc} 的取值要由材料性能决定。对于脆性以及线弹性材料要取与屈服应力 σ'_s 相对应的临界损值 $D_{1\mathrm{fc}}$；而对于弹塑性材料，要取与断裂应力 σ'_f 相对应的临界损值 $D_{2\mathrm{fc}}$。

还必须说明，此类方法式（3-62）、式（3-33）对应于断裂临界值 $D_{2\mathrm{fc}}$ 的取值，若按式（1-119）或式（1-120）计算，或仿用式（1-41）计算临界值 $D_{2\mathrm{fc}}$，其结果和物理概念将完全不同。前者随着应力的增加而增加，其计算结果数据同方法 1（σ-型）、方法 2（β-型）、方法 3（γ-型）相近；后者是随着应力的增加其允许的损伤值将被减小，计算结果是一个剩余寿命的概念。

上述诸式中的指数 m_2 按下式求得：

$$m_2=\frac{m_1\ln\sigma_s+\ln D_{1\mathrm{fc}}}{\ln\sigma_s+0.5\ln(2E\pi D_{1\mathrm{fc}})} \qquad (3\text{-}64)$$

* 对裂纹体寿命而言，裂纹体寿命表达式如下：

$$N=\int_0^1\frac{\mathrm{d}a}{A_\sigma[2(\sigma_i\varphi\sqrt{\pi a_i})^{m_2}]^{m_2}}(\mathrm{cycle}) \qquad (3\text{-}65)$$

形象描述材料行为变化过程，见图 1-6 中低周的 C_2C_1C'（红色线），高周的 A_2BA_1（绿色线）（$\sigma_m=0$），高周的 $D_2B_1D_1$（蓝色线）（$\sigma_m\neq0$）。

A_σ 是综合材料常数，对于弹性模量 $E<1.0\times10^5$ 的材料，例如某些铝合金，A'_σ 要除以 2（缩小 50%）。但对于 $E\geqslant2.0\times10^5$，$R=-1$，$\sigma_m=0$ 循环加载下，其寿命展开式为

$$N=\int_0^1\frac{\mathrm{d}a}{2\left(2\sigma_f\alpha\sqrt{\pi a_{\mathrm{fc}}}\right)^{-m_2}\cdot(2\sigma_i\sqrt{\pi a_i})^{m_2}}(\mathrm{cycle}) \qquad (3\text{-}66)$$

对于 $R\neq-1$，$\sigma_m\neq0$，有

第3章 连续材料损伤体与裂纹体寿命预测计算

$$N = \int_0^1 \frac{\mathrm{d}a}{2[2\sigma_f \alpha(1-R)\sqrt{\pi a_{fc}}]^{-m_2} \cdot (2\sigma_i \sqrt{\pi a_i})^{m_2}} (\text{cycle}) \quad (3-67)$$

上述损伤体部分的相关理论和解释，在裂纹体寿命计算时同样适用。

上述诸式中的指数 m_2 按下式求得：

$$m_2 = \frac{m_1 \ln\sigma_s + \ln a_{1fc}}{\ln\sigma_s + 0.5\ln(2E\pi a_{1fc})} \quad (3-68)$$

计算实例 1

材料 TC4（Ti-6Al-4V）[20-21]，其在低周疲劳下的相关性能数据如下：
$E=110000$MPa，$K'=1420$MPa，$n'=0.07$，$\sigma_f'=1564$MPa，$b'=-0.07$，$m=14.286$。

* 此材料 TC4（Ti-6Al-4V）按方法 4（K-型）在上文速率计算中已计算得出相关数据如下：

疲劳加载下的屈服应力 $\sigma_s'=1203.5$MPa；断裂应力下计算临界损伤值 $D_{2fc}=7.025$damage-unit；计算得出各级应力下的对应损伤量已列入表 3-5 中；损伤体寿命计算模型指数 $m_2=7.067$；综合材料常数 $A_\sigma'=7.11\times10^{-30}$。

* 此材料 TC4（Ti-6Al-4V）按方法 1（σ-型）在上文速率计算中已计算得出相关数据如下：

各应力幅 $(\Delta\sigma/2)_i$ 相对应的损伤值计算，与方法 4 相同；

综合材料常数 $\varpi_\sigma=3.643\times10^{-11}$。

假定在对称循环加载下，$R=-1$，试按表 3-5 内载荷逐增情况下各级应力的数据，用上文适用于高周低应力和低周高应力的寿命计算式，用两种方法（正文中方法 4，K 应力法与方法 1，B 种形式）计算各应力下的寿命，并绘制其高低周应力下相关数据的曲线。

计算方法和步骤如下。

方法 4：K-型

损伤体寿命计算如下。

按式（3-61）、式（3-62）对表 3-5 在各级应力下的损伤体寿命进行计算，计算如下：

$$N = \int_0^1 \frac{\mathrm{d}D}{A_\sigma'(2\sigma_i\alpha\sqrt{\pi D_i})^{m_2}}$$

$$= \int_0^1 \frac{\mathrm{d}D}{2(2\sigma_f\alpha\sqrt{\pi D_{fc}})^{-m_2} \times (2\sigma_i\alpha\sqrt{\pi D_i})^{m_2}}$$

$$= \int_0^1 \frac{\mathrm{d}D}{7.11\times10^{-30}(2\sigma_i\alpha\sqrt{\pi D_i})^{7.067}} (\text{cycle})$$

方法 1：(B 形式) 计算，用式 (3-17)~式 (3-19) 计算

损伤体寿命计算如下：

代入复合材料常数 ϖ'_σ，将表 3-5 中各损伤值 D_i 数据代入下式损伤变量中，计算对应的寿命：

$$N = \int_0^1 \frac{dD}{\varpi'_\sigma \times (2\varpi')^m} = \int_0^1 \frac{dD}{3.643 \times 10^{-11} \times \{2 \times [D_i^{(m-2\times n)/2\times m}]^{\frac{1}{1-n}}\}^m}$$

$$= \int_0^1 \frac{dD}{3.643 \times 10^{-11} \times \{2 \times [D_i^{(m-2\times n)/2\times m}]^{\frac{1}{1-n}}\}^m}$$

$$= \int_0^1 \frac{dD}{3.643 \times 10^{-11} \times \{2 \times [D_i^{(14.286-2\times 0.07)/2\times 14.286}]^{\frac{1}{1-0.07}}\}^{14.286}}$$

$$= \int_0^1 \frac{dD}{3.643 \times 10^{-11} \times [2 \times (D_i^{0.495})^{1.0753}]^{14.286}} (\text{cycle})$$

再将各计算寿命列入表 3-5 中。最后，按表中数据绘制两种方法的比较曲线。

由表 3-5 计算结果的数据可见，方法 4 和方法 1 两类计算损伤体寿命的计算式结构形式差异颇大，但方法 4 和方法 1 在各级相同应力条件下，两种模型计算结果的数据，从低周、高周至超高周的寿命值十分接近。这表明此类寿命计算式符合损伤寿命演化的客观规律。

从曲线 3-5 材料行为的演化趋势可见，方法 4 和方法 1 两类计算损伤寿命的计算式结构形式差异颇大，但方法 4 K-型（蓝色）曲线和方法 1 σ-型（红色）曲线十分接近。

计算实例 2

材料铝合金棒材 LC4CS，其性能数据如下：

$E = 73000\text{MPa}$，$K' = 950\text{MPa}$，$n' = 0.08$，$\sigma'_f = 876\text{MPa}$，$m = -1/b' = -1/-0.0787 = 12.71$。

假定在对称循环加载下，$R = -1$，试按表 3-6 内载荷递增情况下各级应力的数据，以正文适用于高周低应力和低周高应力的寿命计算式，用两种方法（正文中方法 2 和方法 4），计算各应力和裂纹尺寸对应的裂纹体的寿命；最后再绘制两计算式计算结果相关数据的比较曲线。

计算方法和步骤如下：

方法 2：β-型（A 形式，式 (3-27) 和式 (3-28)）

第 3 章　连续材料损伤体与裂纹体寿命预测计算

表 3-5　钛合金 TC4（Ti-6Al-4V）在 $R=-1$ 下用两种方法计算各级应力下的损伤值和损伤体寿命数据的比较

应力范围 $\Delta\sigma$	2184	2128	2074	2010	1940	1914	1864	1510	方法
应力幅 σ_a	1092	1064	1037	1005	970	957	932	785	
损伤值 D_i	3.58	3.41	3.257	3.06	2.863	2.8	2.656	1.924	方法 4
损伤寿命	33	98	138	215	349	415	603	6335	式 (3-61)
损伤值 D_i	3.58	3.41	3.257	3.06	2.863	2.8	2.656	1.924	方法 1
损伤寿命	84	1.22×10^2	1.73×10^2	2.78×10^2	4.62×10^2	5.47×10^2	8.17×10^2	9.48×10^3	式 (3-17)
应力范围 $\Delta\sigma$	1372	1332	1176	942	824	732	692	544	方法
应力幅 σ_a	686	666	588	471	412	366	346	272	
损伤值 D_i	1.50	1.413	1.12	0.737	0.578	0.464	0.418	0.267	方法 4
损伤寿命	39587	60263	330347	6952440	42249512	2.12×10^8	4.56×10^8	1.2173×10^{10}	式 (3-61)
损伤值 D_i	1.50	1.413	1.12	0.737	0.578	0.464	0.418	0.267	方法 1
损伤寿命	6.3×10^4	9.92×10^4	5.8×10^5	1.4×10^7	8.88×10^7	4.72×10^8	1.044×10^9	3.154×10^{10}	式 (3-17)

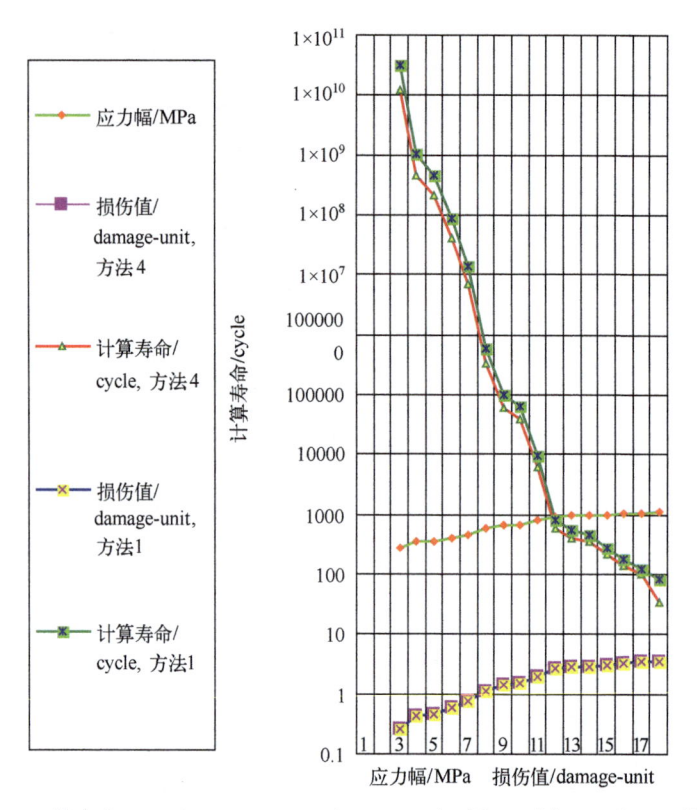

图 3-5 钛合金 TC4（Ti-6Al-4V）在 $R=-1$ 下，用 K-型与 σ-型（B 形式）两种模型计算各级应力下的损伤值和损伤体寿命数据绘制的比较曲线

1. 对断裂临界尺寸 a_{2fc} 及各个应力下裂纹尺寸 a_i 的计算

按以下计算式，其中断裂应力是 $\sigma'_f = 876\mathrm{MPa}$，各应力幅 $(\Delta\sigma/2)_{ai}$ 从表 3-6 中取值，再按如下计算式计算临界尺寸及各应力相对应的裂纹尺寸，将计算结果再列入表 3-6 中。

临界尺寸计算，计算如下：

$$a_{2fc} = \frac{\sigma'^{2(1-n')}_f \times E^{2n'} \times \pi}{K'^2} c_1 = \frac{876^{2(1-0.08)} \times 73000^{2\times 0.08} \times \pi}{950^2} \times 1 = 5.421(\mathrm{mm})$$

各应力相对应的裂纹尺寸计算式为

$$a_i = \frac{\sigma_i^{2(1-n')} \times E^{2n'} \times \pi}{K'^2} c_1 = \frac{\sigma_i^{2(1-0.08)} \times 73000^{2\times 0.08} \times \pi}{950^2} \times 1 = (\mathrm{mm})$$

2. 综合材料常数计算

正文中已说明，因为铝合金弹性模量小于 1.0×10^5，所以综合材料常数要缩小50%。假定 $\alpha=1$，计算如下：

$$\beta_\sigma = \left\{2\left(\frac{K'^2}{E^{2n}} \times \frac{a_{fc}}{\pi}\right)^{\frac{1}{2(1-n)}} \times \alpha\right\}^{-m} = \left\{2\left(\frac{950^2}{73000^{2\times0.08}} \times \frac{5.421}{\pi}\right)^{\frac{1}{2(1-0.08)}} \times 1\right\}^{-12.71}$$
$$= 5.95 \times 10^{-42}$$

3. 计算各裂纹尺寸 a_i 下各对应的裂纹体寿命

按式（3-27）和式（3-28），从表3-4中取各应力所对应的裂纹尺寸 a_i，代入下式，计算如下：

$$N = \int_0^1 \frac{\mathrm{d}a}{\beta_\sigma \times (2\beta^{\frac{1}{2(1-n)}})^m}$$

$$= \int_0^1 \frac{\mathrm{d}a}{\left\{2\left(\frac{K'^2}{E^{2n}} \times \frac{a_{fc}}{\pi}\right)^{\frac{1}{2(1-n)}} \times \alpha\right\}^{-m} \times \left\{2\left(\frac{K'^2}{E^{2n}} \times \frac{a_i}{\pi}\right)^{\frac{1}{2(1-n)}}\right\}^{12.71}}$$

$$= \int_0^1 \frac{\mathrm{d}a}{5.95 \times 10^{-42} \times \left\{2\left(\frac{950^2}{73000^{2\times0.08}} \times \frac{a_i}{\pi}\right)^{\frac{1}{2(1-0.08)}} \times 1\right\}^{12.71}}$$

将计算结果的每一寿命再列入表3-6中。

方法4：K-型（式（3-44）和式（3-48））

1. 对屈服应力和断裂应力下临界尺寸（a_{1fc}，a_{2fc}）以及各个应力下裂纹尺寸 a_i 的计算

（1）疲劳加载下的屈服应力计算。

按式（1-113），计算如下：

$$\sigma'_s = \left(\frac{E}{K'^{1/n}}\right)^{\frac{n'}{n'-1}} = \left(\frac{73000}{950^{1/0.08}}\right)^{\frac{0.08}{0.08-1}} = 651.3(\mathrm{MPa})$$

（2）断裂应力临界尺寸计算：

按式（1-9）计算，其中 $\sigma'_f = 876$MPa，计算如下：

$$a_{2fc} = \left(\sigma_f^{(1-n)/n} \times \frac{E \times \pi^{1/2n}}{K^{1/n}}\right)^{-\frac{2m \times n}{2n-m}} c_1 = \left(876^{(1-0.08)0.08} \times \frac{73000 \times \pi^{1/2\times0.08}}{950^{1/0.08}}\right)^{-\frac{2\times12.71\times0.08}{2\times0.08-12.71}} \times 1$$

$$= \left(876^{11.5} \times \frac{73000 \times \pi^{6.25}}{950^{12.5}}\right)^{0.162} \times 1 = 5.537(\mathrm{mm})$$

（3）屈服应力 $\sigma'_s = 651.3$MPa 作用下的临界尺寸计算式为

$$a_{1fc} = \left(\sigma_f^{(1-n)/n} \times \frac{E \times \pi^{1/2n}}{K^{1/n}}\right)^{-\frac{2m \times n}{2n-m}} c_1 = \left(876^{(1-0.08)0.08} \times \frac{73000 \times \pi^{1/2\times0.08}}{950^{1/0.08}}\right)^{-\frac{2\times12.71\times0.08}{2\times0.08-12.71}} \times 1$$

$$= \left(651^{11.5} \times \frac{73000 \times \pi^{6.25}}{950^{12.5}}\right)^{0.162} \times 1 = 3.184 \text{ (mm)}$$

（4）各个应力幅$(\Delta\sigma/2)_{ai}$从表 3-6 中取值，再按式（1-4）计算各应力相对应的裂纹尺寸 a_i，计算如下：

$$a_i = \left(\sigma_i^{(1-n)/n} \times \frac{E \times \pi^{1/2 \times n}}{K^{1/n}}\right)^{-\frac{2m \times n}{2n-m}} \times c_1 = \left(\sigma_i^{(1-0.08)0.08} \times \frac{73000 \times \pi^{1/2 \times 0.08}}{950^{1/0.08}}\right)^{-\frac{2 \times 12.71 \times 0.08}{2 \times 0.08 - 12.71}} \times 1$$

$$= \left(\sigma_i^{11.5} \times \frac{73000 \times \pi^{6.25}}{950^{12.5}}\right)^{0.162} \times 1 = (\text{mm})$$

将计算结果再列入表 3-6 中。

2. 综合材料常数计算

（1）指数 m_2 计算。

按式（3-68）计算，计算如下：

$$m_2 = \frac{m_1 \ln\sigma_s + \ln a_{1\text{fc}}}{\ln\sigma_s + 0.5\ln(2E\pi a_{1\text{fc}})} = \frac{12.71 \times \ln 651.3 + \ln 3.184}{\ln 651.3 + 0.5\ln(2 \times 73000\pi \times 3.183)} = 6.151$$

（2）综合材料常数计算。

正文中已说明，因为铝合金弹性模量小于 1.0×10^5，所以综合材料常数要缩小 50%。假定 $\alpha = 1$，计算如下：

$$A_\sigma = (2\sigma_f \times \alpha\sqrt{\pi a_{\text{fc}}})^{-m_2} = (2 \times 876 \times 1\sqrt{\pi 5.537})^{-6.151} = 1.714 \times 10^{-24}$$

（3）计算各应力和各裂纹尺寸 a_i 下裂纹体对应的各寿命。

取表 3-6 中各应力幅值和对应的裂纹尺计算，按式（3-66）计算如下：

$$N = \int_0^1 \frac{\mathrm{d}a}{A_\sigma \times (2\sigma_i \times \sqrt{\pi a_i})^{m_2}} = \int_0^1 \frac{\mathrm{d}a}{1.714 \times 10^{-24} (2\sigma_i \times \sqrt{\pi a_i})^{6.151}} (\text{cycle})$$

再将各寿命数据填入表 3-6，按表中的数据绘制两种计算式计算的数据绘制成比较曲线，如图 3-6 所示。

由表 3-6 计算数据中可见，尽管两种计算方法的计算式结构差异很大，对材料 LC4CS 来说，用单一式对从低周、高周至超高周（高应力到低应力）17 种不同应力下的寿命计算，从计算数据可知，方法 2 与方法 4 的计算寿命数据两者比较接近。在实验数据中，缺乏超高周数据，高周实验寿命数据与寿命方法 4 计算数据还较相近。

由上述曲线可见，尽管两种计算方法的计算式结构差异很大，对材料 LC4CS 来说，用单一式对从低周、高周至超高周（高应力到低应力）17 种不同应力的计算，从上述曲线描述可知，方法 2（蓝色曲线）与方法 4（红色曲线）其计算数据绘制的寿命数据两者比较接近。在实验数据中，缺乏超高周

表 3-6 铝合金 LC4CS 在 $R=-1$ 下用两种方法计算各级应力下的裂纹尺寸和裂纹体寿命数据的比较

$(\Delta\sigma_i/\sigma_{ai})$/MPa	334/167	418/209	432/216	490/245	550/275	628/314	784/392	方法
a_i/mm	0.257	0.388	0.412	0.52	0.643	0.821	1.234	方法 2, A
N_{cal}	1.401×10^9	8.17×10^7	5.38×10^7	10773986	2485663	459539	27534	式 (3-28)
a_i/mm	0.252	0.383	0.408	0.516	0.639	0.819	1.238	方法 4
N_{cal}/cycle	3.5846×10^8	2.49×10^7	1.67×10^7	3744161	953270	196540	14090	式 (3-66)
N_{test}/cycle[20]		10000000	6232750	671890	432220	96810	22450	实验寿命
试件数	2	13	5	4	5	8	2	
$(\Delta\sigma_i/\sigma_{ai})$/MPa	864/432	1130/565	1158/579	1178/589	1202/601	1282/641	1314/657	1364/682	1402/701	1434/717	方法
a_i/mm	1.476	2.419	2.53	2.611	2.71	3.05	3.192	3.42	3.60	3.75	方法 2, A
N_{cal}	7992	263	193	155	120	53	39	24	17	13	式 (3-28)
a_i/mm	1.483	2.446	2.56	2.643	2.74	3.094	3.24	3.473	3.655	3.812	方法 4
N_{cal}/cycle	4448	183	137	112	88	41	31	20	14	11	式 (3-66)
N_{test}/cycle[20]	16200	1459	877	322	155	127	65	28	19	10	实验寿命
试件数	2	2	3	3	3	4	5	5	3	2	

数据，高周实验寿命数据曲线（绿色）与计算寿命方法 4 曲线还较相近。

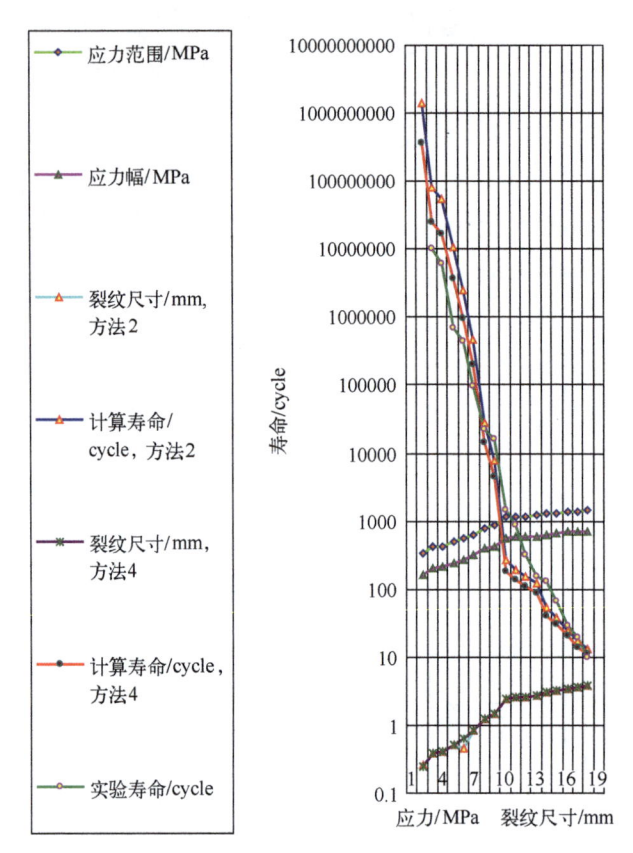

图例：
- 应力范围/MPa
- 应力幅/MPa
- 裂纹尺寸/mm，方法2
- 计算寿命/cycle，方法2
- 裂纹尺寸/mm，方法4
- 计算寿命/cycle，方法4
- 实验寿命/cycle

图 3-6　材料 LC4CS 在各应力幅值下（$R=-1$），两种方法计算寿命与实验寿命数据绘制曲线的比较

3.2　多轴疲劳载荷下损伤体与裂纹体全过程寿命预测计算

在单轴疲劳加载下上文已就方法 1（σ-型）、方法 2（β-型）、方法 3（γ-型）与方法 4（K-型）对速率问题提出了 4 种计算模型和计算方法。在多轴疲劳加载下，就寿命预测计算问题也要建立 4 种数学模型，提出 4 种计算方法。

3.2.1 方法1: σ-型

多轴疲劳载荷下损伤体与裂纹体全过程寿命预测计算，用一个计算公式计算高低周载荷下全过程裂纹体寿命的数学表达式，按方法1（σ-型）计算，也可用第一强度理论、第二强度理论、第三强度理论、第四强度理论[23-24]分别建立其计算式。

1. 按第一强度理论建立损伤体（裂纹体）的损伤体寿命（裂纹体寿命）计算

对于连续介质材料，如果三个主应力的关系是 $\sigma_1>\sigma_2>\sigma_3$，第一损伤体（裂纹体）强度理论认为，最大拉伸应力是引起材料损伤（或萌生裂纹）而导致破坏的主要因素。此时，对方法1（σ-型）要分别为损伤体和裂纹体建立新的寿命预测计算式。

1) 损伤体寿命预测计算

多轴疲劳加载下，这一型的损伤体寿命计算式为

$$N = \int_0^1 \frac{\mathrm{d}D}{A'_{1-\mathrm{equ}} \times \left[2(\sigma'_{1-\mathrm{equ}})^{\frac{1}{1-n}}\right]^m} (\mathrm{cycle}) \tag{3-69}$$

式中：$\sigma'_{1-\mathrm{equ}}$ 为一个当量损伤应力强度因子值；$A'_{1-\mathrm{equ}}$ 为材料综合性能常数。在 $R=-1$，$\sigma_m=0$ 的循环加载下，其完整计算式为

$$N = \int_0^1 \frac{\mathrm{d}D}{2\left\{2\left(\dfrac{K \times D_{\mathrm{fc}}^{(m-2\times n)/2\times m}}{E^n \times \pi^{1/2}}\right)^{\frac{1}{1-n}} \alpha\right\}^{-m} \cdot \left\{2\left(\dfrac{K \times D_i^{(m-2\times n)/2\times m}}{E^n \times \pi^{1/2}}\right)^{\frac{1}{1-n}}\right\}^m} (\mathrm{cycle}) \tag{3-70}$$

而对于 $R \neq -1$，平均应力 $\sigma_m \neq 0$，采用 Morrow[19] 修正，则可用下式计算：

$$N = \int_0^1 \frac{\mathrm{d}D}{2\left\{2\left(\dfrac{K \times D_{\mathrm{fc}}^{(m-2\times n)/2\times m}}{E^n \times \pi^{1/2}}\right)^{\frac{1}{1-n}} \cdot \left(1-\dfrac{\sigma_m}{\sigma_f}\right)\right\}^{-m} \cdot \left\{2\left(\dfrac{K \times D_i^{(m-2\times n)/2\times m}}{E^n \times \pi^{1/2}}\right)^{\frac{1}{1-n}}\right\}^m} (\mathrm{cycle}) \tag{3-71}$$

2) 裂纹体寿命预测计算

多轴疲劳下裂纹体寿命的计算式为

$$N = \int_0^1 \frac{\mathrm{d}a}{A_{1-\mathrm{equ}} \times \left[2(\sigma_{1-\mathrm{equ}})^{\frac{1}{1-n}}\right]^m} (\mathrm{cycle}) \tag{3-72}$$

式中：$\sigma_{1-\mathrm{equ}}$ 为一个当量裂纹应力强度因子值；$A_{1-\mathrm{equ}}$ 为材料综合性能常数。在 $R=-1$，$\sigma_m=0$ 的循环加载下，其完整计算式为

$$N=\int_0^1\frac{\mathrm{d}a}{2\left\{2\left(\dfrac{K\times a_{\mathrm{fc}}^{(m-2\times n)/2\times m}}{E^n\times\pi^{1/2}}\right)^{\frac{1}{1-n}}\times\alpha\right\}^{-m}\cdot\left\{2\left(\dfrac{K\times a_i^{(m-2\times n)/2\times m}}{E^n\times\pi^{1/2}}\right)^{\frac{1}{1-n}}\right\}^m}(\mathrm{cycle})$$

(3-73)

对于 $R\neq-1$, $\sigma_m\neq 0$, 有

$$N=\int_0^1\frac{\mathrm{d}a}{2\left\{2\left(\dfrac{K\times a_{\mathrm{fc}}^{(m-2\times n)/2\times m}}{E^n\times\pi^{1/2}}\right)^{\frac{1}{1-n}}\alpha(1-R)\right\}^{-m}\cdot\left\{2\left(\dfrac{K\times a_i^{(m-2\times n)/2\times m}}{E^n\times\pi^{1/2}}\right)^{\frac{1}{1-n}}\right\}^m}(\mathrm{cycle})$$

(3-74)

2. 按第二强度理论建立损伤体（裂纹体）的损伤体寿命（裂纹体寿命）计算

第二种损伤体（裂纹体）强度理论认为，最大拉伸引起的线应变量 ε 是材料引发损伤（萌生裂纹）导致断裂的主要因素。

1) 损伤体寿命预测计算

多轴疲劳加载下，这一型的损伤体寿命计算式为

$$N=\int_0^1\frac{\mathrm{d}D}{A'_{2-\mathrm{equ}}\left(2(0.7\sim0.8)(\sigma'_{1-\mathrm{equ}})^{\frac{1}{1-n}}\right)^m}(\mathrm{cycle})\qquad(3-75)$$

式中：$\sigma'_{1-\mathrm{equ}}$ 为一个当量损伤应力强度因子值；$A'_{2-\mathrm{equ}}$ 为第二理论的材料综合性能常数。对于 $R=-1$，$\sigma_m=0$ 的循环加载下，其完整计算式为

$$N=\int_0^1\frac{\mathrm{d}D}{2\left\{2(0.7\sim0.8)\left(\dfrac{K\times D_{\mathrm{fc}}^{(m-2\times n)/2\times m}}{E^n\times\pi^{1/2}}\right)^{\frac{1}{1-n}}\alpha\right\}^{-m}}\cdot$$

$$\frac{1}{\left\{2(0.7\sim0.8)\left(\dfrac{K\times D_i^{(m-2\times n)/2\times m}}{E^n\times\pi^{1/2}}\right)^{\frac{1}{1-n}}\right\}^m}(\mathrm{cycle})\qquad(3-76)$$

对于 $R\neq-1$, $\sigma_m\neq 0$, 有

$$N=\int_0^1\frac{\mathrm{d}D}{2\left\{2(0.7\sim0.8)\left(\dfrac{K\times D_{\mathrm{fc}}^{(m-2\times n)/2\times m}}{E^n\times\pi^{1/2}}\right)^{\frac{1}{1-n}}\alpha(1-R)\right\}^{-m}}\cdot$$

$$\frac{1}{\left\{2(0.7\sim0.8)\left(\dfrac{K\times D_i^{(m-2\times n)/2\times m}}{E^n\times\pi^{1/2}}\right)^{\frac{1}{1-n}}\right\}^m}(\mathrm{cycle})\qquad(3-77)$$

第3章 连续材料损伤体与裂纹体寿命预测计算

2) 裂纹体寿命预测计算

第二种理论在多轴疲劳下裂纹体寿命的计算式为

$$N = \int_0^1 \frac{\mathrm{d}a}{A_{2-\mathrm{equ}} \times \left(2(0.7 \sim 0.8)(\sigma_{1-\mathrm{equ}})^{\frac{1}{1-n}}\right)^m} (\mathrm{cycle}) \quad (3-78)$$

式中：$\sigma_{1-\mathrm{equ}}$ 为一个当量应力强度因子值；$A_{2-\mathrm{equ}}$ 为第二理论的材料综合性能常数。在 $R=-1$，$\sigma_m=0$ 的循环加载下，其完整计算式为

$$N = \int_0^1 \frac{\mathrm{d}a}{2\left\{2(0.7 \sim 0.8)\left(\dfrac{K \times a_{\mathrm{fc}}^{(m-2\times n)/2\times m}}{E^n \times \pi^{1/2}}\right)^{\frac{1}{1-n}} \times \alpha\right\}^{-m}} \cdot$$

$$\frac{1}{\left\{2(0.7 \sim 0.8)\left(\dfrac{K \times a_i^{(m-2\times n)/2\times m}}{E^n \times \pi^{1/2}}\right)^{\frac{1}{1-n}}\right\}^m} (\mathrm{cycle}) \quad (3-79)$$

对于 $R \neq -1$，$\sigma_m \neq 0$，有

$$N = \int_0^1 \frac{\mathrm{d}D}{2\left\{2(0.7 \sim 0.8)\left(\dfrac{K \times a_{\mathrm{fc}}^{(m-2\times n)/2\times m}}{E^n \times \pi^{1/2}}\right)^{\frac{1}{1-n}} \alpha(1-R)\right\}^{-m}} \cdot$$

$$\frac{1}{\left\{2(0.7 \sim 0.8)\left(\dfrac{K \times a_i^{(m-2\times n)/2\times m}}{E^n \times \pi^{1/2}}\right)^{\frac{1}{1-n}}\right\}^m} (\mathrm{cycle}) \quad (3-80)$$

3. 按第三强度理论建立损伤体（裂纹体）的损伤体寿命（裂纹体寿命）计算

第三种损伤体（裂纹体）强度理论认为，最大剪应力是引起材料损伤（萌生裂纹）导致断裂的主要因素。按照这一理论，它考虑主应力 σ_1 和 σ_3 对强度的影响是主要的因素。

1) 损伤体寿命预测计算

多轴疲劳加载下，这一型的损伤体寿命计算式为

$$N = \int_0^1 \frac{\mathrm{d}D}{A'_{3-\mathrm{equ}} \times \left((\sigma'_{1-\mathrm{equ}})^{\frac{1}{1-n}}\right)^m} (\mathrm{cycle}) \quad (3-81)$$

式中：$\sigma'_{1-\mathrm{equ}}$ 为一个当量损伤应力强度因子值；$A'_{3-\mathrm{equ}}$ 为第三理论的材料综合性能常数。在 $R=-1$，$\sigma_m=0$ 的循环加载下，其完整计算式为

$$N = \int_0^1 \frac{\mathrm{d}D}{2\left\{\left(\dfrac{K \times D_{\mathrm{fc}}^{(m-2\times n)/2\times m}}{E^n \times \pi^{1/2}}\right)^{\frac{1}{1-n}} \alpha\right\}^{-m}} \cdot \frac{1}{\left\{\left(\dfrac{K \times D_i^{(m-2\times n)/2\times m}}{E^n \times \pi^{1/2}}\right)^{\frac{1}{1-n}}\right\}^m} (\mathrm{cycle})$$

(3-82)

对于 $R \neq -1$, $\sigma_m \neq 0$, 有

$$N = \int_0^1 \frac{\mathrm{d}D}{2\left\{\left(\dfrac{K \times D_{\mathrm{fc}}^{(m-2\times n)/2\times m}}{E^n \times \pi^{1/2}}\right)^{\frac{1}{1-n}} \times \alpha(1-R)\right\}^{-m}} \cdot$$

$$\frac{1}{\left\{\left(\dfrac{K \times D_i^{(m-2\times n)/2\times m}}{E^n \times \pi^{1/2}}\right)^{\frac{1}{1-n}}\right\}^m} (\mathrm{cycle})$$

(3-83)

2) 裂纹体寿命预测计算

第三种理论在多轴疲劳下裂纹体寿命的计算式为

$$N = \int_0^1 \frac{\mathrm{d}a}{A_{3-\mathrm{equ}}\left((\sigma_{1-\mathrm{equ}})^{\frac{1}{1-n}}\right)^m} (\mathrm{cycle})$$

(3-84)

式中: $\sigma_{1-\mathrm{equ}}$ 为一个当量应力强度因子值, $A_{3-\mathrm{equ}}$ 为第三理论的材料综合性能常数。对于 $R = -1$, $\sigma_m = 0$ 的循环加载下, 其完整计算式为

$$N = \int_0^1 \frac{\mathrm{d}a}{2\left\{\left(\dfrac{K \times a_{\mathrm{fc}}^{(m-2\times n)/2\times m}}{E^n \times \pi^{1/2}}\right)^{\frac{1}{1-n}} \alpha\right\}^{-m} \cdot \left\{\left(\dfrac{K \times a_i^{(m-2\times n)/2\times m}}{E^n \times \pi^{1/2}}\right)^{\frac{1}{1-n}}\right\}^m} (\mathrm{cycle})$$

(3-85)

对于 $R \neq -1$, $\sigma_m \neq 0$, 有

$$N = \int_0^1 \frac{\mathrm{d}D}{2\left\{\left(\dfrac{K \times a_{\mathrm{fc}}^{(m-2\times n)/2\times m}}{E^n \times \pi^{1/2}}\right)^{\frac{1}{1-n}} \alpha(1-R)\right\}^{-m} \cdot \left\{\left(\dfrac{K \times a_i^{(m-2\times n)/2\times m}}{E^n \times \pi^{1/2}}\right)^{\frac{1}{1-n}}\right\}^m}$$

(3-86)

4. 按第四强度理论建立损伤体（裂纹体）的损伤体寿命（裂纹体寿命）计算

第四种损伤体（裂纹体）强度理论认为, 形状改变比能是引起材料流动损伤或萌生裂纹而导致断裂的主要原因。

1) 损伤体寿命预测计算

多轴疲劳加载下, 这一型的损伤体寿命计算式为

第3章 连续材料损伤体与裂纹体寿命预测计算

$$N = \int_0^1 \frac{\mathrm{d}D}{A'_{4\text{-equ}} \times \left(\frac{2}{\sqrt{3}}(\sigma'_{1\text{-equ}})^{\frac{1}{1-n}}\right)^m} (\text{cycle}) \tag{3-87}$$

式中：$\sigma'_{1\text{-equ}}$ 为一个当量损伤应力强度因子值；$A'_{4\text{-equ}}$ 为第四理论的材料综合性能常数。在 $R=-1$，$\sigma_m=0$ 的循环加载下，其完整计算式为

$$N = \int_0^1 \frac{\mathrm{d}D}{2\left\{\frac{2}{\sqrt{3}}\left(\frac{K \times D_{\mathrm{fc}}^{(m-2\times n)/2\times m}}{E^n \times \pi^{1/2}}\right)^{\frac{1}{1-n}}\alpha\right\}^{-m} \left\{\frac{2}{\sqrt{3}}\left(\frac{K \times D_i^{(m-2\times n)/2\times m}}{E^n \times \pi^{1/2}}\right)^{\frac{1}{1-n}}\right\}^m} (\text{cycle})$$

$$(3-88)$$

对于 $R \neq -1$，$\sigma_m \neq 0$，有

$$N = \int_0^1 \frac{\mathrm{d}D}{2\left\{\frac{2}{\sqrt{3}}\left(\frac{K \times D_{\mathrm{fc}}^{(m-2\times n)/2\times m}}{E^n \times \pi^{1/2}}\right)^{\frac{1}{1-n}}\alpha(1-R)\right\}^{-m} \cdot \left\{\frac{2}{\sqrt{3}}\left(\frac{K \times D_i^{(m-2\times n)/2\times m}}{E^n \times \pi^{1/2}}\right)^{\frac{1}{1-n}}\right\}^m}$$

$$(3-89)$$

2）裂纹体寿命预测计算

第四种理论在多轴疲劳下裂纹体寿命的计算式为

$$N = \int_0^1 \frac{\mathrm{d}a}{A_{4\text{-equ}}\left(\frac{2}{\sqrt{3}}(\sigma'_{1\text{-equ}})^{\frac{1}{1-n}}\right)^m} (\text{cycle}) \tag{3-90}$$

式中：$\sigma'_{1\text{-equ}}$ 为一个当量损伤应力强度因子值；$A_{4\text{-equ}}$ 为第四理论的材料综合性能常数。在 $R=-1$，$\sigma_m=0$ 的循环加载下，其完整计算式为

$$N = \int_0^1 \frac{\mathrm{d}a}{2\left\{\frac{2}{\sqrt{3}}\left(\frac{K \times a_{\mathrm{fc}}^{(m-2\times n)/2\times m}}{E^n \times \pi^{1/2}}\right)^{\frac{1}{1-n}}\alpha\right\}^{-m} \cdot \left\{\frac{2}{\sqrt{3}}\left(\frac{K \times a_i^{(m-2\times n)/2\times m}}{E^n \times \pi^{1/2}}\right)^{\frac{1}{1-n}}\right\}^m} (\text{cycle})$$

$$(3-91)$$

对于 $R \neq -1$，$\sigma_m \neq 0$，有

$$N = \int_0^1 \frac{\mathrm{d}a}{2\left\{\frac{2}{\sqrt{3}}\left(\frac{K \times a_{\mathrm{fc}}^{(m-2\times n)/2\times m}}{E^n \times \pi^{1/2}}\right)^{\frac{1}{1-n}}\alpha(1-R)\right\}^{-m} \cdot \left\{\frac{2}{\sqrt{3}}\left(\frac{K \times a_i^{(m-2\times n)/2\times m}}{E^n \times \pi^{1/2}}\right)^{\frac{1}{1-n}}\right\}^m} (\text{cycle})$$

$$(3-92)$$

3.2.2 方法2：β-型

多轴疲劳载荷下损伤体与裂纹体全过程体寿命预测计算，用一个计算公式

计算高低周载荷下全过程的数学表达式,用方法2（β-型）计算,还可以用第一强度理论、第二强度理论、第三强度理论、第四强度理论分别建立其计算式。

1. 按第一强度理论建立损伤体（裂纹体）的损伤体寿命（裂纹体寿命）计算

对于连续介质材料,如果三个主应力的关系是 $\sigma_1>\sigma_2>\sigma_3$,第一损伤体（裂纹体）强度理论认为,最大拉伸应力是引起材料损伤（或萌生裂纹）而导致破坏的主要因素。此时,对方法2（β-型）要分别为损伤体和裂纹体建立新的体寿命计算式。

1) 损伤体寿命计算

多轴疲劳加载下,这一型的损伤演化体寿命为

$$N = \int_0^1 \frac{dD}{\beta'_{\sigma_{1-equ}} \times [2(\beta'_{1-equ})^{1/2(1-n)}]^m}(\text{cycle}) \quad (3\text{-}93)$$

式中:β'_{1-equ} 为一个当量损伤应力强度因子值;$\beta'_{\sigma_{1-equ}}$ 为材料综合性能常数。因此,其完整计算式,在 $R=-1$, $\sigma_m=0$ 的循环加载下为

$$N = \int_0^1 \frac{dD}{2\left\{2\left(\frac{K'^2}{E^{2n}} \times \frac{D_{fc}}{\pi}\right)^{\frac{1}{2(1-n)}} \alpha\right\}^{-m} \cdot \left\{2\left(\frac{K'^2}{E^{2n}} \times \frac{D_i}{\pi}\right)^{\frac{1}{2(1-n)}}\right\}^m}(\text{cycle})$$

$$(3\text{-}94)$$

对于 $R \neq -1$, $\sigma_m \neq 0$, 有

$$N = \int_0^1 \frac{dD}{2\left\{2\left(\frac{K'^2}{E^{2n}} \times \frac{D_{fc}}{\pi}\right)^{\frac{1}{2(1-n)}} \alpha(1-R)\right\}^{-m} \cdot \left\{2\left(\frac{K'^2}{E^{2n}} \times \frac{D_i}{\pi}\right)^{\frac{1}{2(1-n)}}\right\}^m}(\text{cycle})$$

2) 裂纹体寿命计算

多轴疲劳加载下,这一型的裂纹体寿命为

$$N = \int_0^1 \frac{da}{\beta_{\sigma_{1-equ}}[2(\beta_{1-equ})^{1/2(1-n)}]^m}(\text{cycle}) \quad (3\text{-}95)$$

式中:β_{1-equ} 为一个当量裂纹应力强度因子值;$\beta_{\sigma_{1-equ}}$ 为材料综合性能常数。因此,其完整计算式在 $R=-1$, $\sigma_m=0$ 的循环加载下为

$$N = \int_0^1 \frac{da}{2\left\{2\left(\frac{K'^2}{E^{2n}} \times \frac{a_{fc}}{\pi}\right)^{\frac{1}{2(1-n)}} \alpha\right\}^{-m} \cdot \left\{2\left(\frac{K'^2}{E^{2n}} \times \frac{a_i}{\pi}\right)^{\frac{1}{2(1-n)}}\right\}^m}(\text{cycle})$$

$$(3\text{-}96)$$

对于 $R \neq -1$, $\sigma_m \neq 0$, 有

第3章 连续材料损伤体与裂纹体寿命预测计算

$$N = \int_0^1 \frac{\mathrm{d}a}{2\left\{2\left(\dfrac{K'^2}{E^{2n}} \times \dfrac{a_{\mathrm{fc}}}{\pi}\right)^{\frac{1}{2(1-n)}} \alpha(1-R)\right\}^{-m} \cdot \left\{2\left(\dfrac{K'^2}{E^{2n}} \times \dfrac{a_i}{\pi}\right)^{\frac{1}{2(1-n)}}\right\}^m} (\mathrm{cycle})$$

(3-97)

2. 按第二强度理论建立损伤体（裂纹体）的损伤体寿命（裂纹体寿命）计算

对于连续介质材料，第二种损伤体（裂纹体）强度理论认为，最大拉伸引起的线应变量 ε 是材料引发损伤（萌生裂纹）导致断裂的主要因素。

此时，对方法2（β-型）要分别为损伤体和裂纹体建立新的体寿命计算式。

1) 损伤体寿命计算

多轴疲劳加载下，这一型的损伤演化体寿命为

$$N = \int_0^1 \frac{\mathrm{d}D}{\beta'_{\sigma'_{2\text{-equ}}} \times \left[2(0.7 \sim 0.8)(\beta'_{1\text{-equ}})^{1/2(1-n)}\right]^m} (\mathrm{cycle}) \quad (3\text{-}98)$$

式中：$\beta'_{1\text{-equ}}$ 为一个当量损伤应力强度因子值；$\beta'_{\sigma'_{2\text{-equ}}}$ 为材料综合性能常数。

因此，其完整计算式，在 $R=-1$，$\sigma_m=0$ 的循环加载下为

$$N = \int_0^1 \frac{\mathrm{d}D}{2\left\{2(0.7 \sim 0.8)\left(\dfrac{K'^2}{E^{2n}} \times \dfrac{D_{\mathrm{fc}}}{\pi}\right)^{\frac{1}{2(1-n)}} \alpha\right\}^{-m} \cdot \left\{2(0.7 \sim 0.8)\left(\dfrac{K'^2}{E^{2n}} \times \dfrac{D_i}{\pi}\right)^{\frac{1}{2(1-n)}}\right\}^m} (\mathrm{cycle})$$

(3-99)

对于 $R \neq -1$，$\sigma_m \neq 0$，有

$$N = \int_0^1 \frac{\mathrm{d}D}{2\left\{2(0.7 \sim 0.8)\left(\dfrac{K'^2}{E^{2n}} \times \dfrac{D_{\mathrm{fc}}}{\pi}\right)^{\frac{1}{2(1-n)}} \alpha(1-R)\right\}^{-m}} \cdot$$

$$\int_0^1 \frac{1}{\left\{2(0.7 \sim 0.8)\left(\dfrac{K'^2}{E^{2n}} \times \dfrac{D_i}{\pi}\right)^{\frac{1}{2(1-n)}}\right\}^m} (\mathrm{cycle}) \quad (3\text{-}100)$$

2) 裂纹体寿命计算

多轴疲劳加载下，这一型的裂纹体寿命为

$$N = \int_0^1 \frac{\mathrm{d}a}{\beta_{\sigma_{2\text{-equ}}} \times \left[2(0.7 \sim 0.8)(\beta_{1\text{-equ}})^{1/2(1-n)}\right]^m} (\mathrm{cycle}) \quad (3\text{-}101)$$

式中：$\beta_{1\text{-equ}}$ 为一个当量裂纹应力强度因子值；$\beta_{\sigma_{2\text{-equ}}}$ 为裂纹体材料综合性能

常数。

因此，其完整计算式，在 $R=-1$，$\sigma_m=0$ 的循环加载下为

$$N=\int_0^1 \frac{\mathrm{d}a}{2\left\{2(0.7\sim0.8)\left(\frac{K'^2}{E^{2n}}\times\frac{a_{\mathrm{fc}}}{\pi}\right)^{\frac{1}{2(1-n)}}\alpha\right\}^{-m}\cdot\left\{2(0.7\sim0.8)\left(\frac{K'^2}{E^{2n}}\times\frac{a_i}{\pi}\right)^{\frac{1}{2(1-n)}}\right\}^m}(\mathrm{cycle})$$

(3-102)

对于 $R\neq-1$，$\sigma_m\neq0$，有

$$N=\int_0^1 \frac{\mathrm{d}a}{2\left\{2(0.7\sim0.8)\left(\frac{K'^2}{E^{2n}}\times\frac{a_{\mathrm{fc}}}{\pi}\right)^{\frac{1}{2(1-n)}}\alpha(1-R)\right\}^{-m}\cdot\left\{2(0.7\sim0.8)\left(\frac{K'^2}{E^{2n}}\times\frac{a}{\pi}\right)^{\frac{1}{2(1-n)}}\right\}^m}(\mathrm{cycle})$$

(3-103)

3. 按第三强度理论建立损伤体（裂纹体）的损伤体寿命（裂纹体寿命）计算

第三种损伤体（裂纹体）强度理论认为，最大剪应力是引起材料损伤（萌生裂纹）导致断裂的主要因素。按照这一理论，它考虑主应力 σ_1 和 σ_3 对强度的影响是主要因素。此时，对方法2（β-型）要分别为损伤体和裂纹体建立新的体寿命计算式。

1）损伤体寿命计算

多轴疲劳加载下，这一型的损伤体寿命为

$$N=\int_0^1\frac{\mathrm{d}D}{\beta'_{\sigma'_{3-\mathrm{equ}}}\times\left[(\beta'_{1-\mathrm{equ}})^{1/2(1-n)}\right]^m}(\mathrm{cycle}) \quad (3\text{-}104)$$

式中：$\beta'_{1-\mathrm{equ}}$ 为一个当量损伤应力强度因子值；$\beta'_{\sigma'_{3-\mathrm{equ}}}$ 为材料综合性能常数。

因此，其完整计算式，在 $R=-1$，$\sigma_m=0$ 的循环加载下为

$$N=\int_0^1\frac{\mathrm{d}D}{2\left\{\left(\frac{K'^2}{E^{2n}}\times\frac{D_{\mathrm{fc}}}{\pi}\right)^{\frac{1}{2(1-n)}}\alpha\right\}^{-m}\cdot\left\{\left(\frac{K'^2}{E^{2n}}\times\frac{D_i}{\pi}\right)^{\frac{1}{2(1-n)}}\right\}^m}(\mathrm{cycle}) \quad (3\text{-}105)$$

对于 $R\neq-1$，$\sigma_m\neq0$，有

$$N=\int_0^1\frac{\mathrm{d}D}{2\left\{\left(\frac{K'^2}{E^{2n}}\times\frac{D_{\mathrm{fc}}}{\pi}\right)^{\frac{1}{2(1-n)}}\alpha(1-R)\right\}^{-m}\cdot\left\{\left(\frac{K'^2}{E^{2n}}\times\frac{D_i}{\pi}\right)^{\frac{1}{2(1-n)}}\right\}^m}(\mathrm{cycle})$$

(3-106)

2）裂纹体寿命计算

多轴疲劳加载下，这一型的裂纹体寿命为

$$N = \int_0^1 \frac{\mathrm{d}a}{\beta_{\sigma_{3\text{-equ}}} \times \left[(\beta_{1\text{-equ}})^{1/2(1-n)} \right]^m} (\text{cycle}) \quad (3\text{-}107)$$

式中：$\beta_{1\text{-equ}}$ 为一个当量裂纹应力强度因子值；$\beta_{\sigma_{3\text{-equ}}}$ 为裂纹体材料综合性能常数。

因此，其完整计算式，在 $R=-1$，$\sigma_m=0$ 的循环加载下为

$$N = \int_0^1 \frac{\mathrm{d}a}{2\left\{ \left(\frac{K'^2}{E^{2n}} \times \frac{a_{\text{fc}}}{\pi}\right)^{\frac{1}{2(1-n)}} \alpha \right\}^{-m} \cdot \left\{ \left(\frac{K'^2}{E^{2n}} \times \frac{a_i}{\pi}\right)^{\frac{1}{2(1-n)}} \right\}^m} (\text{cycle}) \quad (3\text{-}108)$$

对于 $R \neq -1$，$\sigma_m \neq 0$，有

$$N = \int_0^1 \frac{\mathrm{d}a}{2\left\{ \left(\frac{K'^2}{E^{2n}} \times \frac{a_{\text{fc}}}{\pi}\right)^{\frac{1}{2(1-n)}} \alpha(1-R) \right\}^{-m} \cdot \left\{ \left(\frac{K'^2}{E^{2n}} \times \frac{a}{\pi}\right)^{\frac{1}{2(1-n)}} \right\}^m} \quad (3\text{-}109)$$

4. 按第四强度理论建立损伤体（裂纹体）的损伤体寿命（裂纹体寿命）计算

第四种损伤体（裂纹体）强度理论认为，形状改变比能是引起材料流动引发损伤或萌生裂纹而导致断裂的主要原因。此时，对方法 2（β-型）要分别为损伤体和裂纹体建立新的体寿命计算式。

1）损伤体寿命计算

多轴疲劳加载下，这一型的损伤体寿命为

$$N = \int_0^1 \frac{\mathrm{d}D}{\beta'_{\sigma_{4\text{-equ}}} \times \left[\frac{2}{\sqrt{3}} (\beta'_{1\text{-equ}})^{1/2(1-n)} \right]^m} (\text{cycle}) \quad (3\text{-}110)$$

式中：$\beta'_{1\text{-equ}}$ 为一个当量损伤应力强度因子值；$\beta'_{\sigma_{4\text{-equ}}}$ 为材料综合性能常数。

因此，其完整计算式，在 $R=-1$，$\sigma_m=0$ 的循环加载下为

$$N = \int_0^1 \frac{\mathrm{d}D}{2\left\{ \frac{2}{\sqrt{3}} \left(\frac{K'^2}{E^{2n}} \times \frac{D_{\text{fc}}}{\pi}\right)^{\frac{1}{2(1-n)}} \alpha \right\}^{-m} \cdot \left\{ \frac{2}{\sqrt{3}} \left(\frac{K'^2}{E^{2n}} \times \frac{D_i}{\pi}\right)^{\frac{1}{2(1-n)}} \right\}^m} (\text{cycle})$$

$$(3\text{-}111)$$

对于 $R \neq -1$，$\sigma_m \neq 0$，有

$$N = \int_0^1 \frac{\mathrm{d}D}{2\left\{\frac{2}{\sqrt{3}}\left(\frac{K'^2}{E^{2n}} \times \frac{D_{\mathrm{fc}}}{\pi}\right)^{\frac{1}{2(1-n)}} \alpha(1-R)\right\}^{-m} \cdot \left\{\frac{2}{\sqrt{3}}\left(\frac{K'^2}{E^{2n}} \times \frac{D_i}{\pi}\right)^{\frac{1}{2(1-n)}}\right\}^m}(\mathrm{cycle})$$

(3-112)

2) 裂纹体寿命计算

多轴疲劳加载下，这一型的裂纹体寿命为

$$N = \int_0^1 \frac{\mathrm{d}a}{\beta_{\sigma_{4-\mathrm{equ}}} \times \left[\frac{2}{\sqrt{3}}(\beta_{1-\mathrm{equ}})^{1/2(1-n)}\right]^m}(\mathrm{cycle}) \quad (3-113)$$

式中：$\beta'_{1-\mathrm{equ}}$ 为一个当量损伤应力强度因子值；$\beta'_{\sigma_{4-\mathrm{equ}}}$ 为裂纹体材料综合性能常数。因此，其完整展开计算式，在 $R=-1$，$\sigma_m=0$ 的循环加载下为

$$N = \int_0^1 \frac{\mathrm{d}a}{2\left\{\frac{2}{\sqrt{3}}\left(\frac{K'^2}{E^{2n}} \times \frac{a_{\mathrm{fc}}}{\pi}\right)^{\frac{1}{2(1-n)}} \alpha\right\}^{-m} \cdot \left\{\frac{2}{\sqrt{3}}\left(\frac{K'^2}{E^{2n}} \times \frac{a_i}{\pi}\right)^{\frac{1}{2(1-n)}}\right\}^m}(\mathrm{cycle})$$

(3-114)

对于 $R \neq -1$，$\sigma_m \neq 0$，有

$$N = \int_0^1 \frac{\mathrm{d}a}{2\left\{\frac{2}{\sqrt{3}}\left(\frac{K'^2}{E^{2n}} \times \frac{a_{\mathrm{fc}}}{\pi}\right)^{\frac{1}{2(1-n)}} \alpha(1-R)\right\}^{-m} \cdot \left\{\frac{2}{\sqrt{3}}\left(\frac{K'^2}{E^{2n}} \times \frac{a_i}{\pi}\right)^{\frac{1}{2(1-n)}}\right\}^m}(\mathrm{cycle})$$

(3-115)

3.2.3 方法3：γ-型

这一型还可以用第一强度理论、第二强度理论、第三强度理论、第四强度理论分别建立其计算式。

1. 按第一强度理论建立损伤体（裂纹体）的寿命预测计算

对于连续介质材料，三个主应力的关系若是 $\sigma_1 > \sigma_2 > \sigma_3$，第一损伤体（裂纹体）强度理论认为，最大拉伸应力是引起材料损伤（或萌生裂纹）而导致破坏的主要因素。此时，方法3（γ-型）分别就损伤体与裂纹体建立新的寿命预测计算式。

1) 损伤体寿命预测计算

这种方法是用极少多性能常数和损伤变量或裂纹变量相组合来计算寿命，而且量纲和单位与其他方法都不同，其强度单位可采用强度系数 K' 值同变量

值 D_i 之比的单位,如 damage-unit×%。对损伤体的寿命而言,其为

$$N = \int_0^1 \frac{\mathrm{d}D}{J'_{1-\mathrm{equ}}[2(\gamma'_{i-\mathrm{equ}})]^m}(\mathrm{cycle}) \quad (3-116)$$

式中:$\gamma'_{1-\mathrm{equ}}$ 为 γ' 型损伤因子当量值,$\gamma'_{1-\mathrm{equ}} = \sigma_{\mathrm{equ}} \times D_i^{-n}$,它是用损伤变量 D_i 与一个材料参数组成的因子量,呈现强度含义。$\gamma'_{1-\mathrm{equ}}$ 的物理意义是损伤扩展的推动力;$J'_{1-\mathrm{equ}}$ 为综合材料常数,其表达式如下:

$$J'_{1-\mathrm{equ}} = 2(2\sigma_f \alpha D_{\mathrm{fc}}^{-n})^{-m}(\mathrm{MPa}) \quad (3-117)$$

式中:$D_{\mathrm{fc}} = (K'/\sigma'_f)^{-n'}(\%)$。注意,此方法的综合材料常数 $J'_{1-\mathrm{equ}}$,对于弹性模量小于 $1.0 \times 10^5 \mathrm{MPa}$ 时,例如 LC4CS,有

$$J'_{1-\mathrm{equ}} = (2\sigma'_f \alpha \sqrt[-m]{D_{\mathrm{fc}}^{-n}})^{-m}(\mathrm{MPa}) \quad (3-118)$$

因此在 $R=-1$,$\sigma_m = 0$ 的循环加载下,在弹性模量 $E \geq 2.0 \times 10^5 \mathrm{MPa}$ 时,这种 γ-型寿命的完整表达式为

$$N = \int_0^1 \frac{\mathrm{d}D}{2(2\sigma_f \alpha \sqrt[-m]{D_f^{-n}})^{-m} \cdot [2(\sigma_{\mathrm{equ}} \sqrt[m]{D_i^{-n}})]^m}(\mathrm{cycle}) \quad (3-119)$$

在 $R \neq -1$,$\sigma_m \neq 0$,的循环加载下,其为

$$N = \int_0^1 \frac{\mathrm{d}D}{2[2\sigma_f \alpha (1-R) \sqrt[-m]{D_f^{-n}}]^{-m} \cdot [2(\sigma_{\mathrm{equ}} \sqrt[m]{D_i^{-n}})]^m}(\mathrm{cycle})$$

$$(3-120)$$

2) 裂纹体寿命预测计算

对裂纹体的寿命而言,其为

$$N = \int_0^1 \frac{\mathrm{d}a}{J_{1-\mathrm{equ}}(2\gamma_{1-\mathrm{equ}})^m}(\mathrm{cycle}) \quad (3-121)$$

式中:$\gamma_{1-\mathrm{equ}}$ 为 γ 型裂纹因子当量值,$\gamma_{1-\mathrm{equ}} = \sigma_{\mathrm{equ}} \times a_i^{-n}$;$J_{1-\mathrm{equ}}$ 为当量综合材料常数,其表达式如下:

$$J_{1-\mathrm{equ}} = (2\sigma'_f \alpha \sqrt[-m]{a_{\mathrm{fc}}^{-n}})^{-m}(\mathrm{MPa \cdot mm}) \quad (3-122)$$

式中:$a_{\mathrm{fc}} = (K'/\sigma'_f)^{-n'} c_1 (\mathrm{mm\%})$。此方法的综合材料常数 J_{equ},对于弹性模量小于 $1.0 \times 10^5 \mathrm{MPa}$ 时,例如 LC4CS,有

$$J_{1-\mathrm{equ}} = (2\sigma'_f \times \alpha \times \sqrt[-m]{a_{\mathrm{fc}}^{-n}})^{-m}(\mathrm{MPa \cdot mm}) \quad (3-123)$$

因此在 $R=-1$,$\sigma_m = 0$ 的循环加载下,这种 γ-型寿命的完整表达式为

$$N = \int_0^1 \frac{\mathrm{d}a}{2(2\sigma_f \alpha \sqrt[-m]{a_f^{-n}})^{-m} \cdot [2(\sigma_{\mathrm{equ}} \sqrt[m]{a_i^{-n}})]^m}(\mathrm{cycle}) \quad (3-124)$$

在 $R \neq -1$,$\sigma_m \neq 0$,的循环加载下,其为

$$N = \int_0^1 \frac{\mathrm{d}a}{2[2\sigma_f \alpha(1-R) \sqrt[-m]{a_f^{-n}}]^{-m} \cdot [2(\sigma_{equ} \sqrt[m]{a_i^{-n}})]^m} (\text{cycle}) \quad (3-125)$$

同样地，如果积分计算式上下限分别用损伤门槛值 a_{th} 和临界值 a_{fc} 取代，其寿命必将大大增加。此时，由设计者结合实验来决定安全系数的取值。

2. 按第二强度理论建立损伤体（裂纹体）的体寿命预测计算

对于连续介质材料，第二种损伤体（裂纹体）强度理论认为，最大拉伸引起的线应变量 ε 是材料引发损伤（萌生裂纹）导致断裂的主要因素。

1) 损伤体寿命预测计算

这种方法对损伤体的寿命为

$$N = \int_0^1 \frac{\mathrm{d}D}{J'_{2-equ} \times \left\{2\left(\frac{\gamma'_{1-equ}}{1+\mu}\right)\right\}^m} (\text{cycle}) \quad (3-126)$$

式中：J'_{2-equ} 为当量综合材料常数，其应该表达成如下形式：

$$J'_{2-equ} = 2[2(0.7 \sim 0.8)\sigma_f \alpha \sqrt[-m]{D_f^{-n}}]^{-m} (\text{MPa}) \quad (3-127)$$

此方法的综合材料常数 J'_{equ}，在弹性模量 $E < 1.0 \times 10^5 \text{MPa}$ 时，例如 LC4CS，有

$$J'_{1-equ} = [(2(0.7 \sim 0.8)\sigma'_f \alpha \sqrt[-m]{D_{fc}^{-n}})]^{-m} (\text{MPa}) \quad (3-128)$$

因此，在 $R=-1$，$\sigma_m=0$ 的循环加载下，在弹性模量 $E \geq 2.0 \times 10^5 \text{MPa}$ 时，这种 γ-型寿命的完整展开表达式为

$$N = \int_0^1 \frac{\mathrm{d}D}{2[(0.7 \sim 0.8)(2\sigma_f \alpha \sqrt[-m]{D_f^{-n}})]^{-m} \cdot [2(\sigma_{equ} \sqrt[m]{D_i^{-n}})]^m} (\text{cycle})$$

$$(3-129)$$

在 $R \neq -1$，$\sigma_m \neq 0$ 的循环加载下，其为

$$N = \int_0^1 \frac{\mathrm{d}D}{2[(0.7 \sim 0.8)(2\sigma_f \alpha(1-R) \times \sqrt[-m]{D_f^{-n}})]^{-m} \cdot [2(\sigma_{equ} \sqrt[m]{D_i^{-n}})]^m} (\text{cycle})$$

$$(3-130)$$

2) 裂纹体体寿命预测计算

这种方法对裂纹体的寿命计算如下：

$$N = \int_0^1 \frac{\mathrm{d}a}{J_{2-equ} \times \left\{2\left(\frac{\gamma_{1-equ}}{1+\mu}\right)\right\}^m} (\text{cycle}) \quad (3-131)$$

第3章 连续材料损伤体与裂纹体寿命预测计算

式中：$J_{2\text{-equ}}$ 为裂纹体当量综合材料常数，其应表达成如下形式：

$$J_{2\text{-equ}} = 2[2(0.7 \sim 0.8)\sigma_f \alpha \sqrt[m]{a_f^{-n}}]^{-m} (\text{MPa} \cdot \text{mm}) \quad (3\text{-}132)$$

因此，在 $R=-1$，$\sigma_m=0$ 的循环加载下，在弹性模量 $E \geqslant 2.0 \times 10^5 \text{MPa}$ 时，这种 γ-型寿命的完整展开表达式为

$$N = \int_0^1 \frac{\mathrm{d}a}{2[(0.7 \sim 0.8)(2\sigma_f \alpha \sqrt[m]{a_f^{-n}})]^{-m} \cdot [2(\sigma_{\text{equ}} \sqrt[m]{a_i^{-n}})]^m} (\text{cycle}) \quad (3\text{-}133)$$

在 $R \neq -1$，$\sigma_m \neq 0$，的循环加载下，其为

$$N = \int_0^1 \frac{\mathrm{d}D}{2[(0.7 \sim 0.8)(2\sigma_f \alpha(1-R) \sqrt[m]{a_f^{-n}})]^{-m} \cdot [2(\sigma_{\text{equ}} \sqrt[m]{a_i^{-n}})]^m} (\text{cycle}) \quad (3\text{-}134)$$

3. 按第三强度理论建立损伤体（裂纹体）的体寿命预测计算

第三种损伤体（裂纹体）强度理论认为，最大剪应力是引起材料损伤（萌生裂纹）导致断裂的主要因素。按照这一理论，它考虑主应力 σ_1 和 σ_3 对强度的影响是主要的因素。

此时，方法 3（γ-型）要分别为损伤体和裂纹体建立新的体寿命计算式。

1) 损伤体寿命预测计算

这种方法对损伤体的寿命计算如下：

$$N = \int_0^1 \frac{\mathrm{d}D}{J'_{3\text{-equ}} \times (\gamma'_{1\text{-equ}})^m} (\text{cycle}) \quad (3\text{-}135)$$

式中：$J'_{3\text{-equ}}$ 为当量综合材料常数，其应表达成如下形式：

$$J'_{3\text{-equ}} = 2[\sigma_f \alpha \sqrt[m]{D_f^{-n}}]^{-m} (\text{MPa}) \quad (3\text{-}136)$$

因此，在 $R=-1$，$\sigma_m=0$ 的循环加载下，在弹性模量 $E \geqslant 2.0 \times 10^5 \text{MPa}$ 时，这种 γ-型寿命的完整展开表达式为

$$N = \int_0^1 \frac{\mathrm{d}D}{2(\sigma_f \alpha \sqrt[m]{D_f^{-n}})^{-m} \cdot (\sigma_{\text{equ}} \sqrt[m]{D_i^{-n}})^m} (\text{cycle}) \quad (3\text{-}137)$$

在 $R \neq -1$，$\sigma_m \neq 0$ 的循环加载下，其为

$$N = \int_0^1 \frac{\mathrm{d}D}{2[\sigma_f \alpha(1-R) \sqrt[m]{D_f^{-n}}]^{-m} \cdot (\sigma_{\text{equ}} \sqrt[m]{D_i^{-n}})^m} (\text{cycle}) \quad (3\text{-}138)$$

2) 裂纹体寿命预测计算

这种方法对损伤体的寿命计算如下：

$$N = \int_0^1 \frac{\mathrm{d}a}{J_{3\text{-equ}} (\gamma_{1\text{-equ}})^m} (\text{cycle}) \quad (3\text{-}139)$$

式中：J'_{3-equ}为裂纹体当量综合材料常数，它应表达成如下形式：

$$J'_{3-equ} = 2(\sigma_f \alpha \sqrt[-m]{a_f^{-n}})^{-m} (\text{MPa}) \tag{3-140}$$

因此，在 $R=-1$，$\sigma_m=0$ 的循环加载下，在弹性模量 $E \geqslant 2.0 \times 10^5 \text{MPa}$ 时，这种 γ-型寿命的完整展开表达式为

$$N = \int_0^1 \frac{da}{2(\sigma_f \alpha \sqrt[-m]{a_f^{-n}})^{-m} \cdot (\sigma_{equ} \sqrt[m]{a_i^{-n}})^m} (\text{cycle}) \tag{3-141}$$

在 $R \neq -1$，$\sigma_m \neq 0$ 的循环加载下，其为

$$N = \int_0^1 \frac{da}{2[\sigma_f \alpha(1-R) \sqrt[-m]{a_f^{-n}}]^{-m} \cdot (\sigma_{equ} \sqrt[m]{a_i^{-n}})^m} (\text{cycle}) \tag{3-142}$$

4. 按第四强度理论建立损伤体（裂纹体）的体寿命预测计算

第四种损伤体（裂纹体）强度理论认为，形状改变比能是引起材料流动引发损伤或萌生裂纹而导致断裂的主要原因。

此时，方法 3（γ-型）要分别为损伤体和裂纹体建立新的体寿命计算式。

1）损伤体寿命预测计算

这种方法对损伤体的寿命计算如下：

$$N = \int_0^1 \frac{dD}{J'_{4-equ} \left\{ \frac{2}{\sqrt{3}} (\gamma'_{1-equ}) \right\}^m} (\text{cycle}) \tag{3-143}$$

式中：J'_{4-equ}为损伤当量综合材料常数，其应表达成如下形式：

$$J'_{4-equ} = 2 \left(\frac{2}{\sqrt{3}} \sigma_f \alpha \sqrt[-m]{D_f^{-n}} \right)^{-m} (\text{MPa}) \tag{3-144}$$

此方法的损伤体综合材料常数 J'_{4-equ}，在弹性模量 $E < 1.0 \times 10^5 \text{MPa}$ 时，例如 LC4CS，有

$$J'_{4-equ} = 2 \left(\frac{1}{\sqrt{3}} \sigma_f \alpha \sqrt[-m]{D_f^{-n}} \right)^{-m} (\text{MPa}) \tag{3-145}$$

因此，在 $R=-1$，$\sigma_m=0$ 的循环加载下，在弹性模量 $E \geqslant 2.0 \times 10^5 \text{MPa}$ 时，这种 γ-型寿命的完整展开表达式为

$$N = \int_0^1 \frac{dD}{2 \left(\frac{2}{\sqrt{3}} \sigma_f \alpha \sqrt[-m]{D_f^{-n}} \right)^{-m} \cdot \left(\frac{2}{\sqrt{3}} \sigma \alpha \sqrt[-m]{D_i^{-n}} \right)^m} (\text{cycle}) \tag{3-146}$$

在 $R \neq -1$，$\sigma_m \neq 0$ 的循环加载下，其为

$$N = \int_0^1 \frac{\mathrm{d}D}{2\left(\frac{2}{\sqrt{3}}\sigma_f \alpha (1-R)^{-m}\sqrt{D_f^{-n}}\right)^{-m} \cdot \left(\frac{2}{\sqrt{3}}\sigma\alpha^{-m}\sqrt{D_i^{-n}}\right)^m}(\text{cycle})$$

(3-147)

2) 裂纹体寿命预测计算

这种方法对裂纹体的寿命计算如下：

$$N = \int_0^1 \frac{\mathrm{d}a}{J_{4-\text{equ}} \times \left\{\frac{2}{\sqrt{3}}(\gamma_{1-\text{equ}})\right\}^m}(\text{cycle}) \qquad (3\text{-}148)$$

式中：$J_{4-\text{equ}}$ 为裂纹体当量综合材料常数，其应该表达成如下形式：

$$J_{4-\text{equ}} = 2\left(\frac{2}{\sqrt{3}}\sigma_f \alpha^{-m}\sqrt{a_f^{-n}}\right)^{-m}(\text{MPa} \cdot \text{mm}) \qquad (3\text{-}149)$$

此方法的裂纹体综合材料常数 $J_{4-\text{equ}}$，在弹性模量 $E<1.0\times10^5\text{MPa}$ 时，例如 LC4CS，有

$$J_{4-\text{equ}} = 2\left(\frac{1}{\sqrt{3}}\sigma_f \alpha^{-m}\sqrt{a_f^{-n}}\right)^{-m}(\text{MPa}) \qquad (3\text{-}150)$$

因此，在 $R=-1$，$\sigma_m=0$ 的循环加载下，在弹性模量 $E \geqslant 2.0\times10^5\text{MPa}$ 时，这种 γ-型寿命的完整展开表达式为

$$N = \int_0^1 \frac{\mathrm{d}a}{2\left(\frac{2}{\sqrt{3}}\sigma_f \alpha^{-m}\sqrt{a_f^{-n}}\right)^{-m} \cdot \left(\frac{2}{\sqrt{3}}\sigma\alpha^{-m}\sqrt{a_i^{-n}}\right)^m}(\text{cycle}) \qquad (3\text{-}151)$$

在 $R \neq -1$，$\sigma_m \neq 0$ 的循环加载下，其为

$$N = \int_0^1 \frac{\mathrm{d}a}{2\left(\frac{2}{\sqrt{3}}\sigma_f \alpha (1-R)^{-m}\sqrt{a_f^{-n}}\right)^{-m} \cdot \left(\frac{2}{\sqrt{3}}\sigma\alpha^{-m}\sqrt{a_i^{-n}}\right)^m}(\text{cycle})$$

(3-152)

3.2.4 方法 4：K-型

这一型还可以用第一强度理论、第二强度理论、第三强度理论、第四强度理论[23-24]分别建立其计算式。

1. 按第一强度理论建立损伤体（裂纹体）的体寿命预测计算

对于连续介质材料，三个主应力的关系若是 $\sigma_1 > \sigma_2 > \sigma_3$，第一损伤体（裂纹体）强度理论认为，最大拉伸应力是引起材料损伤（或萌生裂纹）而导致

破坏的主要因素。

此时，方法 4（K-型）要分别为损伤体和裂纹体建立新的寿命计算式。

1) 损伤体寿命计算

对损伤体寿命预测计算，K-型是如下形式：

$$N = \int_0^1 \frac{\mathrm{d}D}{A'_{1-\mathrm{equ}}(2K'_{1-\mathrm{equ}})^m}(\mathrm{cycle}) \qquad (3-153)$$

式中：$K'_{1-\mathrm{equ}}$ 为一个当量损伤应力强度因子值；$A'_{1-\mathrm{equ}}$ 为材料综合性能常数。

因此，在 $R=-1$，$\sigma_m=0$ 的循环加载下，其完整展开的计算式为

$$N = \int_0^1 \frac{\mathrm{d}D}{2(2\sigma'_f \alpha \sqrt{\pi D_{\mathrm{fc}}})^{-m} \cdot [2(\sigma_{1-\mathrm{equ}}\phi\sqrt{\pi D_i})]^m}(\mathrm{cycle}) \qquad (3-154)$$

在 $R \neq -1$，$\sigma_m \neq 0$ 情况下，其寿命为

$$N = \int_0^1 \frac{\mathrm{d}D}{2[2\sigma'_f \alpha(1-R)\sqrt{\pi D_{\mathrm{fc}}}]^{-m} \cdot [2(\sigma_{1-\mathrm{equ}}\phi\sqrt{\pi D_i})]^m}(\mathrm{cycle})$$

$$(3-155)$$

2) 裂纹体寿命预测计算

对裂纹体寿命预测计算，K-型是如下形式：

$$N = \int_0^1 \frac{\mathrm{d}a}{A_{1-\mathrm{equ}}[2(K_{1-\mathrm{equ}})]^m}(\mathrm{cycle}) \qquad (3-156)$$

式中：$K_{1-\mathrm{equ}}$ 为一个裂纹体当量应力强度因子值；$A_{1-\mathrm{equ}}$ 为材料综合性能常数。

因此，在 $R=-1$，$\sigma_m=0$ 的循环加载下，其完整展开的计算式为

$$N = \int_0^1 \frac{\mathrm{d}a}{2(2\sigma'_f \alpha \sqrt{\pi a_{\mathrm{fc}}})^{-m} \cdot [2(\sigma_{1-\mathrm{equ}}\phi\sqrt{\pi a_i})]^m}(\mathrm{cycle}) \qquad (3-157)$$

在 $R \neq -1$，$\sigma_m \neq 0$ 情况下，有

$$N = \int_0^1 \frac{\mathrm{d}a}{2[2\sigma'_f \alpha(1-R)\sqrt{\pi a_{\mathrm{fc}}}]^{-m} \cdot [2(\sigma_{1-\mathrm{equ}}\phi\sqrt{\pi a_i})]^m}(\mathrm{cycle})$$

$$(3-158)$$

2. 按第二强度理论建立损伤体（裂纹体）的体寿命预测计算

对于连续介质的材料，在复杂应力下，第二损伤体（裂纹体）强度理论，假定最大拉伸引起的线应变量 ε 是材料引发损伤和萌生裂纹导致断裂的主要因素。根据这一思路，三个主应力 σ_1、σ_2 和 σ_3 对损伤裂纹体（裂纹体）强度问题的影响建立当量应力强度因子 $\sigma_{2-\mathrm{equ}}$。$\sigma_{2-\mathrm{equ}} = \dfrac{\sigma_{1-\mathrm{equ}}}{1+\mu} = (0.7 \sim 0.8)\sigma_{1-\mathrm{equ}} = (0.7 \sim 0.8)\sigma_{1\max}$。

此时，方法4（K-型）要分别为损伤体和裂纹体建立新的寿命计算式。

1) 损伤体寿命计算

对损伤体寿命预测计算，K-型是如下形式：

$$N = \int_0^1 \frac{\mathrm{d}D}{A'_{2-equ}[2(0.7 \sim 0.8)K'_{1-equ}]^m}(\text{cycle}) \qquad (3\text{-}159)$$

式中：K'_{1-equ} 为损伤体当量应力强度因子值；A'_{2-equ} 为材料综合性能常数。

因此，在 $R=-1$，$\sigma_m=0$ 的循环加载下，其完整展开的计算式为

$$N = \int_0^1 \frac{\mathrm{d}D}{2[2(0.7 \sim 0.8)\sigma'_f \alpha \sqrt{\pi D_{fc}}]^{-m} \cdot [2(0.7 \sim 0.8)\sigma_{1-equ}\phi\sqrt{\pi D_i}]^m}(\text{cycle})$$
$$(3\text{-}160)$$

在 $R \neq -1$，$\sigma_m \neq 0$ 情况下，其寿命为

$$N = \int_0^1 \frac{\mathrm{d}D}{2(0.7\sim0.8)[2\sigma'_f \alpha(1-R)\sqrt{\pi D_{fc}}]^{-m} \cdot [(0.7 \sim 0.8)2(\sigma_{1-equ}\phi\sqrt{\pi D_i})]^m}(\text{cycle})$$
$$(3\text{-}161)$$

2) 裂纹体体寿命预测计算

对裂纹体寿命预测计算，K-型是如下形式：

$$N = \int_0^1 \frac{\mathrm{d}a}{A_{2-equ}[2(0.7 \sim 0.8)K_{1-equ}]^m}(\text{cycle}) \qquad (3\text{-}162)$$

式中：K_{1-equ} 为损伤体当量应力强度因子值；A_{2-equ} 为材料综合性能常数。

因此，在 $R=-1$，$\upsilon_m=0$ 的循环加载下，其完整展开的计算式为

$$N = \int_0^1 \frac{\mathrm{d}a}{2[2(0.7 \sim 0.8)\sigma'_f \alpha \sqrt{\pi a_{fc}}]^{-m} \cdot [2(0.7 \sim 0.8)\sigma_{1-equ}\phi\sqrt{\pi a_i}]^m}(\text{cycle})$$
$$(3\text{-}163)$$

在 $R \neq -1$，$\sigma_m \neq 0$ 情况下，其寿命为

$$N = \int_0^1 \frac{\mathrm{d}a}{2[(0.7 \sim 0.8)[2\sigma'_f \alpha(1-R)\sqrt{\pi a_{fc}}]^{-m} \cdot [2(0.7 \sim 0.8)\sigma_{1-equ}\phi\sqrt{\pi D_i}]^m}(\text{cycle})$$
$$(3\text{-}164)$$

3. 按第三强度理论建立损伤体（裂纹体）的体寿命预测计算

第三损伤体（裂纹体）强度理论认为，最大剪应力是引起材料损伤（萌生裂纹）导致断裂的主要因素。按照这一理论，其考虑主应力 σ_1 和 σ_3 对强度的影响是主要因素。

此时，方法4（K-型）要分别为损伤体和裂纹体建立新的寿命计算式。

1) 损伤体寿命计算

对损伤体寿命预测计算，K-型是如下形式：

$$N = \int_0^1 \frac{\mathrm{d}D}{A'_{3-\mathrm{equ}} \times (K'_{1-\mathrm{equ}})^m}(\mathrm{cycle}) \qquad (3-165)$$

式中：$K'_{1-\mathrm{equ}}$ 为损伤体当量应力强度因子值；$A'_{3-\mathrm{equ}}$ 为材料综合性能常数。

因此，在 $R=-1$，$\sigma_m=0$ 的循环加载下，其完整展开的计算式为

$$N = \int_0^1 \frac{\mathrm{d}D}{2(\sigma'_f \alpha \sqrt{\pi D_{\mathrm{fc}}})^{-m} \cdot (\sigma_{1-\mathrm{equ}} \phi \sqrt{\pi D_i})^m}(\mathrm{cycle}) \qquad (3-166)$$

在 $R \neq -1$，$\sigma_m \neq 0$ 情况下，其寿命为

$$N = \int_0^1 \frac{\mathrm{d}D}{2[\sigma'_f \alpha (1-R) \sqrt{\pi D_{\mathrm{fc}}}]^{-m} \cdot (\sigma_{1-\mathrm{equ}} \phi \sqrt{\pi D_i})^m}(\mathrm{cycle}) \qquad (3-167)$$

2) 裂纹体寿命预测计算

对裂纹体寿命预测计算，K-型是如下形式：

$$N = \int_0^1 \frac{\mathrm{d}a}{A_{3-\mathrm{equ}}(K_{1-\mathrm{equ}})^m}(\mathrm{cycle}) \qquad (3-168)$$

式中：$K_{1-\mathrm{equ}}$ 为裂纹体当量应力强度因子值；$A_{3-\mathrm{equ}}$ 为裂纹体材料综合性能常数。

因此，在 $R=-1$，$\sigma_m=0$ 的循环加载下，其完整展开的计算式为

$$N = \int_0^1 \frac{\mathrm{d}a}{2(\sigma'_f \alpha \sqrt{\pi a_{\mathrm{fc}}})^{-m} \cdot (\sigma_{1-\mathrm{equ}} \phi \sqrt{\pi a_i})^m}(\mathrm{cycle}) \qquad (3-169)$$

在 $R \neq -1$，$\sigma_m \neq 0$ 情况下，其寿命为

$$N = \int_0^1 \frac{\mathrm{d}D}{2[\sigma'_f \alpha (1-R) \sqrt{\pi a_{\mathrm{fc}}}]^{-m} \cdot (\sigma_{1-\mathrm{equ}} \phi \sqrt{\pi a_i})^m}(\mathrm{cycle}) \qquad (3-170)$$

4. 按第四强度理论建立损伤体（裂纹体）的体寿命预测计算

第四种损伤体（裂纹体）强度理论认为形状改变比能是引起材料流动引发损伤或萌生裂纹而导致断裂的主要原因。

此时，方法 4（K-型）要分别为损伤体和裂纹体建立新的体寿命计算式。

1) 损伤体寿命计算

对损伤体寿命预测计算，K-型是如下形式：

$$N = \int_0^1 \frac{\mathrm{d}D}{A'_{4-\mathrm{equ}} \times \left(\dfrac{2}{\sqrt{3}} K'_{1-\mathrm{equ}}\right)^m}(\mathrm{cycle}) \qquad (3-171)$$

式中：$K'_{1-\mathrm{equ}}$ 为损伤体当量应力强度因子值；$A'_{4-\mathrm{equ}}$ 为材料综合性能常数。

因此，在 $R=-1$，$\sigma_m=0$ 的循环加载下，其完整展开的计算式为

$$N = \int_0^1 \frac{\mathrm{d}D}{2\left(\frac{2}{\sqrt{3}}\sigma_f'\alpha\sqrt{\pi D_{fc}}\right)^{-m} \cdot \left(\frac{2}{\sqrt{3}}\sigma_{1-equ}\phi\sqrt{\pi D_i}\right)^m}(\text{cycle}) \quad (3-172)$$

在 $R \neq -1$，$\sigma_m \neq 0$ 情况下，其寿命为

$$N = \int_0^1 \frac{\mathrm{d}D}{2\left(\frac{2}{\sqrt{3}}\sigma_f'\alpha(1-R)\sqrt{\pi D_{fc}}\right)^{-m} \cdot \left(\frac{2}{\sqrt{3}}\sigma_{1-equ}\phi\sqrt{\pi D_i}\right)^m}(\text{cycle})$$

$$(3-173)$$

2) 裂纹体寿命预测计算

对裂纹体寿命预测计算，K-型是如下形式：

$$N = \int_0^1 \frac{\mathrm{d}a}{A_{4-equ}\left(\frac{2}{\sqrt{3}}K_{1-equ}\right)^m}(\text{cycle}) \quad (3-174)$$

式中：K_{1-equ} 为损伤体当量应力强度因子值；A_{4-equ} 为材料综合性能常数。

因此，在 $R=-1$，$\sigma_m=0$ 的循环加载下，其完整展开的计算式为

$$N = \int_0^1 \frac{\mathrm{d}a}{2\left(\frac{2}{\sqrt{3}}\sigma_f'\alpha\sqrt{\pi a_{fc}}\right)^{-m} \cdot \left(\frac{2}{\sqrt{3}}\sigma_{1-equ}\phi\sqrt{\pi a_i}\right)^m}(\text{cycle}) \quad (3-175)$$

在 $R \neq -1$，$\sigma_m \neq 0$ 情况下，其寿命为

$$N = \int_0^1 \frac{\mathrm{d}a}{2\left(\frac{2}{\sqrt{3}}\sigma_f'\alpha(1-R)\sqrt{\pi a_{fc}}\right)^{-m} \cdot \left(\frac{2}{\sqrt{3}}\sigma_{1-equ}\phi\sqrt{\pi a_i}\right)^m}(\text{cycle})$$

$$(3-176)$$

计算实例

一个由中碳钢 45 号制的试件，其性能数据在表 3-7 内。

表 3-7 中碳钢 45 相关参数的性能数据[21-22]

σ_s/MPa	σ_b/MPa	E/MPa	K'	n'	b/m	σ_f'/MPa
456	539	200000	1153	0.179	-0.123/8.13	1115

假定在多轴疲劳加载下产生的应力状态，有拉应力 σ_{max}、σ_{min}、$\Delta\sigma$，有横向剪应力 τ_{tmax}、τ_{tmin}、$\Delta\tau_{tmin}$，有扭转剪应力 τ_{pmax}、τ_{pmin}、$\Delta\tau_{pmin}$。

此试件在超高周疲劳加载下，由于其处在弯曲拉应力、横向剪应力、扭转剪应力的复杂应力状态下运转，通常在试件内部引发在三向应力状态。

根据上述性能数据以及假定产生的应力状态，用 σ-型计算方法，按第一种损伤强度理论建立的计算式，上文已计算得出数据如下：

当量应力幅 $\sigma_{1\text{-equ}} = (\sigma_{1\text{-equ}}^{\max} - \sigma_{1\text{-equ}}^{\min})/2 = (270-100)/2 = 85(\text{MPa})$；

当量平均应力 $\sigma_{1\text{-equ}}^m = (\sigma_{1\text{-equ}}^{\max} + \sigma_{1\text{-equ}}^{\min})/2 = (270+100)/2 = 185(\text{MPa})$；

损伤门槛值：$D_{\text{th}} = \left(\dfrac{1}{\pi^{0.5}}\right)^{\frac{1}{0.5+b}} c = (0.564)^{\frac{1}{0.5+0.123}} = 0.219(\text{damage-units})$；

对应于断裂应力的临界损伤值 $D_{\text{fc}} = 21.56(\text{damage-unit})$；

当量应力幅 $\sigma_{1\text{-equ}} = 85\text{MPa}$ 对应的损伤值 $D_{\text{equ}} = 0.259(\text{damage-unit})$。

试用第一种损伤强度理论建立的损伤体寿命计算式，计算其损伤体的预测寿命 N：

（1）试计算对应于当量损伤值 $D_{\text{equ}} = 0.259(\text{damage-unit})$ 时损伤体的寿命；

（2）试用对应于门槛损伤值 $D_{\text{th}} = 0.219(\text{damage-unit})$ 时损伤体的寿命。

计算步骤如下：

1. 当量综合材料常数 $A'_{1\text{-equ}}$ 的计算

按式（2-9）计算，假定 $\alpha = 1$。其应为如下形式：

$$A'_{1\text{-equ}} = 2\left\{2\left(\dfrac{K' \times D_{\text{fc}}^{(m-2\times n)/2\times m}}{E^{n'} \times \pi^{1/2}}\right)^{\frac{1}{1-n}}\left(1-\dfrac{\sigma_m}{\sigma'_{f'}}\right)\right\}^{-m}$$

$$= 2\left\{2\left(\dfrac{1153 \times 21.56^{(8.13-2\times 0.179)/2\times 8.13}}{200000^{0.179} \times \pi^{1/2}}\right)^{\frac{1}{1-0.179}}(1-185/1115)\times 1\right\}^{-8.13}$$

$$= 2\left\{2\left(\dfrac{1153 \times 21.56^{0.478}}{200000^{0.179} \times \pi^{0.5}}\right)^{1.22} \times 0.83 \times 1\right\}^{-8.13}$$

$$= 4.973 \times 10^{-27}(\text{MPa} \cdot \text{damage-unit})$$

2. 计算对应于当量损伤值 $D_{\text{equ}} = 0.259\text{damage-unit}$ 时损伤体的寿命

（1）按式（3-71）计算，下限等于"0"，上限等于"1"，$R \neq -1$，$\sigma_m \neq 0$，针对损伤值为 0.259damage-unit 时损伤体的预测计算，其寿命应为

$$N = \int_0^1 \dfrac{\text{d}D}{2\left\{2\left(\dfrac{K \times D_{\text{fc}}^{(m-2\times n)/2\times m}}{E^n \times \pi^{1/2}}\right)^{\frac{1}{1-n}} \cdot \left(1-\dfrac{\sigma_m}{\sigma'_{f'}}\right)\right\}^{-m} \cdot \left(2\left(\dfrac{K \times D_i^{(m-2\times n)/2\times m}}{E^n \times \pi^{1/2}}\right)^{\frac{1}{1-n}}\right)^m}$$

第3章 连续材料损伤体与裂纹体寿命预测计算

$$= \int_0^1 \frac{\mathrm{d}D}{4.973 \times 10^{-27} \times \left(2\left(\frac{1153 \times 0.259_i^{(8.13-2\times 0.179)/2\times 8.13}}{200000^{0.179} \times \pi^{1/2}}\right)^{\frac{1}{1-0.179}}\right)^{8.13}}$$

$$= \int_0^1 \frac{\mathrm{d}D}{4.973 \times 10^{-27} \times \left(2\left(\frac{1153 \times 0.259_i^{0.478}}{200000^{0.179} \times \pi^{0.5}}\right)^{1.22}\right)^{8.13}} = 139851287(\text{cycle})$$

此计算结果数据的倒数与上文实例计算中,按式(2-5)计算速率数据 7.15×10^{-9} damage-unit/cycle 是一致的。

(2) 针对初始损伤值为 0.259damage-unit 时,下限等于"0.259",上限等于临界值"21.56", $R\neq -1$, $\sigma_m \neq 0$,计算此损伤体的寿命,其为

$$N = \int_{D_i}^{D_{\mathrm{fc}}} \frac{\mathrm{d}D}{2\left\{2\left(\frac{K\times D_{\mathrm{fc}}^{(m-2\times n)/2\times m}}{E^n \times \pi^{1/2}}\right)^{\frac{1}{1-n}}\cdot\left(1-\frac{\sigma_m}{\sigma'_{f'}}\right)\right\}^{-m}\cdot \left(2\left(\frac{K\times D_i^{(m-2\times n)/2\times m}}{E^n \times \pi^{1/2}}\right)^{\frac{1}{1-n}}\right)^m}$$

$$= \int_{0.259}^{21.56} \frac{\mathrm{d}D}{4.973 \times 10^{-27} \times \left(2\left(\frac{1153 \times 0.259_i^{(8.13-2\times 0.179)/2\times 8.13}}{200000^{0.179} \times \pi^{1/2}}\right)^{\frac{1}{1-0.179}}\right)^{8.13}}$$

$$= \int_{0.259}^{21.56} \frac{\mathrm{d}D}{4.973 \times 10^{-27} \times \left(2\left(\frac{1153 \times 0.259_i^{0.478}}{200000^{0.179} \times \pi^{0.5}}\right)^{1.22}\right)^{8.13}}$$

$$= 2.978972267 \times 10^9 (\text{cycle})$$

可见,按此确定的初始损伤值计算其寿命,同按式(3-71)计算的寿命长很多,关键是取决于安全系数 n 的取值,这要由实验确定。

3. 按式(3-71)计算,计算对应于门槛损伤值 $D_{\mathrm{th}} = 0.219$ damage-unit 时的损伤体寿命

在 $R\neq -1$, $\sigma_m \neq 0$ 条件下,此门槛损伤值为 0.219damage-unit 时损伤体的寿命应为

$$N = \int_0^1 \frac{\mathrm{d}D}{2\left\{2\left(\frac{K\times D_{\mathrm{fc}}^{(m-2\times n)/2\times m}}{E^n \times \pi^{1/2}}\right)^{\frac{1}{1-n}}\cdot\left(1-\frac{\sigma_m}{\sigma'_{f'}}\right)\right\}^{-m}\cdot \left(2\left(\frac{K\times D_i^{(m-2\times n)/2\times m}}{E^n \times \pi^{1/2}}\right)^{\frac{1}{1-n}}\right)^m}$$

$$= \int_0^1 \frac{\mathrm{d}D}{4.973 \times 10^{-27} \times \left(2\left(\frac{1153 \times 0.219_i^{(8.13-2\times 0.179)/2\times 8.13}}{200000^{0.179} \times \pi^{1/2}}\right)^{\frac{1}{1-0.179}}\right)^{8.13}}$$

$$= \int_0^1 \frac{\mathrm{d}D}{4.973 \times 10^{-27} \times \left(2\left(\frac{1153 \times 0.219_i^{0.478}}{200000^{0.179} \times \pi^{0.5}}\right)^{1.22}\right)^{8.13}} = 309800216(\text{cycle})$$

此计算结果数据的倒数与上文体计算速率数据 3.2278×10^{-9} damage-unit/cycle 也是符合的。

当门槛损伤值为 0.219damage-unit 时，下限等于 "0.219"，上限等于临界值 "21.56"，其寿命为

$$N = \int_{D_{\text{th}}}^{D_{\text{fc}}} \frac{\mathrm{d}D}{2\left\{2\left(\frac{K \times D_{\text{fc}}^{(m-2\times n)/2\times m}}{E^n \times \pi^{1/2}}\right)^{\frac{1}{1-n}} \cdot \left(1 - \frac{\sigma_m}{\sigma'_{f'}}\right)\right\}^{-m} \cdot \left(2\left(\frac{K \times D_i^{(m-2\times n)/2\times m}}{E^n \times \pi^{1/2}}\right)^{\frac{1}{1-n}}\right)^m}$$

$$= \int_{0.219}^{21.56} \frac{\mathrm{d}D}{4.973 \times 10^{-27} \times \left(2\left(\frac{1153 \times 0.259_i^{(8.13-2\times 0.179)/2\times 8.13}}{200000^{0.179} \times \pi^{1/2}}\right)^{\frac{1}{1-0.179}}\right)^{8.13}}$$

$$= \int_{0.219}^{21.56} \frac{\mathrm{d}D}{4.973 \times 10^{-27} \times \left(2\left(\frac{1153 \times 0.219_i^{0.478}}{200000^{0.179} \times \pi^{0.5}}\right)^{1.22}\right)^{8.13}}$$

$= 6.611446408 \times 10^9 (\text{cycle})$

可见，按此确定下限和上限并计算其寿命，同按式（3-71）计算的寿命长很多。

若计算裂纹体寿命，其结果与按损伤体计算是一致的，不再重复。

参 考 文 献

[1] 虞岩贵. 材料与结构损伤的计算理论和方法 [M]. 北京：国防工业出版社，2022：77-152.

[2] YU Y G. Calculations of strengths & lifetime predictions on fatigue-damage of materials & structures [M]. Moscow：TECHNOSPHERA，2023：128-144.

[3] Яньгуй Юй. Расчеты на усталостъ и разрушение материалов и конструкций без трещин в машиностроении [M]. Мозсош：ТЕХНОСФЕРА，2021：11-45.

[4] YU Y G. Calculations of strengths & lifetime prediction on fatigue-damage of materials & structures [M]. Мозсош：TECHNOSPHERA，2023：149-166.

[5] YU Y G. Calculations on damages of metallic materials and structures [M]. Moscow：KnoRus，2019：1-25，276-376.

[6] Яньгуй Юй. Расчеты на прочность и прогноз на срок службы о повреждении механических

деталей и материалов [M]. Мозсош: ТЕХНОСФЕРА, 2021: 11-45.

[7] YU Y G. Calculations on fracture mechanics of materials and structures [M]. Moscow: KnoRus, 2019: 10-25, 285-393.

[8] YU Y G. Calculations on damageing strength in whole process to elastic-plastic materials——the genetic elements and clone technology in mechanics and engineering fields [J]. American Journal of Science and Technology, 2016, 3 (6): 162-173.

[9] YU Y G. Calculations and assessment for damageing strength to linear elastic materials in whole process——the genetic elements and clone technology in mechanics and engineering fields [J]. American Journal of Science and Technology, 2016, 3 (6): 152-161.

[10] YU Y G. Calculations for damage growth life in whole process realized with two kinks of methods for elastic-plastic materials contained crack [J]. AASCIT Journal of Materials Sciences and Applications, 2015, 1 (3): 100-113.

[11] YU Y G. The Calculations of damage propagation life in whole process realized with conventional material constants [J]. AASCIT Engineering and Technology, 2015, 2 (3): 146-158.

[12] YU Y G. Damage growth life calculations realized in whole process with two kinks of methods [J]. AASCIT American Journal of Science and Technology, 2015, 2 (4): 146-164.

[13] YU Y G. The life predicting calculations in whole process realized by calculable materials constants from short damage to long damage growth process [J]. International Journal of Materials Science and Applications, 2015, 4 (2): 83-95.

[14] YU Y G. The life predicting calculations based on conventional material constants from short damageto long damage growth process [J]. International Journal of Materials Science and Applications, 2015, 4 (3): 173-188.

[15] YU Y G. Multi-targets calculations realized for components produced cracks with conventional material constants under complex stress states [J]. AASCIT Engineering and Technology, 2016, 3 (1): 30-46.

[16] YU Y G. Life predictions based on calculable materials constants from micro to macro fatigue damage processes [J]. AASCIT American Journal of Materials Research, 2014, 1 (4): 59-73.

[17] YU Y G. The predicting calculations for lifetime in whole process realized with two kinks of methods for elastic-plastic materials contained crack [J]. AASCIT Journal of Materials Sciences and Applications, 2015, 1 (2): 15-32.

[18] YU Y G. Calculations for crack growth life in whole process realized with the single stress-strain-parameter method for elastic-plastic materials contained crack [J]. AASCIT Journal of Materials Sciences and Applications, 2015, 1 (3): 98-106.

[19] MORROW J D. Fatigue design handbook, section 3.2, SAE advances in engineering, society for automotive engineers [J]. Warrendale, PA, 1968, 4: 21-29.

[20] 吴学仁. 飞机结构金属材料力学性能手册：第 1 卷 静强度·疲劳/耐久性 [M]. 北京：航空工业出版社，1996：392-395.

[21] 赵少汴，王忠保. 抗疲劳设计——方法与数据 [M]. 北京：机械工业出版社，1997：90-109，469-489.

[22] 机械设计手册编委会. 机械设计手册：第 5 卷 [M]. 北京：机械工业出版社，2004：124-135.

[23] 皮萨连科，等. 材料力学手册 [M]. 范钦珊，朱祖成，译. 北京：中国建筑工业出版社，1981：211-213.

[24] 刘鸿文. 材料力学 [M]. 北京：人民教育出版社，1979：232-238.

第4章　机械结构件损伤体与裂纹体的强度、速率和寿命预测计算

航空航天工程、军事国防工程、石油化工工程、交通运输工程,以及水利、建筑、机械等工程领域,任何一个行业都普遍存在大大小小的机械和结构,所有的机械都由不同形状、不同大小的零件组成,所有的结构都由不同形状的构件组成。零件也好,结构件也好,都由不同的材料加工成不同形状和不同尺寸的零件或构件从而组装成完整的机器或结构。

工程领域中因为零件材料性能差异颇大,被加载的静载荷或疲劳载荷等形式也各有不同,所以不可能用少量的数学模型(或计算式)来描述和表达各种各样材料在不同加载形式下的行为演化规律。本书在第2章和第3章中,着重对某些连续的金属材料在外力作用下,引发损伤或萌生裂纹后就其强度问题、速率问题、寿命预测计算问题,用 σ-型模型、β-型模型、γ-型模型、K-型模型四类形式模型和计算方法提供了大量的计算式,用来计算它们的损伤或萌生裂纹的强度、速率以及它们的寿命演化行为。但是对于有着诸多形状和不同尺寸零件和结构件出现损伤或裂纹后的强度、速率以及它们的寿命问题,如何计算?本书在第2章和第3章实例计算中对圆筒形压力容器和汽车发动机曲轴的损伤速率和裂纹体的寿命预测已做了初步的计算。在本章中将选择压缩机活塞杆、飞机机翼大梁[1]螺纹连接件等典型构件在外力作用下,对其引发损伤或萌生裂纹的强度、速率和寿命进行计算,并提供新的计算式。

作者的基本理念在文献[1-8]中都有表现,在这里的表现是基于机械零件与抗疲劳设计[9-10]的宝贵经验,对零件的应力集中的影响,采用应力集中系数 K_σ 来修正;对零件形状的影响,采用形状系数 ε_σ 来修正;对零件尺寸的影响,采用零件尺寸系数 β_σ 来修正。如此一来,对材料损伤体或裂纹体强度、速率、寿命的计算就可转化为对机械零件和结构件损伤体或裂纹体强度、速率、寿命的计算。

图4-1是国内一家化工企业从美国引进的8缸大型往复压缩机;图4-2是此往复式压缩机气缸体内零部件损坏后拆下的原形体。它们的绝大部分机件都在二向和三向应力状况下运行。在本章中,将对其典型机器零件就其损伤体与裂纹体的强度、速率与寿命计算分别给予介绍。

图 4-1　8缸大型往复式压缩机

图 4-2　往复式压缩机气缸体组合部件[11]

4.1　活塞杆损伤体与裂纹体的强度、速率和寿命预测计算

活塞杆是往复式压缩机，往复式汽车发动机，以及火车、轮船发动机的最常用零件，图 4-3 是一家化工企业压缩机活塞杆断裂后拆下的活塞杆组装件；图 4-4 是活塞杆与十字头在螺纹连接部位断裂的形貌。

活塞杆的一端与活塞连接，另一端同其他零件（如十字头）连接。在外力作用下不断地做往复运动，杆身具有承受拉力和压力载荷的作用。在连接部位，通常加工成螺纹用扭转拧紧组成连接。在这一部位，通常产生拉扭组合的

第 4 章 机械结构件损伤体与裂纹体的强度、速率和寿命预测计算

复杂应力。加上螺纹尖端的应力集中,因此这一连接部位在反复疲劳加载下,容易发生损伤,在螺纹根部容易出现裂纹。加上机器在高速运转下,裂纹很快扩展。因此常发生活塞杆断裂事故,图 4-3 和图 4-4 就是许多化工企业经常发生的机械事故的典型事例。

图 4-3 压缩机活塞杆组装件

图 4-4 活塞杆与十字头在螺纹连接部位断裂的形貌[12-13]

在图 4-3 和图 4-4 中的活塞杆与十字头是用螺纹形式连接的部件,在拉伸和扭转剪应力组合状况下运行时,产生的当量应力由下式计算:

$$\sigma_{equ} = \sqrt{\sigma^2 + 3\tau^2} \qquad (4-1)$$

4.1.1 活塞杆损伤体与裂纹体的强度计算

往复压缩机内的活塞杆是用中碳钢 45 制成的,其材料性能数据如表 4-1 所示。

表 4-1　钢 45 性能数据[14]

σ_s/MPa	σ_s'/MPa	σ_b/MPa	E/MPa	K'	n'	b/m	σ_f'/MPa
456	374	539	200000	1153	0.179	-0.123/8.13	1115

活塞杆一端制成螺纹与十字头的螺纹连接在一起。假设这些零件的应力集中系数 $K_\sigma=3.0$，形状系数 $\varepsilon_\sigma=0.85$，尺寸系数 $\beta_\sigma=1.0$，构成有关的修正系数为 $\dfrac{K_\sigma}{\varepsilon_\sigma \beta_\sigma}$。

假设往复压缩机在做正常往复运动中产生最大拉伸应力 $\sigma_{\max}=277\text{MPa}$，最小拉应力 $\sigma_{\min}=139\text{MPa}$；螺纹部位拧紧产生的最大扭转剪应力 $\tau_{t\max}=50\text{MPa}$，最小扭转剪应力 $\tau_{t\min}=30\text{MPa}$。

活塞杆的螺纹一端与十字头内螺孔部位的螺纹连接，在螺纹拧紧时产生扭转剪应力 τ_p，在做往复运动时产生拉伸正应力 σ，加上加工部位和拧紧连接产生的应力集中，形成了复杂的应力状态。对于如此的受力状态，通常用第四种损伤强度理论进行复杂应力下的强度计算。

强度计算步骤和方法如下：

1) 最大当量应力的计算

根据式（1-148），对活塞杆螺纹连接部位的应力，计算其最大当量应力为

$$\sigma_{1-\text{equ}}^{\max}=\frac{K_\sigma}{\varepsilon_\sigma \beta_\sigma}\sqrt{\sigma^2+3\tau^2}=\frac{3.0}{0.85\times 1}\sqrt{277^2+3\times 50^2}=1024.3(\text{MPa})$$

2) 最小当量应力的计算

最小当量应力计算如下：

$$\sigma_{1-\text{equ}}^{\min}=\frac{K_\sigma}{\varepsilon_\sigma \beta_\sigma}\sqrt{\sigma^2+3\tau^2}=\frac{3.0}{0.85\times 1}\sqrt{139^2+3\times 30^2}=523.75(\text{MPa})$$

此间当量应力比为 $R_{\text{equ}}=\dfrac{\sigma_{1-\text{equ}}^{\min}}{\sigma_{1-\text{equ}}^{\max}}=\dfrac{523.75}{1024.3}=0.511$

3) 当量应力范围 $\Delta\sigma_{1\text{equ}-1}$ 的计算

当量应力范围应为

$$\Delta\sigma_{1-\text{equ}}=\sigma_{1-\text{equ}}^{\max}-\sigma_{1-\text{equ}}^{\min}=1024.3-523.75=500.55(\text{MPa})$$

4) 当量应力幅 $\sigma_{1-\text{equ}-a}=\Delta\sigma_{1-\text{equ}}/2$ 的计算

$$\sigma_{1-\text{equ}-a}=(\sigma_{1-\text{equ}}^{\max}-\sigma_{1-\text{equ}}^{\min})/2=(1024.3-523.75)/2=250.28(\text{MPa})$$

5) 当量应力幅 $\sigma_{1-\text{equ}-a}=\Delta\sigma_{1-\text{equ}}/2$ 作用下的损伤量计算

按式（1-105）计算为

第4章 机械结构件损伤体与裂纹体的强度、速率和寿命预测计算

$$D_{\text{equ}} = \left(\sigma_i'^{(1-n')/n'} \times \frac{E \times \pi^{1/2 \times n'}}{K'^{1/n'}}\right)^{-\frac{2m \times n'}{2n'-m_1}} = \left(374.6^{(1-0.179)/0.179} \times \frac{200000 \times \pi^{1/2 \times 0.179}}{1153^{1/0.179}}\right)^{-\frac{2 \times 8.13 \times 0.179}{2 \times 0.179'-8.13}}$$

$$= \left(374.6_s^{4.5866} \times \frac{200000 \times \pi^{2.793}}{1153^{5.5866}}\right)^{0.3745} = 1.656(\text{damage-unit})$$

6) 当量损伤因子值计算

这里按式（1-61）计算当量应力强度因子 $\sigma'_{1\text{-equ}}$

$$\sigma'_{1\text{-equ}} = \left(\frac{K \times D_{\text{equ}}^{(m-2\times n)/2m}}{E^n \times \pi^{1/2}}\right)^{\frac{1}{1-n}} = \left(\frac{1153 \times 1.656^{(8.13-2\times 0.179)/2\times 8.13}}{200000^{0.179} \times \pi^{0.5}}\right)^{\frac{1}{1-0.179}}_{1\text{-equ}} = 250.26(\text{MPa})$$

7) 按强度准则验算安全性

计算疲劳载荷下的屈服应力：

$$\sigma'_s = \left(\frac{E}{K^{1/n}}\right)^{\frac{n}{n-1}} = \left(\frac{200000}{1153^{1/0.179}}\right)^{\frac{0.179}{0.179-1}} = 374.6(\text{MPa})$$

仿用式（1-63），采用方法1：σ-型因子计算，取安全系数 $n_2 = 3$，计算如下。

若按疲劳加载下断裂应力取其许用应力验算，其为

$$\sigma'_{1\text{-equ}} = \left(\frac{K \times D_{\text{equ}}^{(m-2\times n)/2m}}{E^n \times \pi^{1/2}}\right)^{\frac{1}{1-n}} = \left(\frac{1153 \times 1.656^{(8.13-2\times 0.179)/2\times 8.13}}{200000^{0.179} \times \pi^{0.5}}\right)^{\frac{1}{1-0.179}}_{1\text{-equ}} = 250.26 \leq [\sigma'_1]$$

$$= \frac{\sigma'_f}{n_2} = \frac{1115}{3} = 371.7(\text{MPa} \cdot \text{damage-unit}) \tag{4-2}$$

按照此强度验算，其当量应力因子值还在许用应力范围之内。但这种高速疲劳运转的活塞杆，余量还是不够的，笔者认为，仍有安全隐患。

若按疲劳加载下屈服应力取其许用应力验算，其为

$$\sigma'_{1\text{-equ}} = \left(\frac{K \times D_{\text{equ}}^{(m-2\times n)/2m}}{E^n \times \pi^{1/2}}\right)^{\frac{1}{1-n}} = \left(\frac{1153 \times 1.656^{(8.13-2\times 0.179)/2\times 8.13}}{200000^{0.179} \times \pi^{0.5}}\right)^{\frac{1}{1-0.179}}_{1\text{-equ}} = 250.26 > [\sigma'_1]$$

$$= \frac{\sigma'_s}{n_2} = \frac{374.6}{3} = 124.9(\text{MPa} \cdot \text{damage-unit})$$

可见，此活塞杆强度远远不足。

4.1.2 活塞杆损伤体与裂纹体的速率和寿命预测计算

1. 活塞杆损伤体的速率计算

按上文已计算得出的相关数据，继续对此活塞杆损伤体的速率进行计算。

假定此材料晶粒平均尺寸为0.04mm（$a_{\min} = 0.04$mm，等于0.04损伤单位

damage-unit),根据上述加载条件和已提供的材料性能数据,试计算此活塞杆端部螺纹连接应力集中部位引发损伤初始值 $D_{min}=0.04$ 对应的损伤速率 $(dD/dN)_{01}$;计算损伤门槛值(超高周门槛)D_{th} 对应的损伤速率 $(dD/dN)_{th}$;计算损伤过渡值(高周门槛)D_{tr} 对应的损伤速率 $(dD/dN)_{tr}$;计算上文当量损伤值=1.656(damage-unit),应力因子幅=250.28 时的损伤速率;计算屈服极限应力损伤值(屈服应力因子值)D_{1fc} 对应的损伤速率 $(dD/dN)_{1fc}$。

计算步骤和方法如下:

1) 相关参数和上文已计算得出数据

当量损伤因子值 $\sigma'_{1\text{-equ}}=250.26(MPa)$;

当量应力范围 $\Delta\sigma_{1\text{-equ}}=500.55(MPa)$;

当量应力幅 $\sigma_{1\text{-equ-a}}=250.28(MPa)$;

当量应力比为 $R_{equ}=0.511$。

2) 相关参数计算

(1) 门槛损伤值计算,其为

$$D_{th}=\left(\frac{1}{\pi^{0.5}}\right)^{\frac{1}{0.5+b_1}}=(0.564)^{\frac{1}{0.5+0.123}}=0.219 \text{(损伤单位)}$$

(2) 计算疲劳载荷下的屈服应力。

按正式计算,其为

$$\sigma'_s=\left(\frac{E}{K^{1/n}}\right)^{\frac{n}{n-1}}=\left(\frac{200000}{1153^{1/0.179}}\right)^{\frac{0.179}{0.179-1}}=374.6(MPa)$$

(3) 计算屈服应力的临界损伤值 D_{1fc}。

计算如下:

$$D_{1fc}=\left(\sigma'^{(1-n')/n'}_s \cdot \frac{E\times\pi^{1/2\times n'}}{K'^{1/n'}}\right)^{-\frac{2m_1n'}{2n'-m_1}}=\left(374.6^{(1-0.179)/0.179}\times\frac{200000\times\pi^{1/2\times0.179}}{1153^{1/0.179}}\right)^{-\frac{2\times8.13\times0.179}{2\times0.179-8.13}}$$

$$=\left(374.6^{4.5866}_s\times\frac{200000\times\pi^{2.793}}{1153^{5.5866}}\right)^{0.3745}=3.32\text{(damage-unit)}$$

(4) 计算损伤过渡值 D_{tr}。

仍用上式,将指数变符号,计算如下:

$$D_{tr}=\left(\sigma'^{(1-n')/n'}_s \cdot \frac{E\times\pi^{1/2\times n'}}{K'^{1/n'}}\right)^{\frac{2m_1n'}{2n'-m_1}}=\left(374.6^{4.5866}_s\times\frac{200000\times\pi^{2.793}}{1153^{5.5866}}\right)^{-0.3745}$$

$$=0.3012\text{(damage-unit)}$$

第4章　机械结构件损伤体与裂纹体的强度、速率和寿命预测计算

（5）计算断裂应力的临界损伤值。

$$D_{2fc} = \left(\sigma_{fc}'^{(1-n')/n'} \cdot \frac{E \times \pi^{1/2 \times n'}}{K'^{1/n'}}\right)^{-\frac{2m_1 \times n'}{2n'-m_1}} = D_{2fc}\left(1115^{(1-0.179)/0.179} \times \frac{200000 \times \pi^{1/2 \times 0.179}}{1153^{1/0.179}}\right)^{-\frac{2 \times 8.13 \times 0.179}{2 \times 0.179 - 8.13}}$$

$$= \left(1115^{4.5866} \times \frac{200000 \times \pi^{2.793}}{1153^{5.5866}}\right)^{0.3745} = 10.31(\text{damage-unit})$$

3）分别计算初始损伤值 $D_{\min} = 0.04$ damage-unit、门槛损伤值 D_{th}、过渡损伤值 D_{tr}，以及屈服临界应力因子损伤值 D_{1fc} 所对应的当量应力因子值

按照式（4-1）分别计算如下：

（1）初始损伤值 $D_{\min} = 0.04$，当量应力因子 $\sigma'_{1-\min}$，即

$$\sigma'_{1-\min} = \left(\frac{K \times D_{equ}^{(m-2\times n)/2\times m}}{E^n \times \pi^{1/2}}\right)^{\frac{1}{1-n}}_{1-equ} = \left(\frac{1153 \times 0.04^{(8.13-2\times 0.179)/2\times 8.13}}{200000^{0.179} \times \pi^{0.5}}\right)^{\frac{1}{1-0.179}}_{1-equ} = 28.64(\text{MPa})$$

（2）门槛损伤值 D'_{th} 当量应力因子 $\sigma'_{1-equ-th}$，即

$$\sigma'_{1-equ-th} = \left(\frac{K \times D_{equ}^{(m-2\times n)/2\times m}}{E^n \times \pi^{1/2}}\right)^{\frac{1}{1-n}}_{1-equ} = \left(\frac{1153 \times 0.219^{(8.13-2\times 0.179)/2\times 8.13}}{200000^{0.179} \times \pi^{0.5}}\right)^{\frac{1}{1-0.179}}_{1-equ} = 77.065(\text{MPa})$$

（3）过渡损伤值 D'_{tr} 当量应力因子 $\sigma'_{1-equ-tr}$，即

$$\sigma'_{1-equ-tr} = \left(\frac{K \times D_{equ}^{(m-2\times n)/2\times m}}{E^n \times \pi^{1/2}}\right)^{\frac{1}{1-n}}_{1-equ} = \left(\frac{1153 \times 0.3012^{(8.13-2\times 0.179)/2\times 8.13}}{200000^{0.179} \times \pi^{0.5}}\right)^{\frac{1}{1-0.179}}_{1-equ} = 92.78(\text{MPa})$$

（4）屈服应力损伤值 D_{1fc} 应力因子 $\sigma'_{1-equ-1fc}$，即

$$\sigma'_{1-equ-1fc} = \left(\frac{K \times D_{equ}^{(m-2\times n)/2\times m}}{E^n \times \pi^{1/2}}\right)^{\frac{1}{1-n}}_{1-equ} = \left(\frac{1153 \times 3.32^{(8.13-2\times 0.179)/2\times 8.13}}{200000^{0.179} \times \pi^{0.5}}\right)^{\frac{1}{1-0.179}}_{1-equ} = 375.2(\text{MPa})$$

从以上计算可证明：当量应力因子值与原先加载的应力值等效相等。但当量因子值实际上已存在隐藏的损伤值（或隐藏的小裂纹尺寸）。

4）计算当量综合材料常数 A'_{1-equ}

按式（2-64），计算如下：

$$A'_{1-equ} = 2\left\{2\left(\frac{K \times D_{fc}^{(m-2\times n)/2\times m}}{E^n \times \pi^{1/2}}\right)^{\frac{1}{1-n}} \times (1-R)\right\}^{-m}$$

$$= 2\left\{2\left(\frac{1153 \times 10.31^{(8.13-2\times 0.179)/2\times 8.13}}{200000^{0.179} \times \pi^{0.5}}\right)^{\frac{1}{1-0.179}} \times (1-0.511)\right\}^{-8.13}$$

$$= 1.323 \times 10^{-23}[(\text{MPa})^m \cdot \text{damage-unit}]$$

5) 计算此活塞杆端部螺纹连接应力集中部位在各当量损伤值对应的速率

(1) 初始值 $D_{min}=0.04$ 对应的损伤速率 $(dD/dN)_{01}$。

按式 (2-1) 和式 (2-65) 计算如下：

$$(dD/dN)_1 = A'_{1-equ} \left\{ 2\left(\frac{K \times D_i^{(m-2\times n)/2\times m}}{E^n \times \pi^{1/2}}\right)^{\frac{1}{1-n}} \right\}^m$$

$$= 1.323 \times 10^{23} \left\{ 2\left(\frac{1153 \times 0.04^{(8.13-2\times 0.179)/2\times 8.13}}{200000^{0.179} \times \pi^{0.5}}\right)^{\frac{1}{1-0.179}} \right\}^{8.13}$$

$$= 1.323 \times 10^{-23} [2(28.64)]^{8.13} = 2.595 \times 10^{-9} (\text{damage-unit/cycle})$$

(2) 损伤门槛值（超高周门槛）D_{th} 对应的损伤速率 $(dD/dN)_{th}$，即

$$(dD/dN)_{th} = A'_{1-equ} \left\{ 2\left(\frac{K \times D_{th}^{(m-2\times n)/2\times m}}{E^n \times \pi^{1/2}}\right)^{\frac{1}{1-n}} \right\}^m$$

$$= 1.323 \times 10^{-23} \left\{ 2\left(\frac{1153 \times 0.219^{(8.13-2\times 0.179)/2\times 8.13}}{200000^{0.179} \times \pi^{0.5}}\right)^{\frac{1}{1-0.179}} \right\}^{8.13}$$

$$= 1.323 \times 10^{-23} [2(77.065)]^{8.13} = 8.11 \times 10^{-6} (\text{damage-unit/cycle})$$

(3) 损伤过渡值（高周门槛）D_{tr} 对应的损伤速率 $(dD/dN)_{tr}$，即

$$(dD/dN)_{tr} = A'_{1-equ} \left\{ 2\left(\frac{K \times D_{tr}^{(m-2\times n)/2\times m}}{E^n \times \pi^{1/2}}\right)^{\frac{1}{1-n}} \right\}^m$$

$$= 1.323 \times 10^{-23} \left\{ 2\left(\frac{1153 \times 0.3012^{(8.13-2\times 0.179)/2\times 8.13}}{200000^{0.179} \times \pi^{0.5}}\right)^{\frac{1}{1-0.179}} \right\}^{8.13}$$

$$= 1.323 \times 10^{-23} [2(92.78)]^{8.13} = 3.667 \times 10^{-5} (\text{damage-unit/cycle})$$

(4) 上文当量损伤值 = 1.656 (damage-unit)，应力因子幅 = 250.28 时的损伤速率为

$$(dD/dN)_{tr} = A'_{1-equ} \left\{ 2\left(\frac{K \times D_{1-equ}^{(m-2\times n)/2\times m}}{E^n \times \pi^{1/2}}\right)^{\frac{1}{1-n}} \right\}^m$$

$$= 1.323 \times 10^{-23} \left\{ 2\left(\frac{1153 \times 1.656^{(8.13-2\times 0.179)/2\times 8.13}}{200000^{0.179} \times \pi^{0.5}}\right)^{\frac{1}{1-0.179}} \right\}^{8.13}$$

$$= 1.323 \times 10^{-23} [2(250.28)]^{8.13} = 0.117 (\text{damage-unit/cycle})$$

可见，如此高的速率，此活塞杆设计时已存在事故隐患。

第4章　机械结构件损伤体与裂纹体的强度、速率和寿命预测计算

（5）屈服极限应力损伤值（屈服应力因子值）D_{1fc}对应的损伤速率$(dD/dN)_{1fc}$，即

$$(dD/dN)_{1fc} = A'_{1-equ} \left\{ 2 \left(\frac{K \times D_{1fc}^{(m-2\times n)/2\times m}}{E^n \times \pi^{1/2}} \right)^{\frac{1}{1-n}} \right\}^m$$

$$= 1.323 \times 10^{-23} \left\{ 2 \left(\frac{1153 \times 3.32^{(8.13-2\times 0.179)/2\times 8.13}}{200000^{0.179} \times \pi^{0.5}} \right)^{\frac{1}{1-0.179}} \right\}^{8.13}$$

$$= 1.323 \times 10^{-23} [2(375.2)]^{8.13} = 3.145 (\text{damage-unit/cycle})$$

计算上述各点速率的目的：①让读者了解，任何复杂应力状况下，任何点的速率都可以计算；②在某一当量应力下，各个特殊点的速率特点；③让设计计算者掌握安全设计的概念和计算方法。

这里以损伤概念来计算，若用裂纹概念计算，方法相同，计算结果的数据等效一致，但某些单位不同。

若选用σ-型因子法、β-型因子法、γ-型因子法以及K-型因子法计算，计算结果虽有差异，但基本相近，只是用不同计算方法有不同单位；对不同材料，有的误差可能要大一些，读者按实际情况做相应的选择。

2. 活塞杆损伤体的寿命的预测计算

本节仍用上文的参数和常数，试计算此连杆损伤体的如下寿命。

（1）选用式（3-1）和式（3-5），计算此活塞杆在当量损伤值 = 1.656damage-unit 时的对应寿命：

$$N = \int_0^1 \frac{dD}{2\left\{ 2\left(\frac{K \times D_{fc}^{(m-2\times n)/2\times m}}{E^n \times \pi^{1/2}} \right)^{\frac{1}{1-n}} \alpha(1-R) \right\}^{-m} \cdot \left(2\left(\frac{K \times D_i^{(m-2\times n)/2\times m}}{E^n \times \pi^{1/2}} \right)^{\frac{1}{1-n}} \right)^m}$$

$$= \int_0^1 \frac{dD}{1.323 \times 10^{-23} \times \left(2\left(\frac{1153 \times 1.656^{(8.13-2\times 0.179)/2\times 8.13}}{200000^{0.179} \times \pi^{0.5}} \right)^{\frac{1}{1-n}} \right)^{8.13}}$$

$$= \int_0^1 \frac{1}{1.323 \times 10^{-23} [2(250.28)]^{8.13}} = 8.55 \approx 9 (\text{cycle})$$

可见，此寿命数据 8.55(cycle)其倒数值，与上文速率计算 0.117(damage-unit/cycle)正好是倒数关系。

(2) 选用式（3-6），试计算此连杆损伤体自下限门槛损伤值 = 0.219damage-unit 至上限临界损伤值 $D_{1fc}=3.32$ 下的寿命：

$$N=\int_{D_{th}}^{D_{tr}}\frac{\mathrm{d}D}{2\left\{2\left(\frac{K\times D_{fc}^{(m-2\times n)/2\times m}}{E^{n}\times\pi^{1/2}}\right)^{\frac{1}{1-n}}\alpha(1-R)\right\}^{-m}\cdot\left(2\left(\frac{K\times D_{i}^{(m-2\times n)/2\times m}}{E^{n}\times\pi^{1/2}}\right)^{\frac{1}{1-n}}\right)^{m}}$$

$$=\int_{0.219}^{3.32}\frac{\mathrm{d}D}{1.323\times10^{-23}\times\left(2\left(\frac{1153\times1.656^{(8.13-2\times0.179)/2\times8.13}}{200000^{0.179}\times\pi^{0.5}}\right)^{\frac{1}{1-n}}\right)^{8.13}}$$

$$=\int_{0.219}^{0.322}\frac{1}{1.323\times10^{-23}[2(250.28)]^{8.13}}=27(\mathrm{cycle})$$

(3) 选用式（3-6），试计算此连杆损伤体自下限门槛损伤值 = 0.219damage-unit 至上限断裂临界损伤值 $D_{2fc}=10.3$damage-unit 时的寿命：

$$N=\int_{D_{th}}^{D_{2fc}}\frac{\mathrm{d}D}{2\left\{2\left(\frac{K\times D_{fc}^{(m-2\times n)/2\times m}}{E^{n}\times\pi^{1/2}}\right)^{\frac{1}{1-n}}\alpha(1-R)\right\}^{-m}\cdot\left(2\left(\frac{K\times D_{i}^{(m-2\times n)/2\times m}}{E^{n}\times\pi^{1/2}}\right)^{\frac{1}{1-n}}\right)^{m}}$$

$$=\int_{0.219}^{10.3}\frac{\mathrm{d}D}{1.323\times10^{-23}\times\left(2\left(\frac{1153\times1.656^{(8.13-2\times0.179)/2\times8.13}}{200000^{0.179}\times\pi^{0.5}}\right)^{\frac{1}{1-n}}\right)^{8.13}}$$

$$=\int_{0.219}^{10.3}\frac{1}{1.323\times10^{-23}[2(250.28)]^{8.13}}=86(\mathrm{cycle})$$

由此活塞杆各特殊点在此实际复杂工作应力下的寿命计算可知，原设计已存在强度不足的问题；经寿命计算，事实上再次证明了在设计计算中存在安全余量不足的事故隐患。

计算上述各点寿命其目的在于：
(1) 让读者了解，任何复杂应力状况下的寿命都可计算；
(2) 在某一当量应力下，各个特殊点的寿命都有其特点；
(3) 让设计者掌握安全设计的概念和计算方法。

这里只以损伤概念来计算，若用裂纹概念计算，方法相同，计算结果的数据一致。

若选用 σ-型因子法、β-型因子法、γ-型因子法以及 K-型因子法计算，计算结果虽有差异，但基本相近，只是用不同计算方法对不同材料，有的误差可能要大一些，有的小一些，读者要按实际情况做相应的选择。

4.2 曲轴损伤体与裂纹体的强度、速率和寿命预测计算

曲轴十分广泛地应用于机车、汽车、推土机、挖土机、拖拉机、轮船等各个行业工程机械中十分重要的机器零件中，其形状结构比较复杂，大型曲轴中部有多个连杆轴颈与多个连杆大头连接，曲轴有主轴颈与连杆轴颈。主轴颈伸出曲轴箱外通过连轴器与电机或发动机轴连接；连杆轴颈在曲轴箱内借助轴瓦与连杆连接，以自身的旋转运动，通过连杆将旋转运动转化为往复运动。因此曲轴的受力比活塞杆更复杂，形状更特殊，加工程序更多。

为节约篇幅，此节以裂纹体概念并选择 β-型计算方法进行论述和计算。

4.2.1 曲轴裂纹体的强度计算

为解决这些零件和结构件设计计算与失效分析工作中的复杂难题，本节将提供 β-型模型和方法中新研究的计算模型和方法。

1. β-型临界尺寸的计算

对应于疲劳加载下屈服应力对应的临界尺寸，可将屈服应力代入下式，即可求得

$$a_{1fc} = \frac{\sigma_s'^{2(1-n')} \times E^{2n'} \times \pi}{K'^2} c_1 \tag{4-3}$$

对应于断裂应力下的临界尺寸，可将断裂应力（疲劳强度系数值），代入如下计算式求得

$$a_{2fc} = \frac{\sigma_f'^{2(1-n')} \times E^{2n'} \times \pi}{K'^2} c_1 (\text{mm}) \tag{4-4}$$

对于从超高周疲劳（超低应力）向高周疲劳（低应力）过渡的过渡尺寸 a_{tr} 的计算，可采用下式计算：

$$a_{tr} = \frac{K'^2}{\sigma_s'^{2(1-n')} \times \pi \times E^{2n}} c_1 (\text{mm}) \tag{4-5}$$

2. β-型临界应力强度因子的计算

对于含临界裂纹尺寸 a_{1fc} 下裂纹体临界因子值的计算，可采用下式计算：

$$\beta_{2-1fc} = \left(\frac{K^2}{E^{2n}} \times \frac{a_{1fc}}{\pi}\right)^{\frac{1}{2(1-n)}} (\text{mm} \cdot \text{MPa}) \tag{4-6}$$

对于含临界裂纹尺寸 a_{1fc} 下裂纹体临界因子值的计算，可采用下式计算：

$$\beta_{2\text{-}2\text{fc}} = \left(\frac{K^2}{E^{2n}} \times \frac{a_{2\text{fc}}}{\pi}\right)^{\frac{1}{2(1-n)}} (\text{mm} \cdot \text{MPa}) \tag{4-7}$$

计算实例

往复压缩机中的曲轴通常用中碳钢 45 号制造,此材料的性能数据如表 4-2 所示。

表 4-2 钢 45[14] 相关参数的性能数据

σ_s/MPa	σ_b/MPa	E/MPa	K'	n'	b/m	σ'_f
456	539	200000	1153	0.179	−0.123/8.13	1115

曲轴中间的连杆轴颈与连杆轴瓦在旋转运动中用润滑油润滑必须加工一个油孔,连杆轴颈与曲拐连接要加工小圆角,因此在油孔和圆角处通常存在应力集中。油孔边常会引发角裂纹,圆角处往往产生圆周状表面裂纹。

曲轴在旋转运动和高周疲劳加载下,由于旋转运动由扭矩产生扭转剪应力[15];同时,与连杆连接在做往复运动中产生弯曲拉应力以及横向剪应力,在此之复杂应力状态下,曲轴内部引发三向应力状态,其当量应力由下式计算

$$\sigma_{1\text{-equ}} = \sqrt{\sigma^2 + 4\tau_t^2 + 4\tau_p^2} \; (\text{MPa}) \tag{4-8}$$

通常同曲轴的形状有关的用系数 K_σ 修正,同曲轴尺寸有关的用系数 ε_σ 修正,同应力集中有关的用系数 K_σ 修正[9-10]。此三个修正系数组成关系为 $\dfrac{K_\sigma}{\varepsilon_\sigma \beta_\sigma}$。它们分别为 $K_\sigma = 3.6$、$\varepsilon_\sigma = 0.81$ 和 $\beta_\sigma = 1.0$。

假定曲轴产生的应力状态:Ⅰ-型拉应力:$\sigma_{\max} = 32.4\text{MPa}$,$\sigma_{\min} = 6.48\text{MPa}$,$\Delta\sigma = 25.9\text{MPa}$;Ⅱ-型剪应力:$\tau_{t\max} = 3.18\text{MPa}$,$\tau_{t\min} = 0.023\text{MPa}$,$\Delta\tau_{t\min} = 3.157\text{MPa}$;Ⅲ-型剪应力:$\tau_{p\max} = 8\text{MPa}$,$\tau_{p\min} = 2.98\text{MPa}$,$\Delta\tau_{p\min} = 2.98\text{MPa}$。

往复压缩机在扭矩 M 驱动力下曲轴内部产生的应力状态见图 4-5。

根据上述数据,试用第三种损伤强度理论和第四种损伤强度理论建立的计算式,分别计算在应力集中部位的当量应力 $\sigma_{1\text{equ}-1}$,对应的损伤值 D_i,以及按强度准则验算此曲轴运转中的安全性。

计算步骤与方法如下:

1. 相关参数的计算

1)根据式 (4-2),计算当量应力

最大当量应力应为

第4章 机械结构件损伤体与裂纹体的强度、速率和寿命预测计算

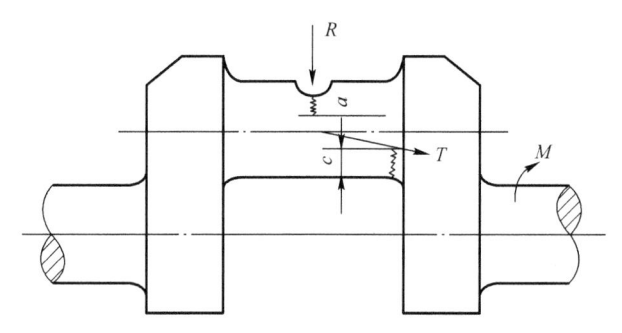

图4-5 往复压缩机在扭矩 M 驱动力下曲轴内部产生的应力状态[15]

$$\sigma_{1-equ}^{max} = \sqrt{\sigma_{max}^2 + 4\tau_t^2 + 4\tau_p^2} = \sqrt{32.4^2 + 4 \times 3.18^2 + 4 \times 8^2} = 36.7(\text{MPa})$$

最小当量应力为

$$\sigma_{1-equ}^{min} = \sqrt{\sigma_{min}^2 + 4\tau_{tmin}^2 + 4\tau_{pmin}^2} = \sqrt{6.48^2 + 4 \times 0.023^2 + 4 \times 2.98^2} = 8.8(\text{MPa})$$

2) 当量应力范围 $\Delta\sigma_{1equ-1}$ 和计算当量应力幅 $\sigma_{1equ-a} = \Delta\sigma_{1equ-1}/2$ 计算

当量应力范围

$$\Delta\sigma_{1-equ} = \sigma_{1-equ}^{max} - \sigma_{1-equ}^{min} = 36.7 - 8.8 = 27.9(\text{MPa})$$

当量应力幅为

$$\Delta\sigma_{1-equ} = (\sigma_{1-equ}^{max} - \sigma_{1-equ}^{min})/2 = (36.7 - 8.8)/2 = 14(\text{MPa})$$

3) 当量平均应力 σ_{1equ-1}^m 的计算

$$\sigma_{1-equ}^m = (\sigma_{1-equ}^{max} + \sigma_{1-equ}^{min})/2 = (36.7 + 8.8)/2 = 22.75(\text{MPa})$$

4) 应力集中部位当量应力幅计算

$$\sigma_{1-equ-a} = \frac{K_\sigma}{\varepsilon_\sigma \beta_\sigma}(\sigma_{1-equ}^{max} - \sigma_{1-equ}^{min})/2 = \frac{3.6}{0.81 \times 1}(36.7 - 8.8)/2 = 62(\text{MPa})$$

5) 应力集中部位最大当量应力的计算

$$\sigma_{1-equ}^{max} = \frac{K_\sigma}{\varepsilon_\sigma \beta_\sigma}\sqrt{\sigma_{max}^2 + 4\tau_t^2 + 4\tau_p^2} = \frac{3.6}{0.81 \times 1}\sqrt{32.4^2 + 4 \times 3.18^2 + 4 \times 8^2} = 163(\text{MPa})$$

6) 疲劳加载下的屈服应力计算

$$\sigma_s' = \left(\frac{E}{K^{1/n}}\right)^{\frac{n}{n-1}} = \left(\frac{200000}{1153^{1/0.179}}\right)^{\frac{0.179}{0.179-1}} = 374.6(\text{MPa})$$

7) 裂纹门槛尺寸的计算

$$a_{th} = \left(\frac{1}{\pi^{0.5}}\right)^{\frac{1}{0.5+b_1}} c = 0.564^{\frac{1}{0.5+0.123}} \times 1\text{mm} = 0.219(\text{mm})$$

195

2. 按 β-型验算曲轴强度及其运转的安全性

1) 当量应力幅下裂纹尺寸 $a_{2\text{-equ}}$

按式 (1-137)，计算如下：

$$a_{2\text{-equ-}a} = \frac{\sigma_a^{2(1-n')} \times E^{2n'} \times \pi}{K'^2} = \frac{62^{2(1-0.179)} \times 200000^{2 \times 0.179} \times \pi}{1153^2} = 0.1638(\text{mm})$$

2) 临界裂纹尺寸 $a_{1\text{fc}}$ 的计算

按式 (4-3)，用屈服应力代入分子中的应力参数，就能计算对应于屈服应力的临界裂纹尺寸 $a_{1\text{fc}}$，其为

$$a_{1\text{fc}} = \frac{\sigma_s'^{2(1-n')} \times E^{2n'} \times \pi}{K'^2} c_1 = \frac{374.6^{2(1-0.179)} \times 200000^{2 \times 0.179} \times \pi}{1153^2} \times 1 = 3.141(\text{mm})$$

3) 临界裂纹尺寸 $a_{2\text{fc}}$ 的计算

按式 (4-4)，用断裂应力代入分子中的应力参数，就能计算对应于断裂应力的临界裂纹尺寸 $a_{2\text{fc}}$，计算如下：

$$a_{2\text{fc}} = \frac{\sigma_f'^{2(1-n')} \times E^{2n'} \times \pi}{K'^2} c_1 = \frac{1115^{2(1-0.179)} \times 200000^{2 \times 0.179} \times \pi}{1153^2} = 18.832(\text{mm})$$

3. 按第一强度理论验算安全性

1) 裂纹体在不同应力下因子值的计算

(1) 计算含此载荷下含当量裂纹尺寸 $a_{2\text{-equ}} = 0.1638\text{mm}$ 时的裂纹体应力因子值。其裂纹体当量应力强度因子为

$$\beta_{2\text{-equ}} = \left(\frac{K^2}{E^{2n}} \times \frac{a_i}{\pi}\right)^{\frac{1}{2(1-n)}} = \left(\frac{1153^2}{200000^{2 \times 0.179}} \times \frac{0.1638}{\pi}\right)^{\frac{1}{2(1-0.179)}} = 62(\text{mm} \cdot \text{MPa})$$

(2) 含临界裂纹尺寸 $a_{1\text{fc}}$ 下裂纹体临界因子值的计算。

按式 (4-6)，计算对应于屈服应力下含临界裂纹尺寸 $a_{1\text{fc}}$ 时裂纹体临界因子值，其为

$$\beta_{2\text{-1fc}} = \left(\frac{K^2}{E^{2n}} \times \frac{a_{1\text{fc}}}{\pi}\right)^{\frac{1}{2(1-n)}} = \left(\frac{1153^2}{200000^{2 \times 0.179}} \times \frac{3.141}{\pi}\right)^{\frac{1}{2(1-0.179)}} = 374.6(\text{mm} \cdot \text{MPa})$$

(3) 对应于断裂应力下含临界裂纹尺寸 $a_{2\text{fc}}$ 时裂纹体临界因子值的计算。

按式 (4-7)，计算如下：

$$\beta_{2\text{-2fc}} = \left(\frac{K^2}{E^{2n}} \times \frac{a_{2\text{fc}}}{\pi}\right)^{\frac{1}{2(1-n)}} = \left(\frac{1153^2}{200000^{2 \times 0.179}} \times \frac{18.832}{\pi}\right)^{\frac{1}{2(1-0.179)}} = 1115(\text{mm} \cdot \text{MPa})$$

2) 按强度准则验算安全性

按式（1-139），验算在疲劳加载下此曲轴运转的安全性，取安全系数 $n_2=3$，其为

$$\beta_{2-\text{equ}} = \left(\frac{K^2}{E^{2n}} \times \frac{a_i}{\pi}\right)^{\frac{1}{2(1-n)}} = \left(\frac{1153^2}{200000^{2\times0.179}} \times \frac{0.1638}{\pi}\right)^{\frac{1}{2(1-0.179)}}$$

$$62 \leq [\beta_2] = \frac{\beta_{2-1\text{fc}}}{n} = \frac{374.6}{3} = 124.87(\text{MPa} \cdot \text{mm})$$

按照此强度验算，其当量应力因子值还在许用应力因子范围之内，还属在安全运转状态下运转。

从大量计算中再一次证明，用 β-型模型和方法也能达到在不同应力下，裂纹体的应力因子值，同加载时发生的应力值在数值上是一致的。但是应力强度因子值中实际上已经存在裂纹值（或损伤值），只不过过去未发现而已。例如，在当量应力 62MPa 下，已经产生 0.1638mm 裂纹；在屈服应力 374.6MPa 下，已产生 3.14mm 裂纹；在断裂应力 1115MPa 下，已产生 18.932mm 裂纹。

4.2.2 曲轴裂纹体的裂纹速率和寿命预测计算

1. 曲轴裂纹体的裂纹速率计算

按上文已计算得出的相关数据，继续对此曲轴裂纹体的速率进行计算。

假定此材料晶粒平均尺寸为 0.04mm（$a_{\min}=0.04$mm，等于 0.04 裂纹单位 damage-unit），根据上述加载条件和已提供的材料性能数据，试计算此曲轴应力集中部位引发裂纹初始尺寸 $a_{\min}=0.04$mm 对应的裂纹速率 $(da/dN)_{01}$；计算裂纹门槛值（超高周门槛）a_{th} 对应的裂纹速率 $(da/dN)_{th}$；计算当量裂纹尺寸 = 0.1638mm 的裂纹速率；计算屈服极限应力裂纹尺寸值（屈服应力因子值）$a_{1\text{fc}}=3.141$mm 对应的裂纹速率 $(da/dN)_{1\text{fc}}$。

计算步骤和方法如下：

1) 上文已计算得出相关参数数据

疲劳载荷下的屈服应力 $\sigma'_s=374.6$MPa；门槛裂纹尺寸 $a_{th}=0.219$mm；当量因子值 $\beta_{2-\text{equ}}=62$mm·MPa；屈服应力的临界裂纹尺寸 $a_{1\text{fc}}=3.141$mm；断裂应力下临界裂纹尺寸 $a_{2\text{fc}}=18.832$mm；对应于屈服应力下的应力强度因子值 $\beta_{2-1\text{fc}}=374.6$mm·MPa；对应于断裂应力下含临界裂纹体临界因子 $\beta_{2-2\text{fc}}=1115$mm·MPa。

2) 计算超高周向高周过渡的疲劳门槛尺寸（过渡尺寸）a_{tr}

按式（4-5），便可计算出此过渡尺寸 a_{tr}，即

$$a_{tr}=\frac{K'^2}{\sigma_s'^{2(1-n')}\times\pi\times E^{2n}}c_1=\frac{1153^2}{374.6_s^{2(1-0.179)}\times\pi\times200000^{2\times0.179}}\times1=0.3184(\text{mm})$$

3) 计算当量综合材料常数 $\beta_{1\text{-equ}}$

当量综合材料常数 $\beta_{1\text{-equ}}$ 的计算，仿照式（2-91）和式（2-95），假定修正系数 $\alpha=1$，应力比 $R=0.17$，计算如下：

$$\beta_\sigma=2\left\{2\left(\frac{K'^2}{E^{2n}}\times\frac{a_{fc}}{\pi}\right)^{\frac{1}{2(1-n)}}\alpha(1-R)\right\}^{-m}$$

$$=2\left\{2\left(\frac{1153^2}{200000^{2\times0.179}}\times\frac{18.832}{\pi}\right)^{\frac{1}{2(1-0.179)}}1(1-0.17)\right\}^{-8.13}$$

$$=5.4595\times10^{-27}(\text{mm/MPa})$$

4) 计算此曲轴应力集中部位在各当量损伤值对应的速率

（1）初始值 $a_{\min}=0.04$ 对应的裂纹速率 $(da/dN)_{01}$。

按式（2-93）~式（2-95）计算如下：

$$da/dN=\beta_{1\text{-equ}}\times[2(\beta_{1\text{-equ}})^{/2(1-n)}]^m=2\left\{2\left(\frac{K'^2}{E^{2n}}\times\frac{a_{fc}}{\pi}\right)^{\frac{1}{2(1-n)}}\alpha(1-R)\right\}^{-m}\cdot$$

$$\left\{2\left(\frac{K'^2}{E^{2n}}\times\frac{a_{\min}}{\pi}\right)^{\frac{1}{2(1-n)}}\right\}^m=5.4595\times10^{-27}\times\left\{2\left(\frac{1153^2}{200000^{2\times0.179}}\times\frac{0.04}{\pi}\right)^{\frac{1}{2(1-0.179)}}\right\}^{8.13}$$

$$=5.301\times10^{-13}(\text{mm/cycle})$$

（2）损伤门槛尺寸（超高周门槛）a_{th} 对应的速率 $(da/dN)_{th}$：

$$da/dN=\beta_{1\text{-equ}}\times[2(\beta_{1\text{-equ}})^{/2(1-n)}]^m=2\left\{2\left(\frac{K'^2}{E^{2n}}\times\frac{a_{fc}}{\pi}\right)^{\frac{1}{2(1-n)}}\alpha(1-R)\right\}^{-m}\cdot$$

$$\left\{2\left(\frac{K'^2}{E^{2n}}\times\frac{a_{th}}{\pi}\right)^{\frac{1}{2(1-n)}}\right\}^m=5.4595\times10^{-27}\times\left\{2\left(\frac{1153^2}{200000^{2\times0.179}}\times\frac{0.219}{\pi}\right)^{\frac{1}{2(1-0.179)}}\right\}^{8.13}$$

$$=2.404\times10^{-9}(\text{mm/cycle})$$

（3）过渡值（高周门槛）a_{tr} 对应的裂纹速率 $(da/dN)_{tr}$，即

$$da/dN=\beta_{1\text{-equ}}\times[2(\beta_{1\text{-equ}})^{/2(1-n)}]^m=2\left\{2\left(\frac{K'^2}{E^{2n}}\times\frac{a_{fc}}{\pi}\right)^{\frac{1}{2(1-n)}}\alpha(1-R)\right\}^{-m}\cdot$$

第4章 机械结构件损伤体与裂纹体的强度、速率和寿命预测计算

$$\left\{2\left(\frac{K'^2}{E^{2n}}\times\frac{a_{tr}}{\pi}\right)^{\frac{1}{2(1-n)}}\right\}^m = 5.4595\times10^{-27}\times\left\{2\left(\frac{1153^2}{200000^{2\times0.179}}\times\frac{0.3184}{\pi}\right)^{\frac{1}{2(1-0.179)}}\right\}^{8.13}$$

$$= 1.533\times10^{-8}(\text{mm/cycle})$$

（4）上文当量裂纹尺寸 1.656mm 裂纹速率，即

$$da/dN = \beta_{1-equ}\times[2(\beta_{1-equ})^{/2(1-n)}]^m = 2\left\{2\left(\frac{K'^2}{E^{2n}}\times\frac{a_{fc}}{\pi}\right)^{\frac{1}{2(1-n)}}\alpha(1-R)\right\}^{-m}\cdot$$

$$\left\{2\left(\frac{K'^2}{E^{2n}}\times\frac{a_{equ}}{\pi}\right)^{\frac{1}{2(1-n)}}\right\}^m = 5.4595\times10^{-27}\times\left\{2\left(\frac{1153^2}{200000^{2\times0.179}}\times\frac{1.656}{\pi}\right)^{\frac{1}{2(1-0.179)}}\right\}^{8.13}$$

$$= 5.385\times10^{-5}(\text{mm/cycle})$$

（5）对应于屈服应力和临界裂纹尺寸 3.141mm 裂纹速率，即

$$da/dN = \beta_{1-equ}\times[2(\beta_{1-equ})^{/2(1-n)}]^m = 2\left\{2\left(\frac{K'^2}{E^{2n}}\times\frac{a_{fc}}{\pi}\right)^{\frac{1}{2(1-n)}}\alpha(1-R)\right\}^{-m}\cdot$$

$$\left\{2\left(\frac{K'^2}{E^{2n}}\times\frac{a_{1fc}}{\pi}\right)^{\frac{1}{2(1-n)}}\right\}^m = 5.4595\times10^{-27}\times\left\{2\left(\frac{1153^2}{200000^{2\times0.179}}\times\frac{3.141}{\pi}\right)^{\frac{1}{2(1-0.179)}}\right\}^{8.13}$$

$$= 1.28\times10^{-3}(\text{mm/cycle})$$

计算上述各点速率的目的：①让读者了解，任何复杂应力状况下，任何点的速率都可以计算；②在某一当量应力下，各个特殊点的速率特点；③让设计计算者掌握安全设计的概念和计算方法。

这里以裂纹概念来计算，若用损伤概念计算方法相同，计算结果的数据等效一致，但某些单位不同。

若选用 β-型因子法、σ-型因子法、γ-型因子法以及 K-型因子法计算，计算结果虽有差异，但基本相近，只是用不同计算方法有不同单位；对不同材料，有的误差可能要大一些，读者按实际情况做相应的选择。

2. 曲轴裂纹体的寿命预测计算

本节仍以 β-型模型和方法，仍用上节的参数和常数，计算此曲轴裂纹体寿命。

计算方法和步骤如下：

1）选用式（3-97），计算此曲轴在当量裂纹尺寸为 1.656mm 时的对应寿命

$$N = \int_0^1 \frac{da}{2\left\{2\left(\frac{K'^2}{E^{2n}}\times\frac{a_{fc}}{\pi}\right)^{\frac{1}{2(1-n)}}\alpha(1-R)\right\}^{-m}\cdot\left\{2\left(\frac{K'^2}{E^{2n}}\times\frac{a_i}{\pi}\right)^{\frac{1}{2(1-n)}}\right\}^m}$$

$$= \int_0^1 5.4595 \times 10^{-27} \times \left\{ 2\left(\frac{1153^2}{200000^{2\times 0.179}} \times \frac{1.656}{\pi}\right)^{\frac{1}{2(1-0.179)}} \right\}^{8.13} = 18588(\text{cycle})$$

此寿命数据的倒数与相同参数计算下的速率 $da/dN = 5.385\times 10^{-5}(\text{mm/cycle})$ 一致。

2) 计算此曲轴在当量裂纹尺寸为 1.656mm 至临界断裂时的对应寿命

计算如下：

$$N = \int_{1.656}^{18.832} \frac{da}{2\left\{2\left(\frac{K'^2}{E^{2n}} \times \frac{a_{fc}}{\pi}\right)^{\frac{1}{2(1-n)}} \alpha(1-R)\right\}^{-m} \cdot \left\{2\left(\frac{K'^2}{E^{2n}} \times \frac{a_i}{\pi}\right)^{\frac{1}{2(1-n)}}\right\}^m}$$

$$= \int_{1.656}^{18.832} 5.4595 \times 10^{-27} \times \left\{ 2\left(\frac{1153^2}{200000^{2\times 0.179}} \times \frac{1.656}{\pi}\right)^{\frac{1}{2(1-0.179)}} \right\}^{8.13}$$

$$= 319275(\text{cycle})$$

3) 计算此曲轴材在裂纹门槛尺寸为 0.219mm 至过渡点尺寸 0.3184mm 的对应寿命

计算如下：

$$N = \int_{0.219}^{0.3184} \frac{da}{2\left\{2\left(\frac{K'^2}{E^{2n}} \times \frac{a_{fc}}{\pi}\right)^{\frac{1}{2(1-n)}} \alpha(1-R)\right\}^{-m} \cdot \left\{2\left(\frac{K'^2}{E^{2n}} \times \frac{a_{th}}{\pi}\right)^{\frac{1}{2(1-n)}}\right\}^m}$$

$$= \int_{0.219}^{0.3184} 5.4595 \times 10^{-27} \times \left\{ 2\left(\frac{1153^2}{200000^{2\times 0.179}} \times \frac{0.219}{\pi}\right)^{\frac{1}{2(1-0.179)}} \right\}^{8.13}$$

$$= 41381604(\text{cycle})$$

计算式中计算寿命下限数据 0.219mm，与国内外同一领域研究者从超高周疲劳实验中发现的鱼眼尺寸 0.2mm 左右，与此书所定义的超高周疲劳的门槛尺寸 0.2mm 左右（或门槛损伤值 0.2damage-unit 左右），其概念是相符合的。此处，从门槛尺寸 0.219~0.3184mm，上下限差值如此小，但计算结果的寿命数据还存在如此长的 4.138×10^7 cycle 周期。它说明某一材料的结构件，前期有着很长的寿命。这一计算结果与国内外同一领域研究者实验得出的认识是相符合的。

4) 计算此曲轴材在裂纹过渡点尺寸为 0.3184mm 至屈服点尺寸 3.141mm 的对应寿命

计算如下：

第4章 机械结构件损伤体与裂纹体的强度、速率和寿命预测计算

$$N = \int_{0.3184}^{3.141} \frac{\mathrm{d}a}{2\left\{2\left(\dfrac{K'^2}{E^{2n}}\times\dfrac{a_{\mathrm{fc}}}{\pi}\right)^{\frac{1}{2(1-n)}}\alpha(1-R)\right\}^{-m} \cdot \left\{2\left(\dfrac{K'^2}{E^{2n}}\times\dfrac{a_{\mathrm{tr}}}{\pi}\right)^{\frac{1}{2(1-n)}}\right\}^{m}}$$

$$= \int_{0.3184}^{3.141} 5.4595\times 10^{-27} \times \left\{2\left(\dfrac{1153^2}{200000^{2\times 0.179}}\times\dfrac{0.3184}{\pi}\right)^{\frac{1}{2(1-0.179)}}\right\}^{8.13}$$

$$= 184230631(\mathrm{cycle})$$

此项对曲轴寿命的预测计算,表明这曲轴还属于安全运转状态,同上文对曲轴强度计算是一致的。

上述如此多项寿命计算中也说明,以不同角度计算寿命,计算结果差异极大,关键是取决于安全系数 n 的取值。但必须说明,强度计算的安全系数 n 的取值,与寿命预测计算安全系数的取值完全不同,后者高得很多,有时高达20倍。由设计者结合实验数据,结合实际情况确定。

本节是按裂纹概念计算寿命;若按损伤概念计算寿命,其计算结果的数据是一致的,不再重复。

4.3 飞机机翼大梁螺纹连接损伤体与裂纹体的强度、速率和寿命预测计算

航空航天、军事国防、石油化工、交通运输,以及水利、建筑、机械等工程机械和结构,所有机械结构的零件和结构件都不是孤立的,都是互相搭配组装成机器或结构体。而这必须通过连接零件来完成。其中,最主要和最普遍的连接方法是螺纹连接形式。它是通过将相互组装的两机件分别加工成螺孔,再将圆柱形的圆杆加工成螺栓(螺母),再将螺栓套进两机件的螺孔中,用扳手用力拧紧达到紧固连接的要求。也因此产生了扭矩引起的扭转剪应力、轴向拉应力,加上疲劳加载,就形成疲劳加载下的复杂应力状态[16-17]。

4.3.1 飞机机翼大梁螺纹连接损伤体与裂纹体的强度计算

本节采用裂纹概念进行强度计算。螺栓扭矩引起的扭转剪应力以及轴向拉应力,产生的当量应力,可用下式计算:

$$\sigma_{\mathrm{equ}}^{\max} = \sqrt{(\sigma)^2 + 3(\tau)^2}\ (\mathrm{MPa}) \tag{4-9}$$

螺纹结构件的螺纹根部通常加工成尖端形,它们被扭紧后更容易产生应力集中,因而更容易受到损伤或萌生裂纹,甚至会变成像螺孔边形成如图4-6所示椭圆形1/4的角裂纹,如此出现角裂纹后的机械零件强度计算问题,就不

像材料试件和一般机械零件强度计算所能解决的新问题和新难题，它是特殊裂纹体强度计算的问题。

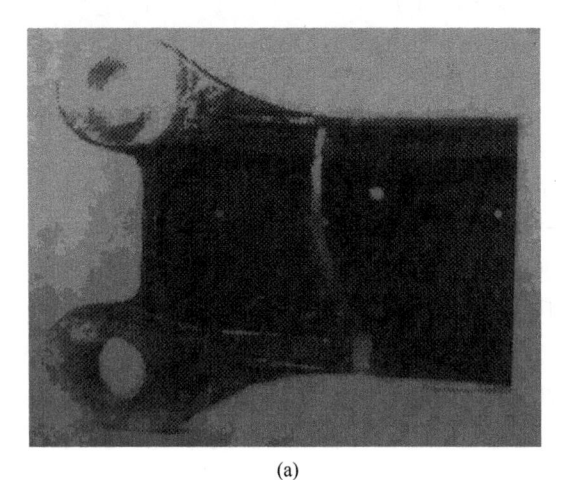

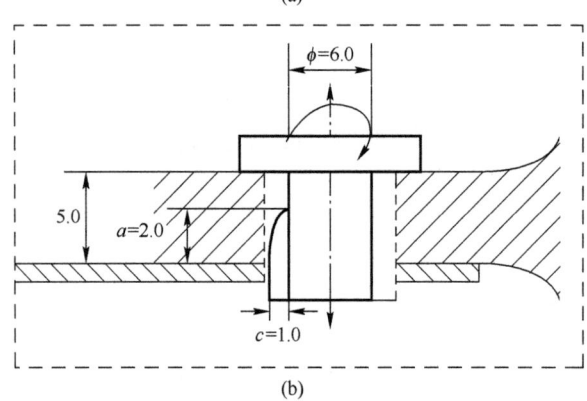

(a)

(b)

图 4-6　飞机机翼大梁螺孔边角裂纹示意图

本节采用 σ-型应力因子与 K-型应力因子两种方法做比较计算。

1. σ-型当量应力因子进行裂纹体的强度计算

其计算式为

$$\sigma_{\mathrm{Is}}^{\mathrm{equ}} = \left(\frac{K(MM_1/F_{1/2}) \times a_i^{(2nb+1)/2}}{E^n \times \pi^{1/2}} \right)^{\frac{1}{1-n}} (\mathrm{MPa} \cdot \mathrm{mm}) \qquad (4\text{-}10)$$

σ-型当量应力因子强度准则为

$$\sigma_{\text{Is}}^{\text{equ}} = \left(\frac{K(MM_1/F_{1/2}) \times a_i^{(2nb+1)/2}}{E^n \times \pi^{1/2}} \right)^{\frac{1}{1-n}} (\text{MPa} \cdot \text{mm}) \leq [\sigma_\text{I}] = \frac{\sigma_{\text{Ifc}}}{n} (\text{MPa})$$

(4-11)

2. K-型应力因子进行裂纹体的强度计算

其计算式为

$$K_{1\text{-equ}} = \sigma_{1\text{-equ}} y(a/b) \sqrt{\pi a} (\text{MPa} \cdot \text{mm}) \quad (4-12)$$

式(4-12)中的裂纹 a 尺寸,是无限大板穿透裂纹长度的 $1/2^{[18-19]}$,或称裂纹的深度。

其强度准则为

$$K_{1\text{-equ}} = \sigma_{1\text{-equ}} y(a/b) \sqrt{\pi a} \leq [K] = \frac{\sigma_s'}{n_1} \text{或} \frac{\sigma_f'}{n_2} (\text{MPa} \cdot \text{mm}) \quad (4-13)$$

式中:$y(a/b)$ 为与裂纹形状和尺寸有关的修正系数,而对于孔边角裂纹,$y(a/b) = MM_1/F_{1/2}^{[20-21]}$。$M$、$M_1$ 为对孔边角裂纹的修正系数,要查阅应力强度因子手册[21];$F_{1/2}$ 为将角裂纹转换为穿透裂纹的计算式[20-22],$F_{1/2}$ 与 1/4 半椭圆形尺寸有关计算式,它们有如下关系:

$$c' \times t = \frac{\pi}{4} ac, \quad c' = \frac{\pi}{4t} ac \quad (4-14)$$

$$F_{1/2} = \sqrt{\frac{2+c'/r}{2+2c'/r} \left(1 + \frac{0.2c'/r}{1+c'/r}\right)} \quad (4-15)$$

式中:$F_{1/2}$ 为针对角裂纹形状对应力强度因子 K 产生影响的修正系数;c' 为 1/4 椭圆形状转换成穿透裂纹半长的裂纹尺寸(mm),c' 同孔边角裂纹深度 a、宽度 c、板厚 t 有着如式(4-14)的关系;系数 $F_{1/2}$ 与孔半径 $r = \phi/2$,与当量穿透裂纹半长 c' 有如式(4-15)的关系。

在静载荷或疲劳加载下 K-型因子的临界因子有如下两种形式:

$$K_{1\text{fc}} = \sigma_s' y(a/b) \sqrt{\pi a} (\text{MPa} \cdot \text{mm}) \quad (4-16)$$

$$K_{2\text{fc}} = \sigma_{\text{fc}}' y(a/b) \sqrt{\pi a} (\text{MPa} \cdot \text{mm}) \quad (4-17)$$

这种情况下的强度计算准则应为

$$K_1 = \sigma_{\text{fc}}' y(a/b) \sqrt{\pi a} \leq [K] = \frac{K_{1\text{fc}}}{n} (\text{MPa} \cdot \text{mm}) \quad (4-18)$$

$$K_2 = \sigma_{\text{fc}}' y(a/b) \sqrt{\pi a} \leq [K] = \frac{K_{2\text{fc}}}{n} (\text{MPa} \cdot \text{mm}) \quad (4-19)$$

式中:$K_{1\text{fc}}$ 为对应于屈服应力 σ_s' 加载下的临界应力强度因子;$K_{2\text{fc}}$ 为对应于断裂应力 σ_f' 加载下的临界应力强度因子;$K_{1\text{fc}}$ 或 $K_{2\text{fc}}$ 取值取决于是脆性、线弹性还是弹塑性等不同性能材料；$y(a/b)$ 为与角裂纹形状和尺寸有关的修正系数。

对于损伤体的强度计算方法相同，单位等有所不同，读者可自行选择，为节省篇幅，不再重复。

计算实例

本节以裂纹体概念展开论述。先对飞机机翼大梁螺纹连接件的裂纹体进行静强度计算，然后对此裂纹体在疲劳加载下进行寿命预测计算。对损伤强度计算，只是参数符号和单位不同，不再重复。

飞机机翼大梁螺纹连接件裂纹体静强度计算。

某一飞机机翼大梁用材料 30CrMnSiNi2A 制成，机翼与大梁制成螺孔如图 4-6 所示用螺栓连接。螺纹连接部位承受着拉伸应力 σ 和扭转剪应力 τ 之复杂应力作用。此材料的性能数据如表 4-3 所示。

表 4-3 30CrMnSiNi2A 单调载荷下的性能数据[10,22]

材料	σ_b/MPa	σ_s/MPa	E/MPa	K/MPa	K_{IC}	n	σ_f/MPa	b_1	ε_f	c_1
30CrMnSiNi2A	1655	1308	200063	2355	58.9	0.0901	2601	-0.1026	0.74	0.07816

该飞机在起飞后很短时间内发生了空难事故。经检查机翼大梁螺孔部位出现如图 4-5 所示的孔边角裂纹。角裂纹尺寸：$a = 2$mm，$c = 1$mm，螺孔直径 $\phi = 6.0$mm，螺孔半径 $r = 3$mm；机翼大梁厚度 $t = 5$mm。假定孔边螺纹部位载荷发生的最大拉应力 $\sigma_{max} = 350$MPa，最大剪应力 $\tau_{max} = 20$MPa。假设此连接件应力集中系数、零件形状系数和尺寸系数分别为 $K_\tau = 2.5$，$\varepsilon_\tau = 0.81$，$\beta_\tau = 1$。试用 σ-型和 K-型两种方法做比较验算此飞机机翼出现孔边角裂纹后的强度。

计算方法和步骤如下：

1. 相关参数计算

1) 孔边角裂纹修正系数 $y(a/b) = MM_1/F_{1/2}$[20-22] 计算

（1）查阅应力强度因子手册[21]，查得孔边修正系数 M，M_1，取 $M = 1.03$，$M_1 = 1.1$；

（2）按照图中角裂纹尺寸，换算成当量的穿透裂纹尺寸 c'，其为

$$c't = \frac{\pi}{4}ac, \quad c' = \frac{\pi}{4t}ac = \frac{3.1416}{4 \times 5} 2 \times 1 = 0.3146(\text{mm})$$

此外，应该指出，c' 相当于式（4-10）穿透裂纹的半长 $c' = a$。

2) 当量应力计算

根据复杂应力、下拉应力与扭转剪应力合成计算式，再考虑应力集中、机

件形状、尺寸影响各修正系数，按式（4-9），其当量应力为

$$\sigma_{\text{equ}}^{\max} = \sqrt{\left(\frac{K_\sigma}{\varepsilon_\sigma \beta_\sigma}\sigma\right)^2 + 3\left(\frac{K_\tau}{\varepsilon_\tau \beta_\tau}\tau\right)^2} = \sqrt{\left(\frac{2.5}{0.81\times1}\times350\right)^2 + 3\left(\frac{2.5}{0.81\times1}\times20\right)^2} = 1086(\text{MPa})$$

3）当量应力 σ_{equ} 下裂纹尺寸 $a=c'$ 的计算

按式（1-106）计算如下：

$$a = c' = \left(\sigma_{\text{equ}}^{\prime(1-n')/n'} \times \frac{E\times\pi^{1/2\times n'}}{K'^{1/n'}}\right)^{-\frac{2m_1 n'}{2n'-m_1}} c_1$$

$$= \left((1086)^{(1-0.091)/0.091} \times \frac{200063\times\pi^{1/2\times0.091}}{2355'^{1/0.091}}\right)^{-\frac{2\times9.747\times0.091}{2\times0.091-9.747}} \times 1$$

$$= \left((1086)^{9.99} \times \frac{200063\times\pi^{5.495}}{2355^{10.99}}\right)^{0.1855} \times 1 = 1.744(\text{mm})$$

在静载荷下，当量裂纹尺寸为 1.744mm。

4）螺孔单边角裂纹修正系数 $F_{1/2}$ 计算

按式（4-15），计算如下：

$$F_{1/2} = \sqrt{\frac{2+c'/r}{2+2c'/r}\left(1+\frac{0.2c'/r}{1+c'/r}\right)} = \sqrt{\frac{2+0.3146/3}{2+2\times0.3146/3}\left(1+\frac{0.2\times0.3146/3}{1+0.3146/3}\right)}$$

$$= \sqrt{0.9525\times1.01898} = \sqrt{0.97058} = 0.9852$$

因此裂纹修正系数 $y(a/b) = MM_1/F_{1/2} = 1.03\times1.1/0.9852 = 1.15$。

2. 用 σ-型方法核算含孔边角裂纹的机翼主梁强度

按式（4-10）核算含孔边角裂纹的机翼主梁强度，此时，式中 $a=c'$；孔边角裂纹修正系数 $y(a/b) = MM_1/F_{1/2} = 1.03\times1.1/0.9852 = 1.15$；对角裂纹扩展至尺寸（$c'=1.744$mm）时裂纹应力强度因子 $\sigma_{\text{Is}}^{\text{equ}}$，计算如下：

$$\sigma_{\text{Is}}^{\text{equ}} = \left(\frac{K\times(MM_1/F_{1/2})\times a_i^{(2nb+1)/2}}{E^n\times\pi^{1/2}}\right)^{\frac{1}{1-n}} = \left(\frac{2355\times1.15\times1.744^{[2\times0.091\times(-0.1026)+1]/2}}{200063^{0.0901}\times\pi^{1/2}}\right)^{\frac{1}{1-0.0901}}$$

$$= \left(\frac{2355\times1.15\times1.744^{0.4907}}{200063^{0.0901}\times\pi^{1/2}}\right)^{1.1} = 1264(\text{MPa}\cdot\text{mm}) > \frac{\sigma_{\text{Ifc}}}{n} = [\sigma_I] = \frac{1308}{3}$$

$$= 421.3(\text{MPa})$$

按 σ-型验算结果，其静强度计算已接近屈服应力，大大超出许用应力 421.3MPa。

3. 用 K-型方法核算含孔边角裂纹的机翼主梁强度

按式（4-12）和式（4-13）核算含孔边角裂纹的机翼主梁强度：

此时式中 $a=c'$；裂纹形状修正系数应用孔边角裂纹修改系数，$y(a/b) = MM_1/F_{1/2} = 1.03 \times 1.1/0.9852 = 1.15$。

对角裂纹扩展至尺寸（$c' = 2.1\text{mm}$）时裂纹应力强度因子 $K_{s_2}^{\text{equ}}$ 计算，计算如下：

$$K_{1-\text{equ}}^{\text{equ}} = (MM_1/F_{1/2})\sigma_{\text{equ}}^{\max}\sqrt{\pi a} = (1.03 \times 1.1 \times 0.9852)1086 \times \sqrt{\pi 1.744}$$

$$= 2923.4(\text{MPa} \cdot \sqrt{\text{mm}}) = 92.45(\text{MPa} \cdot \sqrt{\text{m}})$$

按强度准则式（4-13）核算，其为

$$K_{1-\text{equ}} = \sigma_{\text{equ-}}MM_1/F_{1/2}\sqrt{\pi \times a} = 1086 \times \frac{1.03 \times 1.1}{0.9852}\sqrt{\pi \times 1.744 \times 10^{-3}}$$

$$= 92.45 > \frac{58.9}{n} = [K](\text{MPa} \cdot \sqrt{\text{m}})$$

用 K-型方法核算，此飞机机翼主梁静强度，在无取安全系数 $n=3$ 时已经不足。

可见，即使在静载荷下，两种方法验算结果，发生断裂事故都是因为强度设计时已大大不足。

4.3.2 飞机机翼大梁螺纹连接损伤体与裂纹体的速率和寿命预测计算

本节仍采用裂纹概念进行速率和寿命计算。

飞机机翼大梁螺栓扭矩引起的扭转剪应力以及轴向拉应力，产生的当量应力，其速率和寿命计算，本节仍采用 σ-型与 K-型做比较计算。而其他 β-型、γ-型的速率和寿命计算，读者可参考这两种方法，同样可以对这些特殊连接件的损伤体和裂纹体，进行速率和寿命计算。

本节仍以裂纹体概念展开。先对飞机机翼大梁螺纹连接件的裂纹体进行速率计算，然后对此裂纹体进行寿命预测计算。对损伤速率计算，只是参数符号和单位不同，不再重复。

1. σ-型速率和寿命计算

1）速率计算

对于螺纹连接件的裂纹体，如果在螺孔边出现宏观角裂纹（长裂纹）形状时，其速率计算式，要考虑此特殊形状裂纹对速率的影响，必须进行多因素的修正，这种情况下裂纹扩展速率，建议采用下式进行计算：

$$da/dN = A_{1-\text{equ}}\left\{\frac{K_\sigma}{\varepsilon_\sigma \beta}MM_1/F_{1/2}\left(\frac{Ka_{\text{equ}}^{(m-2\times n)/2\times m}}{E^n \times \pi^{1/2}}\right)^{\frac{1}{1-n}}\right\}^m \quad (\text{mm/cycle}) \quad (4-20)$$

式中各参数符号的物理意义与上文强度计算中相同。

而综合材料常数 $A_{1-\text{equ}}$，在 $R=-1$，$\sigma_m=0$ 循环加载下，其为

$$A_{1-\text{equ}}=2\left\{2\left(\frac{Ka_{2\text{fc}}^{(m-2\times n)/2\times m}}{E^n\times\pi^{1/2}}\right)^{\frac{1}{1-n}}\alpha\right\}^{-m}(\text{MPa}\cdot\text{mm}) \quad (4-21)$$

在 $R\neq -1$，$\sigma_m\neq 0$ 的循环加载下，其为

$$A_{1-\text{equ}}=2\left\{2\left(\frac{Ka_{2\text{fc}}^{(m-2\times n)/2\times m}}{E^n\times\pi^{1/2}}\right)^{\frac{1}{1-n}}\alpha(1-R)\right\}^{-m}(\text{MPa}\cdot\text{mm}) \quad (4-22)$$

2）寿命计算

当孔边出现宏观角裂纹时，其寿命计算式仍要考虑这些特殊形状进行多因素的修正，其当量尺寸 a_{equ} 所对应的寿命建议采用下式计算：

$$N=\int_0^1\frac{\mathrm{d}a}{A_{1-\text{equ}}\left\{\frac{K_\sigma}{\varepsilon_\sigma\beta}MM_1/F_{1/2}\left(\frac{Ka_{\text{equ}}^{(m-2\times n)/2\times m}}{E^n\times\pi^{1/2}}\right)^{\frac{1}{1-n}}\right\}^m}(\text{cycle}) \quad (4-23)$$

2. K-型速率和寿命计算

1）速率计算

对于螺纹连接件的裂纹体，K-型的裂纹扩展速率建议采用下式进行计算：

$$\mathrm{d}a/\mathrm{d}N=A_2^{\text{equ}}(\Delta K_{s_2}^{\text{eau}})^{m_2}=2(2\sigma_f'\alpha\sqrt{\pi a_{1\text{fc}}})^{-m_2}\left(\frac{K_\sigma}{\varepsilon_\sigma\beta}MM_1/F_{1/2}\Delta K_{\text{equ}}\right)^{m_2}(\text{mm/cycle})$$

$$(4-24)$$

式中各参数符号的物理意义与上文强度计算中相同。而综合材料常数 A_2^{equ}，在 $R=-1$，$\sigma_m=0$ 循环加载下，其为

$$A_2^{\text{equ}}=2(2\sigma_f'\alpha\sqrt{\pi a_{\text{fc}}})^{-m_2'}(\text{MPa}\cdot\sqrt{\text{mm}})^{-m_2} \quad (4-25)$$

在 $R\neq -1$，$\sigma_m\neq 0$ 的循环加载下，其为

$$A_2^{\text{equ}}=2[2\sigma_f'\alpha(1-R)\sqrt{\pi a_{\text{fc}}}]^{-m_2'}(\text{MPa}\cdot\sqrt{\text{mm}})^{-m_2} \quad (4-26)$$

此类模型，根号式中的临界尺寸 a_{fc}，取屈服点对应的临界尺寸 $a_{1\text{fc}}$，或取断裂时对应的临界尺寸 $a_{2\text{fc}}$，要看材料性能而定。

2）寿命计算

当孔边出现宏观角裂纹时，其寿命计算式仍要考虑这些特殊形状进行多因素的修正，其当量尺寸 a_{equ} 所对应的寿命建议采用下式计算：

$$N_2=\int_0^1\frac{\mathrm{d}a}{A_2^{\text{equ}}(\Delta K_{s_2}^{\text{equ}})^{m_2}}(\text{cycle}) \quad (4-27)$$

计算实例

继上文强度计算已得出的数据，此飞机机翼大梁用材料 30CrMnSiNi2A 在低周疲劳加载的数据如表 4-4 所示。

表 4-4 30CrMnSiNi2A 低周疲劳载荷下的性能数据[10,22]

材料	σ'_s/MPa	K'/MPa	n'	σ'_f/MPa	$b=-1/m'_1$	ε'_f	c
30CrMnSiNi2A	1280	2468	0.13	2974	−0.1026/9.747	2.075	−0.7816

如图 4-5 所示，该飞机假定孔边螺纹部位载荷发生的最大拉应力 σ_{max} = 350MPa，最小拉应力 σ_{min} = 0MPa(R = 0)；最大剪应力 τ_{max} = 20MPa，最小剪应力 τ_{min} = 0MPa(R = 0)。假设此连接件应力集中系数、零件形状系数和尺寸系数如上文所述，裂纹门槛尺寸 a_{th} = 0.237mm。

上文已得相关参数有 M = 1.03，M_1 = 1.1；

角裂纹修正系数 $y(a/b) = MM_1/F_{1/2} = 1.03 \times 1.1/0.9852 = 1.15$。

试用 σ-型与 K-型两种方法做比较计算，计算此孔边角裂纹尺寸 $c' = a$ = 2.1mm 时的裂纹速率 da/dN 和寿命 N。

为节约篇幅，本节仍以裂纹体概念进行计算，损伤体的速率和寿命预测计算，只是参数符号不同，不再重复。

计算过程方法和步骤如下：

1. 相关参数计算

1) 当量应力计算

根据复杂应力下拉应力与扭转剪应力组合的计算式，再考虑应力集中、机件形状、尺寸影响各修正系数，按式 (4-9)，其最大当量应力为

$$\sigma_{equ}^{max} = \sqrt{\left(\frac{K_\sigma}{\varepsilon_\sigma \beta_\sigma}\sigma\right)^2 + 3\left(\frac{K_\tau}{\varepsilon_\tau \beta_\tau}\tau\right)^2}$$

$$= \sqrt{\left(\frac{2.5}{0.81 \times 1} \times 350\right)^2 + 3\left(\frac{2.5}{0.81 \times 1} \times 20\right)^2} = 1086(\text{MPa})$$

最小当量应力为

$$\sigma_{equ}^{min} = \sqrt{\left(\frac{K_\sigma}{\varepsilon_\sigma \beta_\sigma}\sigma\right)^2 + 3\left(\frac{K_\tau}{\varepsilon_\tau \beta_\tau}\tau\right)^2}$$

$$= \sqrt{\left(\frac{2.5}{0.81 \times 1} \times 0\right)^2 + 3\left(\frac{2.5}{0.81 \times 1} \times 0\right)^2} = 0(\text{MPa})$$

第4章 机械结构件损伤体与裂纹体的强度、速率和寿命预测计算

因此，当量应力范围值为

$$\Delta\sigma_{equ}=\sigma_{equ}^{max}-\sigma_{equ}^{min}=1086-0=1086(\text{MPa})$$

2) 当量裂纹尺寸和裂纹临界尺寸 a_{2fc} 和 a_{1fc} 计算

当量应力 σ_{equ} 下裂纹尺寸，此时 $a=c'$，按式（1-106）计算如下

$$\begin{aligned}a=c'&=\left(\sigma_{equ}'^{(1-n')/n'}\times\frac{E\times\pi^{1/2\times n'}}{K'^{1/n'}}\right)^{-\frac{2m_1n'}{2n'-m_1}}c_1\\&=\left(1086^{(1-0.13)/0.13}\times\frac{200063\times\pi^{1/2\times0.13}}{2647^{1/0.13}}\right)^{-\frac{2\times9.747\times0.13}{2\times0.13-9.747}}\times1\\&=\left(1086^{6.69}\times\frac{200063\times\pi^{3.846}}{2647^{7.69}}\right)^{0.267}\times1=2.1(\text{mm})\end{aligned}$$

将疲劳载荷下的断裂应力 $\sigma_f'=2974$MPa 代入下式，从而求得断裂应力下的裂纹临界尺寸 a_{2fc}，即

$$\begin{aligned}a_{2fc}&=\left(\sigma_f'^{(1-n')/n'}\times\frac{E\times\pi^{1/2\times n'}}{K'^{1/n'}}\right)^{-\frac{2m_1n'}{2n'-m_1}}c_1\\&=\left(2974^{(1-0.13)/0.13}\times\frac{200063\times\pi^{1/2\times0.13}}{2647^{1/0.13}}\right)^{-\frac{2\times9.747\times0.13}{2\times0.13-9.747}}\times1\\&=\left((2974)^{6.69}\times\frac{200063\times\pi^{3.846}}{2647^{7.69}}\right)^{0.267}\times1=12.66(\text{mm})\end{aligned}$$

同样地，将疲劳载荷下的屈服应力 $\sigma_s'=1280$MPa 代入上式，从而求得屈服应力下的裂纹临界尺寸 $a_{1fc}=2.81$mm。

2. 按 σ-型计算速率和寿命

1) 综合材料常数的计算

按式（4-22），其中 $\alpha=1$，应力比 $R=0$；

$$\begin{aligned}A_{1-equ}&=2\left\{2\left(\frac{K\times a_{2fc}^{(m-2\times n)/2\times m}}{E^n\times\pi^{1/2}}\right)^{\frac{1}{1-n}}\alpha(1-R)\right\}^{-m}\\&=2\left\{2\left(\frac{2468\times12.66^{(9.747-2\times0.13)/2\times9.747}}{200063^{0.13}\times\pi^{0.5}}\right)^{\frac{1}{1-0.13}}\alpha(1-0)\right\}^{-9.747}\\&=7.176\times10^{-37}[(\text{MPa})^m\cdot\text{mm}]\end{aligned}$$

2) 飞机机翼大梁螺纹连接处裂纹速率计算

按式（4-20），对角裂纹处当量尺寸 a_{equ} 为 2.1mm 所对应的速率计算，式

中，裂纹修正系数 $y(a/b) = MM_1/F_{1/2} = 1.03 \times 1.1/0.9852 = 1.15$，计算如下：

$$da/dN = A_{1-equ} \times \left\{ \frac{K_\sigma}{\varepsilon_\sigma \beta} MM_1/F_{1/2} \left(\frac{K a_{equ}^{(m-2\times n)/2\times m}}{E^n \times \pi^{1/2}} \right)^{\frac{1}{1-n}} \right\}^m$$

$$= 7.176 \times 10^{-37} \times \left\{ \left(1.15 \times \frac{2.5}{0.81 \times 1}\right) \left(\frac{2647 \times 2.1^{(9.747-2\times 0.13)/2\times 9.747}}{200063^{0.13} \times \pi^{0.5}} \right)^{\frac{1}{1-0.13}} \right\}^{9.747}$$

$$= 0.066 (\mathrm{mm/cycle})$$

3）飞机机翼大梁螺纹连接处寿命预测计算

按式（4-23），对角裂纹处当量尺寸 a_{equ} 为 2.1mm 所对应的寿命，计算如下：

$$N = \int_0^1 \frac{da}{A_{1-equ} \times \left\{ \frac{K_\sigma}{\varepsilon_\sigma \beta} MM_1/F_{1/2} \left(\frac{K \times a_{equ}^{(m-2\times n)/2\times m}}{E^n \times \pi^{1/2}} \right)^{\frac{1}{1-n}} \right\}^m}$$

$$= 7.176 \times 10^{-37} \times \left\{ \left(1.15 \times \frac{2.5}{0.81 \times 1}\right) \left(\frac{2647 \times 2.1^{(9.747-2\times 0.13)/2\times 9.747}}{200063^{0.13} \times \pi^{0.5}} \right)^{\frac{1}{1-0.13}} \right\}^{9.747}$$

$$= 15 (\mathrm{cycle})$$

按此 σ-型计算寿命，在角裂纹当量尺寸 a_{equ} 为 2.1mm 时，寿命大约只有 15 个循环就发生断裂。

3. K-型速率和寿命计算

1）K-型速率和寿命相关参数计算

（1）速率和寿命计算式中指数 m_2 计算。

按式（2-60）计算 K-型因子指数 m_2，计算如下：

$$m_2 = \frac{m_1 \ln\sigma_s + \ln a_{1fc}}{\ln\sigma_s + 0.5\ln(2E\pi a_{1fc})} = \frac{9.747 \times \ln 1280 + \ln 2.81}{\ln 1280 + 0.5\ln(2\times 200063 \times \pi \times 2.81)} = 4.8164$$

（2）K-型因子型速率和寿命模型综合材料常数的计算。

此类模型，对于此类材料，根号式中的临界尺寸，要取屈服点对应的临界尺寸 $a_{1fc} = 2.81\mathrm{mm}$，其综合材料常数按式（4-26）计算如下：

$$A_2^{equ} = 2[2\sigma'_f \alpha(1-R)\sqrt{\pi a_{fc}}]^{-m'_2} = 2[2\times 2974(1-0) \times \sqrt{\pi \times 2.81}]^{-4.8164}$$

$$= 6.988 \times 10^{-21} (\mathrm{MPa} \cdot \sqrt{\mathrm{mm}})$$

2）飞机机翼大梁螺纹连接处裂纹速率计算

按式（4-24），对于角裂纹当量尺寸 a_{equ} 为 2.1mm 所对应的速率，计算如下：

第4章 机械结构件损伤体与裂纹体的强度、速率和寿命预测计算

$$da/dN = A_2^{equ} \times (\Delta K_{s2}^{equ})^{m_2} = 2(2\sigma_f' \alpha \sqrt{\pi a_{1fc}})^{-m_2} \times \left(\frac{K_\sigma}{\varepsilon_\sigma \beta} MM_1/F_{1/2} \Delta K_{equ}\right)^{4.8164}$$

$$= 6.988 \times 10^{-21} \times \left(1.03 \times \frac{1.1}{0.9852} \times \frac{2.5}{0.81 \times 1} 1086\sqrt{\pi \times 2.1}\right)^{4.8164}$$

$$= 0.1227 (\text{mm/cycle})$$

这种方法计算速率,与上述 σ-型计算比较,在相同当量裂纹尺寸下,只相差 1.85 倍。

3) 飞机机翼大梁螺纹连接处寿命预测计算

按式(4-27),对于角裂纹当量尺寸于 2.1mm 时的对应寿命,计算如下:

$$N_2 = \int_0^1 \frac{da}{A_2^{equ} \times (\Delta K_{s2}^{equ})^{m_2}}$$

$$= \int_0^1 \frac{da}{6.988 \times 10^{-21} \times \left(1.03 \times \frac{1.1}{0.9852} \times \frac{2.5}{0.81 \times 1} 1086\sqrt{\pi \times 2.1}\right)^{4.8164}}$$

$$= 8(\text{cycle})$$

按此 K-型计算寿命,在角裂纹处当量尺寸 a_{equ} 为 2.1mm 时,与 σ-型计算寿命大约 15 个循环比较,也只相差 1.85 倍。

由此可见,这架用材料 30CrMnSiNi2A 制成的飞机大梁在设计强度和寿命上都存在严重不足。

参 考 文 献

[1] 张栋. 导致空难的机翼大梁的疲劳失效分析 [J]. 材料工程, 2003 (增刊): 121-123.

[2] 虞岩贵. 材料与结构损伤的计算理论和方法 [M]. 北京: 国防工业出版社, 2022: 77-152.

[3] YU Y G. Calculations of strengths & lifetime predictions on fatigue-damage of materials & structures [M]. Moscow: TECHNOSPHERA, 2023: 128-144.

[4] Яньгуй Юй. Я Расчеты на усталостъ и разрушение материалов и конструкций без трещин в машиностроении [M]. Москва: ТЕХНОСФЕРА, 2021: 11-45.

[5] YU Y G. Calculations of strengths & lifetime prediction on fatigue-damage of materials & structures [M]. Moscow: TECHNOSPHERA, 2023: 149-166.

[6] YU Y G. Calculations on damages of metallic materials and structures [M]. Moscow: KnoRus, 2019: 1-25, 276-376.

[7] Яньгуй Юй. Расчеты на прочность и прогноз на срок службы о повреждении

механических деталей и материалов [M]. Москва：ТЕХНОСФЕРА, 2021：11-45.
- [8] YU Y G. Calculations on fracture mechanics of materials and structures [M]. New York：Publishing House, 2019：5-25, 285-393.
- [9] 徐灏. 疲劳强度设计 [M]. 北京：机械工业出版社, 1981：21-67.
- [10] 赵少汴, 王忠保. 抗疲劳设计——方法与数据 [M]. 北京：机械工业出版社, 1997：90-109, 469-489.
- [11] YU Y G. Fracture mechanics calculations of combinatory cylinder, advances in fracture research [M]. Houston：Pergamon Press, 1989：4029-4037.
- [12] 赵娥君, 虞岩贵. 活塞杆破坏的疲劳-损伤-断裂的计算和分析 [J]. 机电工程, 2000, 17 (3)：61-64.
- [13] YU Y G. Fracture mechanics calculations on link [C]//Advances in Fracture Research, ICF7, Houston, USA, 1989：4039-4046.
- [14] 机械设计手册编委会. 机械设计手册：第5卷 [M]. 北京：机械工业出版社, 2004：31-57.
- [15] YU Y G, ZHANG W B. Clcalations its fatigue damage fracture and total life under many-stage loading for a crank shaft [J]. Chinese Journal of Mechanical Enginering, 1994, 7 (4)：281-288.
- [16] 虞岩贵. 在循环载荷作用下螺纹连接件疲劳寿命的估算 [J]. 福州大学学报, 1994 (4)：139-143.
- [17] 程靳, 赵树山. 断裂力学 [M]. 北京：科学出版社, 2006：18-22.
- [18] 埃沃尔兹 H L, 汪希尔 R J H. 断裂力学 [M]. 朱永昌, 浦素去, 等译. 北京：北京航空航天大学出版社, 1988：9-13.
- [19] SCHIJVE J. Comparison between empirical and calculate stress intensity factors of hole edge cracks [J]. Engineering Fracture Mechanics, 1985, 22 (1)：49-58.
- [20] 中国航空研究院. 应力强度因子手册 [M]. 北京：科学出版社, 1981：361-365.
- [21] YU Y G, ZHANG W B. Clcalations its fatigue damage fracture and total life under many-stage loading for a crank shaft [J]. Chinese Journal of Mechanical Enginering, 1994, 7 (4)：281-288.
- [22] 吴学仁. 飞机结构金属材料力学性能手册：第1卷 静强度·疲劳/耐久性 [M]. 北京：航空工业出版社, 1996：392-395.

第5章 材料行为综合图与主要数学模型简要理论解释

作者应该首先说明，此材料行为综合图中的曲线包括连续介质材料和非连续介质材料。而本书中所论述的材料和结构以及相应的数学模型都是针对连续介质材料和结构的，其数学模型所对应的曲线是全过程演化的曲线。而实际工程中的材料有连续的，也有不连续的，即先前已存在缺陷（裂纹）。因材料性能和加载方式差异较大，所以材料行为可分两个阶段、三个阶段，甚至有的脆性材料只有一个阶段。关于分阶段再连接的数学模型和计算方法，作者在文献[1-7]中、英文、俄文书中已做了详细的论述。本书着重就工程中常用的连续介质金属材料，提出了四种方法和四种类型模型（σ-型、β-型、γ-型、K-型），就损伤体和裂纹体的强度问题，速率计算、寿命预测计算问题进行了论述和介绍。

为了给读者对材料行为一个全面而系统的概念，形成既有差异，又有联系，能构成整体贯通的概念，因此，在本章中绘制成一幅包括非连续材料在内的材料行为综合图，对损伤和裂纹体行为的阶段性与全过程的变化进行了形象的描述[1-19]，从而使读者在损伤力学和裂纹力学领域取得全面而系统的知识，将其与传统的数学、物理、力学、材料与现代疲劳与断裂力学融为一体的思路和概念，用材料行为综合图，形象地进行总结性梳理和归纳。

5.1 材料行为综合图

材料行为综合图包含什么内容？它有什么作用？简单地说，这是一个材料行为演化过程的原理图，其是沟通材料学科、传统材料力学、现代疲劳-断裂力学学科所涉及各类问题的桥梁，也是材料和结构设计和计算所需用的思路图。

如果材料是均质的、连续的，在外力作用下，对它的强度计算是传统材料力学所描述的范围。

材料在外力作用下，容易出裂纹。裂纹有起点，也有终点；有阶段性，也有全过程；损伤体和裂纹体有强度大小，裂纹演化速率有快有慢，形成长裂纹后的寿命有长有短，这是现代断裂力学所描述的范围。

当材料中因铸造、焊接、工艺加工中存在缺陷，这就属于不连续介质了。这些缺陷有着各种各样的形状，其行为不同于均质连续材料在外力作用下的行为。这种情况下，应力集中更大、更特殊，具有多样性，更易引发裂纹的萌生，萌生裂纹必有起点，要生长，从短裂纹到长裂纹，有转折点，也有终点；既有阶段性，又有全过程；裂纹产生后有强度问题，裂纹传播中有速率和寿命问题，要建立各个阶段和整个全过程的速率和寿命的计算模型，这些问题就是现代断裂力学所描述的范围。

材料有脆性材料，有线弹性材料，有弹塑性材料，它们在各个阶段和整个过程的行为，既存在明显的不同，但也总是存在连接点。这样一来，用来描述它们行为的计算模型和曲线也是有阶段性的计算式和表达方式；但材料行为在演化过程中毕竟是连续的，因而描述它们行为的计算模型和曲线也有连续的计算式和连续的表达方式。

材料在单调载荷作用下，在低周疲劳下，在高周疲劳下，在超高周疲劳下的行为也都有不同；它们有起点，有终点，有阶段性，也有全过程性。上述所有问题，要放在一张图中来表达描述；要表达它们之间的关系，要描述它们之间的相似点与相异点，这就是材料行为综合图所要概括表达的内容。

基于在力学学科以及航天航空、建筑工程、交通运输、石油化工等机械工程领域中存在类似于生命科学中基因原理的观点和思路，构建了材料行为综合图。此图用裂纹变量"a"描述材料行为的演变过程；用各段斜线的斜率，呈现对应于材料性能的常数或方程的指数；用各段直线、曲线的起始点、转折点和曲线的终点表达材料裂纹的门槛值和临界值；用各段直线、曲线和全过程连线的折线与全过程的曲线描绘与它相对应的各个阶段或全过程的方程式；用各阶段的几何图形及其图形中的交点，以直线、曲线、切线形象地解释材料行为的几何含义；用相应的曲线和组合坐标，描述损伤和裂纹扩展速率及寿命问题上关联性，建立起直观的联系和沟通；将各个阶段乃至全过程的裂纹传播速率，同各个阶段乃至全过程寿命之间的关系，用数学上的倒数关系，用正向与反向坐标的关系加以表达；将传统的材料力学同现代断裂力学学科之间关联性、差异性，用不同阶段的分坐标系与全过程的组合坐标系加以描述、概括和说明。使传统的材料力学和现代疲劳、损伤、断裂学科建立沟通；使各学科之间的计算参数、材料常数、计算方程式能分别相对应地建立联系和转换关系。因此，材料行为综合图，是材料行为演化过程的原理图，也是材料和结构设计和计算所用的路线图。

第5章 材料行为综合图与主要数学模型简要理论解释

5.1.1 坐标系的组成及其各区间与学科之间的对应关系

图 5-1 是从 1997 年到 2007 年直至 2017 年曾被多次提出、修改、补充的材料行为综合图[8-26]，这次又做了某些修改和补充。它是用来为材料就裂纹传播的各个阶段及其全过程中的演化行为用图解方式加以描述的一幅由许多点、线、几何图形、坐标系构成的综合图。

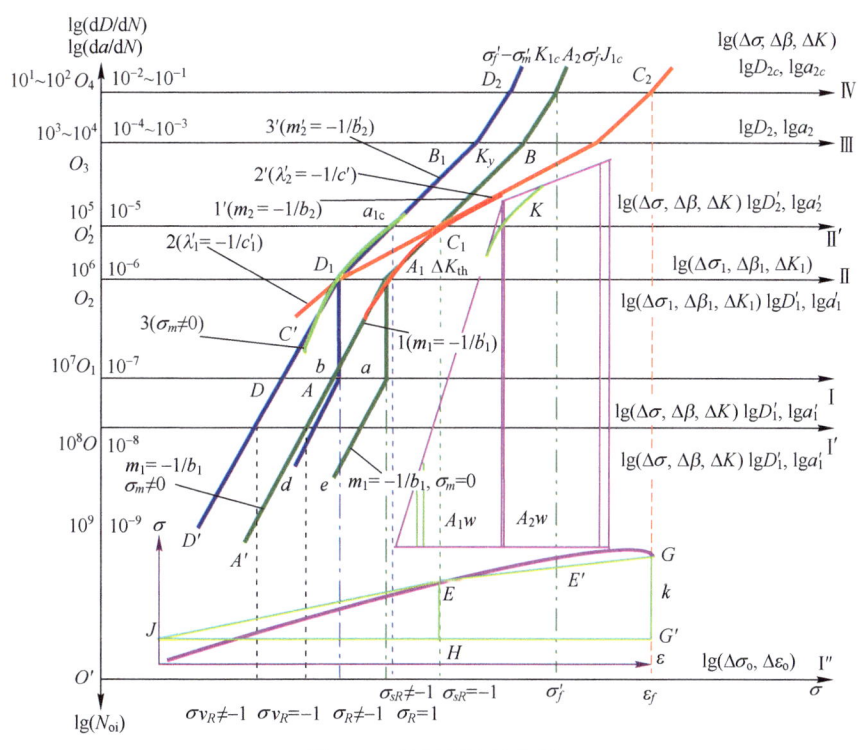

图 5-1 材料行为综合图

整个坐标系由 7 条横坐标轴 $O'I''$、OI'、O_1I、O_2II、$O_2'II'$、O_3III、O_4IV 和一条双向纵坐标轴 $O_1'O_4$ 组成。横坐标轴 $O'I''$ 是 7 条横坐标轴中最初始的一条，这条横轴 $O'I''$ 上有被表达为最初的应力 σ 和应变 ε 的参数；纵坐标轴 $O'O_2$ 也是其他各分段纵坐标轴（$O'O$、$O'O_1$、$O'O_3$ 和 $O'O_4$）中较初始的一条，这条纵轴（$O'O_2$）上的所表达的寿命（N）也是较初始的参数。因此，由横坐标轴 $O'I''$ 与纵坐标 $O'O_2$ 组成的坐标系可被认为是最初始的坐标系，或称其为"基因坐标系"。

横坐标轴 $O'I''$ 与 O_1I 之间的区间，可被认为是连续和均质材料行为演化的区域，是大绿色三角形 $JEE'GG'HJ$ 所在的区域，其坐标系就是被传统材料

215

力学所应用和描述的区域。如今，这个区域也可以作为超高周疲劳载荷下的微观断裂力学理论所应用的区域；横坐标轴 $O'\,\text{I}''$ 和 $O_1\,\text{I}$ 之间的区间，可作为被细微断裂力学所应用和描述的区域；横坐标轴 $O_2\,\text{II}$、$O_2'\,\text{II}'$、$O_3\,\text{III}$、$O_4\,\text{IV}$ 之间的区域，可当作被宏观断裂力学所应用和计算的区域。由于各种各样材料性能的差异，在横坐标轴 $O_2\,\text{II}$ 与 $O_2'\,\text{II}'$ 之间的区域，它们是作为混合应用的区域，按材料性能不同，既可以被细观断裂力学所应用和计算，也可以被宏观断裂力学应用和计算的区间。

5.1.2　横坐标轴上的强度参数与变量、常量的关系

（1）横坐标轴 $O'\,\text{I}''$ 是传统材料力学常用的坐标轴，是用应力参数 σ 与应变参数 ε 作为变量。

（2）横坐标轴 $O\,\text{I}'$ 和 $O_1\,\text{I}$ 是作为现代微观与细观力学应用的坐标轴，它们是用各类微观和细观损伤因子 $\Delta H'$、$\Delta\sigma_1'$、$\Delta\beta_1'$、$\Delta K_1'$ 等和短裂纹应力强度因子 ΔH、$\Delta\sigma_1$、$\Delta\beta_1$、ΔK_1 和应变因子 ΔI 作为变量；也可以用微观或细观损伤值 D_1 与短裂纹尺寸 a_1 作为变量。应该指出，对于横坐标轴 $O_1\text{I}$ 而言，通常被作为像铸铁或低强度钢疲劳强度极限的所在线，在"a"点的位置是平均应力等于 $0(\sigma_m=0)$，并且是对应于疲劳强度极限 σ_{-1} 的位置；"b"点是疲劳强度极限平均应力不等于 $0(\sigma_m\neq 0)$ 的位置。而且这两点也正是某些材料损伤门槛因子 $\Delta K_{\text{th}}'$（门槛值 D_{th}）和裂纹扩展门槛因子 ΔK_{th}（或门槛尺寸 a_{th}）相对应的位置。

（3）横坐标轴 $O_2\,\text{II}$ 是作为细观力学应用的坐标轴，此轴 $O_2\,\text{II}$ 是混合使用的坐标轴，在这条轴上，既可以表达为各类细观损伤因子 $\Delta H_1'$、$\Delta\sigma_1'$、$\Delta\beta_1'$、$\Delta K_1'$ 作为变量与短裂纹应力强度因子 ΔH_1、$\Delta\sigma_1$、$\Delta\beta_1$、ΔK_1 和 ΔI_1 作为变量；也可以用宏观损伤应力因子以及长裂纹应力强度因子作为变量；另外，在这条件轴上，既可以用短裂纹尺寸 a_1 作为变量，也可以用长裂纹尺寸 a_2 作为变量。这条轴上，通常是高强度钢的疲劳强度极限的所在轴线，在"A_1"点是对应于疲劳强度极限 σ_{-1} 的位置；"b"点是疲劳强度极限平均应力不等于 $0(\sigma_m\neq 0)$ 的位置。而且这两点也正是某些材料损伤和裂纹扩展门槛因子 $\Delta K_{\text{th}}'$ 和 ΔK_{th}（或门槛值 D_{th} 和门槛尺寸 a_{th}）相对应的位置。对于横坐标轴 $O_2\,\text{II}$ 而言，它是作为第一阶段短裂纹扩展行为与第二阶段长裂纹扩展行为之间的分界线。

（4）对于横坐标轴 $O_2'\,\text{II}'$ 和 $O_3\,\text{III}$ 来说，是作为宏观损伤力学和断裂力学所使用的坐标轴。这两条坐标轴既可以用宏观损伤应力因子 σ_1'、β_1'、K_1' 长裂纹应力强度因子 σ_1、β_1、K_1，裂尖张开位移 δ_t 作为变量；也可以用宏观损伤值 D_2 和长裂纹长度 a_2 作为变量。对于横坐标轴 $O_2'\,\text{II}'$ 而言，是某些铸铁或低强度

钢的屈服点应力（$\sigma_y=\sigma_s$）的所在线，在 B 点附近有裂纹临界应力强度因子 K_y（K_y'）对应临界尺寸 a_{1c}（D_{1c}'）。对于横坐标轴 $O_3\text{III}$ 而言，是某些高强度钢的屈服点应力 $\sigma_y=\sigma_s$ 的所在线。在 B_1 点（K_y）附近有临界值 a_{1c}（D_{1c}'）。对于某些材料，当它们的应力达到此应力水平时，可能要发生失效了。

（5）横坐标轴 $O_4\text{IV}$ 是所有材料发生断裂的最终临界线。在轴 $O_4\text{IV}$ 上，对于平均应力 $\sigma_m=0$ 时，正是在 A_2 点的位置对应于疲劳强度系数 σ_f'，它也对应于损伤临界因子值 H_{1c}'、σ_{1C}'、β_{1C}'、K_{1C}'（σ_{2fc}'、β_{2fc}'、K_{2fc}'），或损伤临界值 D_{2c}，与裂纹的临界应力强度因子 H_{1c}、σ_{1C}、β_{1C}、K_{1C}（σ_{2fc}、β_{2fc}、K_{2fc}），或裂纹临界尺寸 a_{2c} 相对应。对于平均应力 $\sigma_m\neq 0$ 时，那是在 D_2 点的位置，它是对应于疲劳强度系数 $\sigma_f'-\sigma_m'$（$K_{fc}'-K_m'$）的临界值。也在同一轴上，在临界点 C_2 点位置与材料疲劳延性系数 ε_f'（ε_f）相对应，它也是对应于裂尖张开位移的 δ_c 临界值；此外，在这条轴 $O_4\text{IV}$ 上，还有 J-积分临界值参数 J_{1c}'（J_{1c}）。

5.1.3 纵坐标轴上各区间材料行为演化曲线与各阶段速率、寿命的对应关系

纵坐标轴向上的方向，表示各个阶段及全过程的损伤演化速率 dD/dN 与裂纹扩展速率 da/dN；向下的方向，表示各个阶段寿命 N_{oi}、N_{oj} 及全过程的寿命 ΣN。在纵坐标轴 $O'\text{I}''$、$O\text{I}'$ 和 $O_1\text{I}$ 之间，表示不同材料从无损伤至细观损伤与无裂纹到短裂纹萌生的历程；在 $O_1\text{I}$ 和 $O_2\text{II}$ 之间，表示细观损伤演化成宏观损伤的历程，与短裂纹生长到长裂纹形成的寿命历程 $N_{oi}^{\text{mic-mac}}$。因此，纵坐标轴上 O_2 和 O' 之间的历程，是作为从晶粒尺寸到微裂纹萌生一直到宏观损伤和裂纹（长裂纹）形成的过程（也称第一阶段 N_1）；O_4 和 O_2 之间的历程是作为从宏观损伤演化为断裂失效历程，与裂纹扩展一直到材料断裂的过程 N_2（也称第二阶段 N_2）；在 O_4 和 O' 之间的历程是作为从晶粒尺寸到微裂纹萌生一直到材料断裂的整个寿命过程（也称全过程 ΣN）。

对于损伤与裂纹第一阶段的材料行为，用向上方向的纵坐标轴 $O'O_2$ 与横坐标轴 $O'\text{I}''$、$O\text{I}'$、$O_1\text{I}$ 和 $O_2\text{II}$ 组成的局部坐标系，表达细观损伤演化速率 dD_1/dN_1 同细观应力强度因子范围值 $\Delta H_1'\Delta\sigma_1'$ 之间关系的区域，与短裂纹扩展速率 da_1/dN_1 同短裂纹应力强度因子范围值 ΔH_1 和应变因子范围值 ΔI_1 之间关系的区域。相反，由向下方向的纵坐标轴 O_2O' 与横坐标轴 $O_2\text{II}$、$O_1\text{I}$、$O\text{I}'$ 和 $O'\text{I}''$ 组成的局部坐标系表达第一阶段寿命 N_1 同细观损伤应力因子范围值 $\Delta H_1'$、$\Delta\sigma_1'$、$\Delta\beta_1'$、$\Delta K_1'$，或与短裂纹应力强度因子范围值 ΔH_1、$\Delta\sigma_1$、$\Delta\beta_1$、ΔK_1 和应变因子范围值 ΔI_1 之间的关系。

对于第二阶段的材料行为，用向上方向上的纵坐标轴 O_2O_4 与横坐标轴

O_2Ⅱ、O'_2Ⅱ′、O_3Ⅲ和O_4Ⅳ组成的局部坐标系表达了长裂纹扩展速率 da_2/dN_2 同长裂纹应力强度因子范围值 ΔH_1、$\Delta \sigma_1$、$\Delta \beta_1$、ΔK_1（或 J-积分范围值 ΔJ，或裂尖张开位移范围值 $\Delta \delta_t$）之间的关系。相反，由向下方向上的纵坐标轴 O_4O_2 与横坐标轴 O_4Ⅳ、O_3Ⅲ、O'_2Ⅱ、O_2Ⅱ构成的局部坐标系表达了第二阶段寿命 N_2 同宏观损伤应力因子 $\Delta K'_1$ 等与长裂纹应力强度因子范围值 ΔK_1 或 J 积分范围值 ΔJ，或裂尖张开位移范围 $\Delta \delta_t$ 之间的关系。

对于全过程损伤与裂纹材料行为，用向上的纵坐标轴 $O'O_4$ 与横坐标轴 O'Ⅰ″、O_2Ⅱ、O_4Ⅳ组成的整体坐标系，描述全过程损伤演化 dD/dN 与同全过程损伤应力因子范围 $\Delta \sigma'$、$\Delta \beta'$、ΔK 或损伤值 D 之间的关系，以及裂纹扩展速率 da/dN 与裂纹应力强度因子范围值 ΔH、$\Delta \sigma$、$\Delta \beta$、ΔK、ΔQ（ΔG），或裂纹尺寸 da/dNa 之间的关系。相反，由向下的纵坐标轴 O_4O' 与横坐标轴 O_4Ⅳ、O_2Ⅱ和 O'Ⅰ″组成的全过程坐标系表达整个过程寿命 ΣN 同全过程损伤应力因子范围或损伤值 D 之间的关系，以及同裂纹应力强度因子范围值 ΔH、ΔQ（ΔG），或裂纹尺寸 a 之间的关系。

5.1.4 综合图中相关曲线的几何意义和对应的物理意义

对于横坐标轴 O'Ⅰ″和 O_2Ⅱ之间的轴线 $A'AA_1$（1号线），它是为线弹性材料或者某些弹塑性材料，在高周疲劳下（$\sigma_m = 0$），或在超高周疲劳下（$\sigma_m = 0$）的演化行为进行描述，是用来对第一阶段的速率与应力因子之间的关系 $dD_1/dN_1 - \Delta H''$，$da_1/dN_1 - \Delta H$（$\Delta \sigma_1$、$\Delta \beta_1$、ΔK_1）行为的演化；而这一阶段上所描绘的反向曲线 A_1AA'，是用于对寿命与应力因子 $N_1-\Delta H'_1$（$N_1-\Delta H_1$）之间关系的变化。对于曲线 $D'DD_1$（3号线），它所描述的是在高周疲劳下（$\sigma_m \neq 0$），或在超高周疲劳（$\sigma_m \neq 0$）加载下的演化行为，也是用于对这一阶段上的速率与应力因子之间的关系 $dD_1/dN_1 - \Delta H'\Delta \sigma'_1$、$\Delta \beta'_1$、$\Delta K'_1$，以及 $da_1/dN_1 - \Delta H\Delta \sigma_1$、$\Delta \beta_1$、$\Delta K_1$ 等的演化行为；而对这一阶段上的反向曲线 D_1DD'，是用于对寿命与应力因子 $N_1-\Delta H_1$ 等（$N_1-\Delta H'_1$ 等）之间的关系进行计算。对于横坐标轴 O_1Ⅰ和 O_2Ⅱ之间的轴线 $C'C_1$（2号线），它是被用于对弹塑性材料，或者某些塑性材料在低周疲劳加载下的演化行为进行了描述，也是用于对第一阶段上的速率与应变因子之间的关系 $da_1/dN_1 - \Delta I$ 等（$dD_1/dN_1 - \Delta I'$ 等）进行计算；对这一阶段上反向曲线 C_1C'，它也是用于对寿命与应变因子 $N_1-\Delta I_1$ 等（$N_1-\Delta I'_1$ 等）之间关系的描绘。

对于横坐标轴 O_2Ⅱ与 O_4Ⅳ之间的轴线 A_1BA_2（1′），它是用于描述裂纹第二阶段扩展行为的曲线；正向曲线既显示了它在高周疲劳加载下（$\sigma_m = 0$）的演化行为，是对第二阶段裂纹扩展速率 dD_2/dN_2（da_2/dN_2）与参量 $\Delta \sigma'_2$、$\Delta K'_2$、

第5章 材料行为综合图与主要数学模型简要理论解释

$\Delta J'$等（$\Delta \sigma'_2$、ΔK、ΔJ等）之间关系的描述；反向曲线A_2BA_1是对N_2-$\Delta K'$、$\Delta J'$(N_2-ΔK、ΔJ)关系的描述。而对于曲线$D_1B_1D_2(3')$，正向显示了在高周疲劳加载下($\sigma_m \neq 0$)的演化行为，也是用于dD_2/dN_2（da_2/dN_2）与参量ΔK、ΔJ等之间关系的描述，即da_2/dN_2-ΔK、ΔJ（dD_2/dN_2-$\Delta K'$、$\Delta J'$）等关系的描述；反向曲线$D_2B_1D_1$是被用于对N_2-ΔK、ΔJ（N_2-$\Delta K'$、$\Delta J'$）关系的计算。此外，对于曲线$C'C_2$来说，其正向（2'）显示了低周疲劳加载下的演化行为，是用于dD_2/dN_2（da_2/dN_2）与参量$\Delta \delta$等之间关系的描绘，即da_2/dN_2-$\Delta \delta_t$(dD_2/dN_2-$\Delta \delta'_t$)；反向曲线C_2C'，是被用于对寿命与裂尖张开位移N_2-$\Delta \delta_t$(N_2-$\Delta \delta'_t$)关系的描绘。

补充说明，对于横坐标轴$O'I''$和O_1I之间的曲线$A'A$，ea（$\sigma_m = 0$）与曲线$D'D$，db($\sigma_m \neq 0$)，那些曲线是作为对超高周疲劳载荷下的描述。应该说明，由于各种各样材料在行为上的差异，横坐标轴O_2II、O'_2II'、O_3III之间的曲线，有时既可能是属于第一阶段，有时也可能是属于第二阶段。

对于全过程而言，横坐标轴O_1I和O_4IV之间的曲线$AA_1BA_2(1-1')$，是作为全过程裂纹扩展在对称和高周疲劳加载下损伤演化与裂纹扩展速率行为的描述；反向曲线是对全过程寿命与损伤和裂纹尺寸之间关系的描述。曲线$DD_1D_2(3-3')$是在非对称和高周疲劳加载下全过程损伤与裂纹扩展速率行为的描述；曲线$C'C_1C_2(2-2')$既是全过程损伤和裂纹扩展是在低周疲劳加载下全过程裂纹扩展速率行为的描述。相反，反向曲线A_2BA_1A是对高周疲劳和对称循环加载下全过程寿命与损伤值或裂纹尺寸之间关系的描述；曲线$D_2B_1D_1D$是对高周疲劳和非对称循环加载下全过程寿命与损伤量或裂纹尺寸之间关系的描述；曲线C_2C_1C'是低周疲劳全过程寿命与损伤值或裂纹尺寸之间关系的描述。另外，对于$O'I''$和O_4IV全过程曲线而言，正向曲线$A'AA_1BA_2$和eaA_1BA_2是对超高周疲劳加载下（$\sigma_m = 0$，$da/dN < 10^{-7}$）全过程损伤（裂纹）扩展速率的描述；而曲线$D'DD_1C_1A_2$和dbD_1D_2是对超高周疲劳加载下（$\sigma_m \neq 0$，$da/dN < 10^{-7}$）全过程损伤（裂纹）扩展速率的描述。相反，曲线A_2BA_1A'和A_2BA_1ae是对超高周疲劳加载下（$\sigma_m = 0$，$N > 10^7$）全过程寿命的描述；而曲线$D_2B_1D_1DD'$和$D_2B_1D_1bd$是对超高周疲劳($\sigma_m \neq 0$, $N > 10^7$)加载下全过程寿命的描述。

这张综合图中各个阶段上都有一个微梯形和三角形，它是用图解法说明各个阶段上数学模型中相关参数的几何意义和物理意义；图中还有一个大型的三角形以及三角中所包含的两个微梯形，它们也是解释全过程数学模型中某些参数的物理意义和几何意义。

对综合图5-1做了上述描述和说明之后可以概略地看出，损伤与裂纹力学中的许多可计算的参数和材料常数 π、E、K、n、σ_f、b，它们都是基于应力(σ，σ_s，σ_f)与应变(ε，ε_s)等参数作为"基因参数"。从综合图中可以概略地了解材料行为在演化过程中在各阶段上其行为之间的关系，参数之间的关系、曲线之间的关系，以及材料行为在全过程演变中整体上的一些概念。因此，材料行为综合图，也许可以作为材料学科描述材料行为基本知识的一个补充。在某种意义上说，它给出了材料在不同载荷作用下研究计算一个新的思路图，是连接和沟通传统材料力学、材料科学与现代疲劳、损伤力学、裂纹力学之间关系的一座桥梁。

5.2 主要数学模型简要理论解释

下面就各类主要数学模型、参数、曲线间的关系及其简要理论解释提供一个归纳性的表格。

由于材料在不同阶段裂纹行为表现不同，在几何上描绘其曲线，三角形、梯形、微梯形在不同阶段上也不同。但是，对于金属材料而言，人们研究它们的行为最重要的是两个主题：材料的强度问题和寿命预测（包括速率）问题。为此，围绕着这两大主题编制了如下汇总表[1-7]。

为了整理、归纳主要方程、参数与综合图对应曲线之间的相互关系，这里设计了如下两类表格：表5-1、表5-2部分是在连续材料损伤体和裂纹体在载荷加载下，用σ-型数学模型作为典型，对其强度计算进行简要归纳；而在表5-3、表5-4、表5-5部分对其速率、寿命问题的计算进行简要归纳。在所有表格中，对主要计算式、主要参数与材料常数，对应的曲线，都简要地给出了物理和几何意义上的理论解释。为了减少篇幅，其他β-型、γ-型与K-型，读者可以举一反三，自行思考和理解。目的是使读者阅读全书后形成一个整体的系统的概念。

5.2.1 σ-型数学模型损伤体和裂纹体的强度计算

表5-1 单轴加载下损伤体和裂纹体的强度计算

主要数学模型		
学 科	损 伤	裂 纹
门槛值或门槛尺寸计算	$D_{th}=\left(\dfrac{1}{\pi^{0.5}}\right)^{\frac{1}{0.5+b_1}}$(damage-unit)	$a_{th}=\left(\dfrac{1}{\pi^{0.5}}\right)^{\frac{1}{0.5+b_1}}c_1$(mm)

第5章 材料行为综合图与主要数学模型简要理论解释

续表

主要数学模型		
学　科	损　伤	裂　纹
损伤值或裂纹尺寸计算	$D_i = \left(\sigma_i^{(1-n')/n'} \times \dfrac{E \times \pi^{1/2n}}{K'^{1/n}} \right)^{\frac{2bn'}{b(2bn'+1)}}$（损伤单位）	$a_i = \left(\sigma^{(1-n)/n} \times \dfrac{E \times \pi^{1/2 \times n}}{K^{1/n}} \right)^{-\frac{2m \times n}{2n-m}} c_1 (\text{mm})$
物理和几何意义	D_i 是某一应力作用下，导致材料损伤量大小的程度	a_i 某一应力作用下，导致裂纹生长长短的程度
弹性模量	$E = \left(\dfrac{K \times D_i^{(m-2n)/2m}}{D_i^{1-n} \times \pi^{1/2}} \right)^{\frac{1}{n}} (\text{MPa})$	$E = \left(\dfrac{K \times a_i^{(m-2n)/2m}}{\sigma_i^{1-n} \times \pi^{1/2}} \right)^{\frac{1}{n}} (\text{MPa})$
意义	物理上是在弹性行为演化阶段的变化率	几何上是弹性阶段的斜率
强度系数	$K = \dfrac{\sigma_i^{1-n} E^n \times \pi^{1/2}}{D_i^{(2nb+1)/2}} (\text{MPa})$	$K = \dfrac{\sigma_i^{1-n} E^n \times \pi^{1/2}}{a_i^{(2nb+1)/2}} (\text{MPa})$
意义	物理上是在塑性行为演化阶段的变化率	几何上是塑性阶段的斜率
强度计算准则	$\sigma_{\mathrm{I}} = \left(\dfrac{K \times D_i^{(2nb+1)/2}}{E^n \times \pi^{1/2}} \right)^{\frac{1}{1-n}} \leq [\sigma_{\mathrm{I}}]$ $= \dfrac{\sigma_{\mathrm{IC}}}{n_1 \text{ 或 } n_2} (\text{MPa} \cdot \text{damage-unit})$	$\sigma_{\mathrm{I}} = \left(\dfrac{K \times a_i^{(2nb+1)/2}}{E^n \times \pi^{1/2}} \right)^{\frac{1}{1-n}} c_1 \leq [\sigma_{\mathrm{I}}]$ $= \dfrac{\sigma_{\mathrm{IC}}}{n_1 \text{ 或 } n_2} (\text{MPa} \cdot \text{mm})$
物理和几何意义	σ_{I} 物理上是做功导致损伤或裂纹扩展的驱动力，几何上是图 5-1 中三角形（△JEH）中部分面积；σ_{IC} 是做功达到失效时的临界能量值；几何上是三角形（△JGG'）的总面积	

说明：单轴疲劳加载下的损伤体和裂纹体的强度计算与单轴静载荷下的强度计算模型在形式上是相似的，只是其中某些参数的符号不同（如应力幅 σ_a 与应力 σ）。只要将反复加载下的应力范围的 $1/2\Delta\sigma/2 = \sigma_a$，视为静载荷下应力 σ，从而求得损伤值或裂纹尺寸，用此方法的计算结果是等效的。因此单轴疲劳加载下的强度计算表格，不再重复。

表 5-2　复杂应力下损伤体和裂纹体的强度计算

主要数学模型		
学　科	损　伤	裂　纹
（1）第一强度理论基点	主应力关系：$\sigma_1 > \sigma_2 > \sigma_3$；$\sigma_1 = \sigma_{\max} = \sigma_{\mathrm{equ}}$	

续表

主要数学模型		
学　科	损　伤	裂　纹
第一强度理论准则	$\sigma'_{1\text{-equ}} = \left(\dfrac{K \times D_{\text{equ}}^{(2nb+1)/2}}{E^n \times \pi^{1/2}} \right)^{\frac{1}{1-n}} \leqslant [\sigma'_1]$ $= \dfrac{\sigma'_{\text{IC}}}{n_1 \text{或} n_2}(\text{MPa} \cdot \text{damage-unit})$	$\sigma_{1\text{-equ}} = \left(\dfrac{K \times a_{\text{equ}}^{(2nb+1)/2}}{E^n \times \pi^{1/2}} \right)^{\frac{1}{1-n}}$ $\leqslant [\sigma_1] = \dfrac{\sigma_{\text{IC}}}{n_1 \text{或} n_2}(\text{MPa} \cdot \text{mm})$
当量损伤值或裂纹尺寸计算	$D_{\text{equ}} = \left(\sigma_{\text{equ}}^{(1-n')/n'} \times \dfrac{E \times \pi^{1/2n}}{K'^{1/n}} \right)^{\frac{2bn'}{b(2bn'+1)}}$（损伤单位）	$a_{\text{equ}} = \left(\sigma^{(1-n)/n} \times \dfrac{E \times \pi^{1/2 \times n}}{K^{1/n}} \right)^{\frac{2mn}{2n-m}} \times c_1(\text{mm})$
物理和几何意义	$\sigma'_{1\text{-equ}}$是复杂应力下所做的功，是损伤或裂纹扩展的推动力；σ'_{IC}是临界应力强度因子，它是材料抵抗外力作用等效于达到临界应力σ'_s时所释放出的总能量。几何上相当于图5-1中三角形（△JEH）或三角形（△JGG'）的总面积	
(2) 第二强度理论基点	$\sigma_{2\text{-equ}} = \tau = \sigma_1 - \mu(\sigma_2 + \sigma_3) = (0.7 \sim 0.8)\sigma_1 \leqslant [\sigma] = \sigma_s/n$	
第二强度理论准则	$\sigma'_{2\text{-equ}} = (0.7 \sim 0.8)$ $\times \left(\dfrac{K \times D_{1\text{-equ}}^{(m-2\times n)/2\times m}}{E^n \times \pi^{1/2}} \right)^{\frac{1}{1-n}} \leqslant [\sigma_{1\text{-equ}}]$ $= (0.7 \sim 0.8) \times \dfrac{\sigma_{\text{IC}}}{n}(\text{MPa})$	$\sigma'_{2\text{-equ}} = (0.7 \sim 0.8)$ $\times \left(\dfrac{K \times a_{1\text{-equ}}^{(m-2\times n)/2\times m}}{E^n \times \pi^{1/2}} \right)^{\frac{1}{1-n}} \leqslant [\sigma_{1\text{-equ}}]$ $= (0.7 \sim 0.8) \times \dfrac{\sigma_{\text{IC}}}{n}(\text{MPa} \cdot \text{mm})$
物理和几何意义	$\sigma'_{2\text{-equ}}$是复杂应力下所做的功，是损伤或裂纹扩展的推动力；σ'_{IC}是临界应力强度因子，它是材料抵抗外力作用等效于达到临界应力σ'_s时所释放出的总能量。几何上相当于图5-1中三角形（△JEH）或三角形（△JGG'）的总面积	
(3) 第三强度理论基点	$\sigma_{3\text{-equ}} = \sigma_1 - \sigma_3 \leqslant [\sigma] = \sigma_s/n$；在纯剪切条件下 $\tau \leqslant [\sigma]/2 = [\tau]$	
第三强度理论准则	$\sigma'_{3\text{-equ}} = 0.5 \times \left(\dfrac{K \times D_{\text{equ}}^{(2nb+1)/2}}{E^n \times \pi^{1/2}} \right)^{\frac{1}{1-n}}$ $\leqslant [\sigma'_3] = 0.5 \dfrac{\sigma'_{\text{IC}}}{n}$	$\sigma_{3\text{-equ}} = 0.5 \times \left(\dfrac{K \times a_{\text{equ}}^{(2nb+1)/2}}{E^n \times \pi^{1/2}} \right)^{\frac{1}{1-n}} \times c_1$ $\leqslant [\sigma_3] = 0.5 \dfrac{\sigma_{\text{IC}}}{n}(\text{MPa} \cdot \text{mm})$
物理和几何意义	$\sigma'_{3\text{-equ}}$是复杂应力下所做的功，是损伤或裂纹扩展的推动力；σ'_{IC}是临界应力强度因子，它是材料抵抗外力作用等效于达到临界应力σ'_s时所释放出的总能量。几何上相当于图5-1中三角形（△JEH）或三角形（△JGG'）的总面积	
(4) 第四强度理论基点	认为形状改变可能是引起材料流动产生损伤或裂纹而导致断裂的主要原因	
第四强度理论准则	$\sigma'_{4\text{-equ}} = \dfrac{\sigma'_{1\text{-equ}}}{\sqrt{3}} \leqslant [\sigma] = \dfrac{\sigma_{1\text{C}}}{n\sqrt{3}}$	$\sigma_{4\text{-equ}} = \dfrac{\sigma_{1\text{-equ}}}{\sqrt{3}} \leqslant [\sigma] = \dfrac{\sigma_{1\text{C}}}{n\sqrt{3}}$
物理和几何意义	$\sigma'_{4\text{-equ}}$是复杂应力下所做的功，是损伤或裂纹扩展的推动力；σ'_{IC}是临界应力强度因子，它是材料抵抗外力作用等效于达到临界应力σ'_s时所释放出的总能量。几何上相当于图5-1中三角形（△JEH）或三角形（△JGG'）的总面积	

说明：多轴疲劳加载下的损伤体和裂纹体的强度计算与复杂应力下的强度计算模型在形式上是相似的，只是其中某些参数的符号不同（如应力幅 σ_a 与应力 σ），只要将反复加载下的应力范围的 $1/2\Delta\sigma/2=\sigma_a$，视为静载荷下应力 σ，从而求得损伤值或裂纹尺寸，用此方法的计算结果是等效的。因此多轴疲劳加载下的强度计算表格，不再重复。

5.2.2 σ-型数学模型损伤体和裂纹体的速率和寿命预测计算

表 5-3 单轴疲劳下损伤体和裂纹体的速率计算

主要数学模型		
学　　科	损　　伤	裂　　纹
速率计算	形式 1 $dD/dN = A'_\sigma (2(\sigma'_I)^{\frac{1}{1-n}})^m$ （damage-unit/cycle） 形式 2 $dD/dN = \varpi'_\sigma [2(\varpi')]^m$ （damage-unit/cycle） 注：形式 1 和形式 2 计算结果一致	形式 1 $da/dN = A_\sigma (2(\sigma_I)^{\frac{1}{1-n}})^m$ （mm/cycle） 形式 2 $da/dN = \varpi_\sigma [2(\varpi)]^m$（mm/cycle） 注：形式 1 和形式 2 计算结果一致
计算结果数据特点	形式 1 和形式 2 计算结果一致；而且损伤体速率同裂纹速率数据一致但单位不同	形式 1 和形式 2 计算结果一致；而且裂纹速率同损伤速率数据一致但单位不同
算式对应于图 5-1 的曲线	棕红色的 $C'C_1C_2$；绿色的 $A'A_1BA_2(\sigma_m=0)$；蓝色的 $D'D_1B_1D_2(\sigma_m\neq 0)$	
综合材料常数 A'_σ 和 A_σ；ϖ'_σ 和 ϖ_σ 的计算	$R=-1, \sigma_m=0$ $A'_\sigma = 2\left\{2\left(\dfrac{KD_{fc}^{(m-2\times n)/2\times m}}{E^n\times\pi^{1/2}}\right)^{\frac{1}{1-n}}\alpha\right\}^{-m}$ $\varpi'_\sigma = 2\{2\times\alpha(D_{fc}^{(m-2\times n)/2\times m})^{\frac{1}{1-n}}\}^{-m}$ [$(MPa)^m \cdot$ damage-unit)] $R\neq -1, \sigma_m\neq 0$ $A'_\sigma = 2\left\{2\left(\dfrac{KD_{fc}^{(m-2\times n)/2\times m}}{E^n\times\pi^{1/2}}\right)^{\frac{1}{1-n}}(1-R)\right\}^{-m}$ $\varpi'_\sigma = 2\{2\times(a_{fc}^{(m-2\times n)/2\times m})^{\frac{1}{1-n}}\times(1-R)\}^{-m}$ （MPa·mm）	$R=-1, \sigma_m=0$ $A_\sigma = 2\left\{2\left(\dfrac{Ka_{fc}^{(m-2\times n)/2\times m}}{E^n\times\pi^{1/2}}\right)^{\frac{1}{1-n}}\alpha\right\}^{-m}$ [$(MPa)^m \cdot mm$] $\varpi_\sigma = 2\{2\alpha(a_{fc}^{(m-2\times n)/2\times m})^{\frac{1}{1-n}}\}^{-m}$ [$(MPa)^m \cdot mm$] $R\neq -1, \sigma_m\neq 0$ $A_\sigma = 2\left\{2\left(\dfrac{Ka_{fc}^{(m-2\times n)/2\times m}}{E^n\times\pi^{1/2}}\right)^{\frac{1}{1-n}}(1-R)\right\}^{-m}$ $\varpi_\sigma = 2\{2\times(a_{fc}^{(m-2\times n)/2\times m})^{\frac{1}{1-n}}\times(1-R)\}^{-m}$ （MPa·mm）
A'_σ 和 A_σ、ϖ'_σ 和 ϖ_σ 的物理和几何意义	A'_σ、A_σ 和 ϖ'_σ、ϖ_σ 的物理意义是材料失效前在一个循环中释放出的最大能量，是最大功率的概念；其几何意义是综合图 5-1 中最大微梯形面积值	

表 5-4 多轴疲劳下损伤体和裂纹体的速率计算

主要数学模型		
学　科	损　伤	裂　纹
(1) 第一强度理论基点	主应力关系：$\sigma_1 > \sigma_2 > \sigma_3$；$\sigma_1 = \sigma_{max} = \sigma_{equ}$	
第一强度理论速率计算	$dD/dN = A'_{1-equ} \times [2(\sigma'_{1-equ})^{\frac{1}{1-n}}]^m$ (damage-unit/cycle)	$da/dN = A_{1-equ} \times [2(\sigma_{1-equ})^{\frac{1}{1-n}}]^m$ mm/cycle
计算式特点	损伤现裂纹速率计算结果数据一致，只是单位不同	
当量综合材料常 A'_{1-equ}	$A'_{1-equ} = 2\left\{2\left(\dfrac{KD_{fc}^{(m-2\times n)/2\times m}}{E^n \times \pi^{1/2}}\right)^{\frac{1}{1-n}}\right\}^{-m}$ (MPa·damage-unit)	$A_{1-equ} = 2\left\{2\left(\dfrac{Ka_{fc}^{(m-2\times n)/2\times m}}{E^n \times \pi^{1/2}}\right)^{\frac{1}{1-n}}\right\}^{-m}$ (MPa·mm)
A'_{1-equ} A_{1-equ} 物理和几何意义	A'_{1-equ} 和 A_{1-equ} 的物理意义是材料失效前在一个循环中释放出的最大能量，是最大功率的概念；其几何意义是综合图 5-1 中最大微梯形面积值。 注：A'_{1-equ} 和 A_{1-equ} 单位不同，但计算结果一致	
当量损伤应力因子 σ'_{1-equ} 当量裂纹应力因子 σ'_{1-equ}	$\sigma'_{1-equ} = \left(\dfrac{KD_{1-equ}^{(m-2\times n)/2\times m}}{E^n \times \pi^{1/2}}\right)^{\frac{1}{1-n}}$ (MPa·damage-unit)	$\sigma_{1-equ} = \left(\dfrac{Ka_{1-equ}^{(m-2\times n)/2\times m}}{E^n \times \pi^{1/2}}\right)^{\frac{1}{1-n}}$ (MPa·mm)
物理和几何意义	σ'_{1-equ} 和 σ_{1-equ} 是复杂应力下所做的功，是损伤或裂纹扩展的推动力；几何上相当于图 5-1 中三角形（△JEH）面积	
(2) 第二强度理论基点	$\sigma_{2-equ} = \tau = \sigma_1 - \mu(\sigma_2 + \sigma_3) = (0.7 \sim 0.8)\sigma_1 \leqslant [\sigma] = \sigma_s/n$	
第二强度理论速率	$dD/dN = A'_{2-equ} \times$ $\left\{2(0.7 \sim 0.8) \times \left(\dfrac{KD_i^{(m-2\times n)/2\times m}}{E^n \times \pi^{1/2}}\right)^{\frac{1}{1-n}}\right\}^m$ (damage-unit/cycle) $D_i = D_{equ}$	$da/dN = A_{2-equ} \times$ $\left\{2(0.7 \sim 0.8) \times \left(\dfrac{Ka_i^{(m-2\times n)/2\times m}}{E^n \times \pi^{1/2}}\right)^{\frac{1}{1-n}}\right\}^m$ (mm/cycle) $a_i = a_{equ}$
A'_{2-equ}，A_{2-equ} 物理和几何意义	A'_{2-equ}、A_{2-equ} 的物理意义是材料失效前在一个循环中释放出的最大能量，是最大功率的概念；其几何意义是综合图 5-1 中最大微梯形面积值。 注：A'_{2-equ}、A_{2-equ} 单位不同，但计算结果一致	
(3) 第三强度理论基点	$\sigma_{3-equ} = \sigma_1 - \sigma_3 \leqslant [\sigma] = \sigma_s/n$；在纯剪切条件下 $\tau \leqslant [\sigma]/2 = [\tau]$	
第三强度理论速率	$dD/dN = A'_{3-equ} \times$ $\left\{\left(\dfrac{KD_i^{(m-2\times n)/2\times m}}{E^n \times \pi^{1/2}}\right)^{\frac{1}{1-n}}\right\}^m$ (damage-unit/cycle) $D_i = D_{equ}$	$da/dN = A_{3-equ} \times$ $\left\{\left(\dfrac{Ka_i^{(m-2\times n)/2\times m}}{E^n \times \pi^{1/2}}\right)^{\frac{1}{1-n}}\right\}^m$ (mm/cycle) $a_i = a_{equ}$

第5章 材料行为综合图与主要数学模型简要理论解释

续表

学 科	主要数学模型	
	损 伤	裂 纹
A'_{3-equ}、A_{3-equ}物理和几何意义	A'_{3-equ}、A_{3-equ}的物理意义是材料失效前在一个循环中释放出的最大能量，是最大功率的概念；其几何意义是综合图5-1中最大微梯形面积值。 注：A'_{3-equ}、A_{3-equ}单位不同，但计算结果一致	
（4）第四强度理论基点	认为形状改变比能是引起材料流动产生损伤或裂纹而导致断裂的主要原因	
第四强度理论速率	$dD/dN = A'_{4-equ}$ $\times \left\{ \dfrac{2}{\sqrt{3}} \left(\dfrac{KD_i^{(m-2\times n)/2\times m}}{E^n \times \pi^{1/2}} \right)^{\frac{1}{1-n}} \right\}^m$ （damage-unit/cycle）	$da/dN = A_{4-equ}$ $\times \left\{ \dfrac{2}{\sqrt{3}} \left(\dfrac{Ka_i^{(m-2\times n)/2\times m}}{E^n \times \pi^{1/2}} \right)^{\frac{1}{1-n}} \right\}^m$ （mm/cycle）
A'_{4-equ}、A_{4-equ}物理和几何意义	A'_{4-equ}、A_{4-equ}的物理意义是材料失效前在一个循环中释放出的最大能量，是最大功率的概念；其几何意义是综合图5-1中最大微梯形面积值。 注：A'_{4-equ}、A_{4-equ}单位不同，但计算结果一致	

表5-5 多轴疲劳下损伤体和裂纹体的寿命计算

学 科	主要数学模型	
	损 伤	裂 纹
（1）第一强度理论基点	主应力关系：$\sigma_1 > \sigma_2 > \sigma_3$；$\sigma_1 = \sigma_{max} = \sigma_{equ}$	
第一强度理论寿命计算	形式1 $N = \displaystyle\int_0^1 \dfrac{dD}{A'_{1-equ} \times \left(2 \left(\dfrac{KD'^{(m-2\times n)/2\times m}_{1-equ}}{E^n \times \pi^{1/2}} \right)^{\frac{1}{1-n}} \right)^m}$ （cycle） 形式2 $N = \displaystyle\int_{D_{th}}^{D_{fc}} \dfrac{dD}{A'_{1-equ} \times \left(2 \left(\dfrac{KD^{(m-2\times n)/2\times m}_{1-equ}}{E^n \times \pi^{1/2}} \right)^{\frac{1}{1-n}} \right)^m}$ （cycle）	形式1 $N = \displaystyle\int_0^1 \dfrac{da}{A_{1-equ} \times \left(2 \left(\dfrac{Ka^{(m-2\times n)/2\times m}_{1-equ}}{E^n \times \pi^{1/2}} \right)^{\frac{1}{1-n}} \right)^m}$ （cycle） 形式2 $N = \displaystyle\int_{a_{th}}^{a_{fc}} \dfrac{da}{A_{1-equ} \times \left(2 \left(\dfrac{Ka^{(m-2\times n)/2\times m}_{1-equ}}{E^n \times \pi^{1/2}} \right)^{\frac{1}{1-n}} \right)^m}$ （cycle）
计算式特点	损伤体与裂纹体寿命计算结果数据一致，单位相同。形式1计算寿命数值的倒数正是对应的速率值；形式2计算寿命比形式1长很多，取决于安全系数的取值	
算式与图5-1曲线的关系	与图5-1棕红色的C_2C_1C'，绿色的A_2BA_1A'（$\sigma_m=0$），蓝色的$D_2B_1D_1D'$（$\sigma_m \neq 0$）相对应	

续表

学　科	主要数学模型	
	损　伤	裂　纹
当量综合材料常数 A'_{1-equ} 和 A_{1-equ} 的计算	$R=-1, \sigma_m=0$ $A'_{1-equ}=2\left\{2\left(\dfrac{KD_{fc}^{(m-2\times n)/2\times m}}{E^n\times\pi^{1/2}}\right)^{\frac{1}{1-n}}\alpha\right\}^{-m}$ $R\neq-1, \sigma_m\neq 0$ $A'_{1-equ}=2\left\{2\left(\dfrac{KD_{fc}^{(m-2\times n)/2\times m}}{E^n\times\pi^{1/2}}\right)^{\frac{1}{1-n}}(1-R)\right\}^{-m}$	$R=-1, \sigma_m=0$ $A_{1-equ}=2\left\{2\left(\dfrac{Ka_{fc}^{(m-2\times n)/2\times m}}{E^n\times\pi^{1/2}}\right)^{\frac{1}{1-n}}\alpha\right\}^{-m}$ $[(MPa)^m \cdot mm]$ $R\neq-1, \sigma_m\neq 0$ $A_{1-equ}=2\left\{2\left(\dfrac{Ka_{fc}^{(m-2\times n)/2\times m}}{E^n\times\pi^{1/2}}\right)^{\frac{1}{1-n}}(1-R)\right\}^{-m}$
A'_{1-equ} 和 A_{1-equ} 的物理和几何意义	A'_{1-equ} 和 A_{1-equ} 的物理意义是材料失效前在一个循环中释放出的最大能量，是最大功率的概念；其几何意义是综合图 5-1 中最大微梯形面积值。 注：A'_{1-equ} 和 A_{1-equ} 单位不同，但计算结果数值一致	
（2）第二强度理论基点	$\sigma_{2-equ}=\tau=\sigma_1-\mu(\sigma_2+\sigma_3)=(0.7\sim 0.8)\sigma_1\leqslant[\sigma]=\sigma_s/n$	
第二强度理论寿命计算	形式 1 $N=\int_0^1\dfrac{dD}{A'_{2-equ}}\times\int_0^1\dfrac{1}{\left(2(0.7\sim 0.8)\left(\dfrac{KD'^{(m-2\times n)/2\times m}_{1-equ}}{E^n\times\pi^{1/2}}\right)^{\frac{1}{1-n}}\right)^m}$ (cycle) 形式 2 $N=\int_{D_{th}}^{D_{fc}}\dfrac{dD}{A'_{2-equ}}\times\dfrac{1}{\left(2(0.7\sim 0.8)\left(\dfrac{KD'^{(m-2\times n)/2\times m}_{1-equ}}{E^n\times\pi^{1/2}}\right)^{\frac{1}{1-n}}\right)^m}$ (cycle)	形式 1 $N=\int_0^1\dfrac{da}{A_{2-equ}}\times\int_0^1\dfrac{1}{\left(2(0.7\sim 0.8)\left(\dfrac{Ka_{1-equ}^{(m-2\times n)/2\times m}}{E^n\times\pi^{1/2}}\right)^{\frac{1}{1-n}}\right)^m}$ (cycle) 形式 2 $N=\int_{a_{th}}^{a_{fc}}\dfrac{da}{A_{2-equ}}\times\dfrac{1}{\left(2(0.7\sim 0.8)\left(\dfrac{Ka_{1-equ}^{(m-2\times n)/2\times m}}{E^n\times\pi^{1/2}}\right)^{\frac{1}{1-n}}\right)^m}$ (cycle)
计算式特点	损伤体与裂纹体寿命计算结果数据一致，单位相同。形式 1 取计算寿命数值的倒数正是对应的速率值；形式 2 计算寿命比形式 1 长很多，取决于安全系数的值	
算式与图 5-1 曲线的关系	与图 5-1 棕红色的 C_2C_1C'，绿色的 $A_2BA_1A'(\sigma_m=0)$，蓝色的 $D_2B_1D_1D'(\sigma_m\neq 0)$ 相对应	

第5章 材料行为综合图与主要数学模型简要理论解释

续表

主要数学模型		
学　科	损　伤	裂　纹
当量综合材料常数 $A'_{2\text{-equ}}$ 和 $A_{2\text{-equ}}$ 的计算	$R=-1$, $\sigma_m=0$ $A'_{2\text{-equ}}$ $=2\left\{2(0.7\sim0.8)\left(\dfrac{KD_{\text{fc}}^{(m-2\times n)/2\times m}}{E^n\times\pi^{1/2}}\right)^{\frac{1}{1-n}}\right\}^{-m}$ $R\neq-1$, $\sigma_m\neq0$ $A'_{2\text{-equ}}$ $=2\left\{2(0.7\sim0.8)\left(\dfrac{KD_{\text{fc}}^{(m-2\times n)/2\times m}}{E^n\times\pi^{1/2}}\right)^{\frac{1}{1-n}}(1-R)\right\}^{-m}$	$R=-1$, $\sigma_m=0$ $A_{2\text{-equ}}$ $=2\left\{2(0.7\sim0.8)\left(\dfrac{Ka_{\text{fc}}^{(m-2\times n)/2\times m}}{E^n\times\pi^{1/2}}\right)^{\frac{1}{1-n}}\right\}^{-m}$ $[(\text{MPa})^m\cdot\text{mm}]$ $R\neq-1$, $\sigma_m\neq0$ $A_{2\text{-equ}}$ $=2\left\{2(0.7\sim0.8)\left(\dfrac{Ka_{\text{fc}}^{(m-2\times n)/2\times m}}{E^n\times\pi^{1/2}}\right)^{\frac{1}{1-n}}(1-R)\right\}^{-m}$
$A'_{2\text{-equ}}$ 和 $A_{2\text{-equ}}$ 的物理和几何意义	$A'_{2\text{-equ}}$ 和 $A_{2\text{-equ}}$ 的物理意义是材料失效前在一个循环中释放出的最大能量，是最大功率的概念；其几何意义是综合图 5-1 中粉红色的最大微梯形面积值。 注：$A'_{2\text{-equ}}$ 和 $A_{2\text{-equ}}$ 单位不同，但计算结果数值一致	
（3）第三强度理论基点	主应力 σ_1 和 σ_3 对强度和寿命影响是主要的原因	
第三强度理论寿命计算	形式 1 $N=\int_0^1\dfrac{\text{d}D}{A'_{3\text{-equ}}}\times$ $\int_0^1\dfrac{1}{\left(\left(\dfrac{KD_{1\text{-equ}}^{\prime(m-2\times n)/2\times m}}{E^n\times\pi^{1/2}}\right)^{\frac{1}{1-n}}\right)^m}$ （cycle） 形式 2 $N=\int_{D_{\text{th}}}^{D_{\text{fc}}}\dfrac{\text{d}D}{A'_{3\text{-equ}}}\times$ $\dfrac{1}{\left(\left(\dfrac{KD_{1\text{-equ}}^{\prime(m-2\times n)/2\times m}}{E^n\times\pi^{1/2}}\right)^{\frac{1}{1-n}}\right)^m}$ （cycle）	形式 1 $N=\int_0^1\dfrac{\text{d}a}{A_{3\text{-equ}}}\times$ $\int_0^1\dfrac{1}{\left(\left(\dfrac{Ka_{1\text{-equ}}^{(m-2\times n)/2\times m}}{E^n\times\pi^{1/2}}\right)^{\frac{1}{1-n}}\right)^m}$ （cycle） 形式 2 $N=\int_{a_{\text{th}}}^{a_{\text{fc}}}\dfrac{\text{d}a}{A_{3\text{-equ}}}\times$ $\dfrac{1}{\left(\left(\dfrac{Ka_{1\text{-equ}}^{(m-2\times n)/2\times m}}{E^n\times\pi^{1/2}}\right)^{\frac{1}{1-n}}\right)^m}$ （cycle）
计算式特点	损伤体与裂纹体寿命计算结果数据一致，单位相同。形式 1 计算寿命数值的倒数正是对应的速率值；形式 2 计算寿命比形式 1 长很多，取决于安全系数的取值	
算式与图 5-1 曲线之关系	与图 5-1 棕红色的 C_2C_1C'，绿色的 A_2BA_1A' ($\sigma_m=0$)，蓝色的 $D_2B_1D_1D'$ ($\sigma_m\neq0$) 相对应	

续表

学　科	主要数学模型	
	损　伤	裂　纹
当量综合材料常数 A'_{3-equ} 和 A_{3-equ} 的计算	$R=-1,\ \sigma_m=0$ $A'_{3-equ}=2\left\{\left(\dfrac{KD_{fc}^{(m-2\times n)/2\times m}}{E^n\times\pi^{1/2}}\right)^{\frac{1}{1-n}}\right\}^{-m}$ $R\neq-1,\ \sigma_m\neq 0$ $A'_{3-equ}=2\left\{\left(\dfrac{KD_{fc}^{(m-2\times n)/2\times m}}{E^n\times\pi^{1/2}}\right)^{\frac{1}{1-n}}(1-R)\right\}^{-m}$	$R=-1,\ \sigma_m=0$ $A_{3-equ}=2\left\{\left(\dfrac{Ka_{fc}^{(m-2\times n)/2\times m}}{E^n\times\pi^{1/2}}\right)^{\frac{1}{1-n}}\right\}^{-m}$ $[(\text{MPa})^m\cdot\text{mm}]$ $R\neq-1,\ \sigma_m\neq 0$ $A_{3-equ}=2\left\{\left(\dfrac{Ka_{fc}^{(m-2\times n)/2\times m}}{E^n\times\pi^{1/2}}\right)^{\frac{1}{1-n}}(1-R)\right\}^{-m}$
A'_{3-equ} 和 A_{3-equ} 的物理和几何意义	A'_{3-equ} 和 A_{3-equ} 的物理意义是材料失效前在一个循环中释放出的最大能量，是最大功率的概念；其几何意义是综合图 5-1 中最大微梯形面积值。 注：A'_{3-equ} 和 A_{3-equ} 单位不同，但计算结果数值一致	
（4）第四强度理论基点	认为形状改变比能引起材料流动是对强度和寿命影响的主要原因	
第四强度理论寿命计算	形式 1 $N=\int_0^1\dfrac{dD}{A'_{4-equ}}\times$ $\int_0^1\dfrac{1}{\left(\dfrac{2}{\sqrt{3}}\left(\dfrac{KD'^{(m-2\times n)/2\times m}_{1-equ}}{E^n\times\pi^{1/2}}\right)^{\frac{1}{1-n}}\right)^m}$ （cycle） 形式 2 $N=\int_{D_{th}}^{D_{fc}}\dfrac{dD}{A'_{4-equ}}\times$ $\dfrac{1}{\left(\dfrac{2}{\sqrt{3}}\left(\dfrac{KD'^{(m-2\times n)/2\times m}_{1-equ}}{E^n\times\pi^{1/2}}\right)^{\frac{1}{1-n}}\right)^m}$ （cycle）	形式 1 $N=\int_0^1\dfrac{da}{A_{4-equ}}\times$ $\int_0^1\dfrac{1}{\left(\dfrac{2}{\sqrt{3}}\left(\dfrac{Ka^{(m-2\times n)/2\times m}_{1-equ}}{E^n\times\pi^{1/2}}\right)^{\frac{1}{1-n}}\right)^m}$ （cycle） 形式 2 $N=\int_{a_{th}}^{a_{fc}}\dfrac{da}{A'_{4-equ}}\times$ $\dfrac{1}{\left(\dfrac{2}{\sqrt{3}}\left(\dfrac{Ka^{(m-2\times n)/2\times m}_{1-equ}}{E^n\times\pi^{1/2}}\right)^{\frac{1}{1-n}}\right)^m}$ （cycle）
计算式特点	损伤体与裂纹体寿命计算结果数据一致，单位相同。形式 1 计算寿命数值的倒数正是对应的速率值；形式 2 计算寿命比形式 1 长很多，取决于安全系数的取值	
算式与图 5-1 曲线之关系	与图 5-1 棕红色的 C_2C_1C'，绿色的 A_2BA_1A'（$\sigma_m=0$），蓝色的 $D_2B_1D_1D'$（$\sigma_m\neq 0$）相对应	

续表

学 科	主要数学模型	
	损 伤	裂 纹
当量综合材料常数 A'_{4-equ} 和 A_{4-equ} 的计算	$R=-1, \sigma_m=0$ $A'_{4-equ}=2\left\{\dfrac{2}{\sqrt{3}}\left(\dfrac{KD_{fc}^{(m-2\times n)/2m}}{E^n\times\pi^{1/2}}\right)^{\frac{1}{1-n}}\right\}^{-m}$ $R\neq-1, \sigma_m\neq 0$ $A'_{4-equ}=2\left\{\dfrac{2}{\sqrt{3}}\left(\dfrac{KD_{fc}^{(m-2\times n)/2m}}{E^n\times\pi^{1/2}}\right)^{\frac{1}{1-n}}(1-R)\right\}^{-m}$	$R=-1, \sigma_m=0$ $A_{4-equ}=2\left\{\dfrac{2}{\sqrt{3}}\left(\dfrac{Ka_{fc}^{(m-2\times n)/2m}}{E^n\times\pi^{1/2}}\right)^{\frac{1}{1-n}}\right\}^{-m}$ [(MPa)$^m\cdot$mm] $R\neq-1, \sigma_m\neq 0$ $A_{4-equ}=2\left\{\dfrac{2}{\sqrt{3}}\left(\dfrac{Ka_{fc}^{(m-2\times n)/2m}}{E^n\times\pi^{1/2}}\right)^{\frac{1}{1-n}}(1-R)\right\}^{-m}$
A'_{4-equ} 和 A_{4-equ} 的物理和几何意义	A'_{4-equ} 和 A_{4-equ} 的物理意义是材料失效前在一个循环中释放出的最大能量，是最大功率的概念；其几何意义是综合图5-1中最大微梯形面积值。A'_{4-equ} 和 A_{4-equ} 单位不同，但计算结果数值一致	

参 考 文 献

[1] 虞岩贵. 材料与结构损伤的计算理论和方法 [M]. 北京：国防工业出版社，2022：300-306.

[2] YU Y G. Calculations of strengths & lifetime predictions on fatigue-damage of materials & structures [M]. Moscow：TECHNOSPHERA，2023：300-305.

[3] Яньгуй Юй. Расчеты на Усталость и Разрушение Материалов и Конструкций без Трещин в Машиностроении [M]. Мозсош：ТЕХНОСФЕРА，2021：198-204.

[4] YU Y G. Calculations of strengths & lifetime prediction on fatigue-damage of materials & structures [M]. Moscow：TECHNOSPHERA，2023：378-384.

[5] YU Y G. Calculations on damages of metallic materials and structures [M]. Moscow：KnoRus，2019：1-25，396-405.

[6] Яньгуй Юй. Расчеты на прочность и прогноз на срок службы о повреждении механических деталей и материалов [M]. Мозсош：ТЕХНОСФЕРА，2021：202-209.

[7] YU Y G. Calculations on fracture mechanics of materials and structures [M]. Moscow：KnoRus，2019：10-25，421-431.

[8] YU Y G. Describing of mechanical behaviours in whole process on damage to elastic-plastic materials [C]//13th international conference on the mechanical behaviours of materials (ICM13)，melbourne，Australia，2019：5-14.

[9] YU Y G. Calculations on damage ing strength in whole process to elastic-plastic materials——the genetic elements and clone technology in mechanics and engineering fields [J]. American Journal of Science and Technology，2016，3（6）：162-173.

[10] YU Y G. Two kinds of calculation methods in whole process and a best new comprehensive figure of metallic material behaviors [J]. Journal of Mechanics Engineering and Automation, 2018 (8): 179-188.

[11] YU Y G. Calculations on damage ing strength in whole process to elastic-plastic materials——the genetic elements and clone technology in mechanics and engineering fields [J]. American Journal of Science and Technology, 2016, 3 (6): 162-173.

[12] YU Y G. The calculations of crack propagation life in whole process realized with conventional material constants [J]. AASCIT Engineering and Technology, 2015, 2 (3): 146-158.

[13] YU Y G. The life predicting calculations in whole process realized with two kinks of methods by means of conventional materials constants under low cycle fatigue loading [J]. Journal of Multidisciplinary Engineering Science and Technology (JMEST), 2014, 1 (5): 3159-0040.

[14] YU Y G, LI Z H, BI B X. To accomplish integrity calculations of structures and materials with calculation program in whole evolving process on fatigue-damage-fracture [C]//Engineering Structural Integrity: Research, Development and Application, Proceedings of the UK Forum for Engineering Structural Integrity's Ninth International Conference on Engineering Structural Integrity Assessment, 2007, 180-183.

[15] YU Y G. Studies and applications of three kinds of calculation methods by describing damage evolving behaviors for elastic-plastic materials [J]. Chinese Journal of Aeronautics, 2006, 19 (1): 52-58.

[16] YU Y G. Fatigue damage calculated by the ratio-method to materials and its machine parts [J]. Chinese Journal of Aeronautics (English Edition), 2003, 16 (3): 157-161.

[17] YU Y G. Several kinds of calculation methods on the damage growth rates for elastic-plastic steels [C]//13th International Conference on fracture (ICF13), Beijing, 2013.

[18] YU Y G, MA Y H. The calculation in whole process rate realized with two of type variable under symmetrical cycle for elastic-plastic materials behavior [C]// 19th European Conference on Fracture Kazan, Russia, 2012.

[19] YU Y G, XU F. Studies and applications of calculation methods on small damage growth behaviors for elastic-plastic materials [J]. Chinese Journal of Mechanical Engineering, 2007, 43 (12): 240-245.

[20] YU Y G, LIU X, ZHANG C S, et al. Fatigue damage calculated by ratio-method metallic material with small damage under un-symmetric cyclic loading [J]. Chinese Journal of Mechanical Engineering, 2006, 19 (2): 312-315.

[21] YU Y G. Fatigue damage of materials with small crack calculated by the ratio method under cyclic, macro-, meso-, micro-and nano-mechanics of materials [C]. Trans Tech Publications, 2005: 80-86.

[22] YU Y G, ZHAO E J. Calculations to damage evolving life under symmetric cyclic loading [C]//FATIGUE'99, Proceedings of the Seventh International Fatigue Congress, Beijing, 1999: 1137.

[23] YU Y G. Correlations between the damage evolving law and the basquin's law under low-cycle fatigue of components [C]//Proceeding of the Asian–Pacific Conference on Aerospace Technology and Science. International Academic Publishers. Sponsored and organized by Beijing University of Aeronautics and Astronautics, 1994: 178-181.

[24] YU Y G. Correlations between the damage evolving law and the manson-coffin's law under high-cycle fatigue of components [C]//Proceeding of the Asian-Pacific Conference on Aerospace Technology and Science. International Academic Publishers. Sponsored and organized by Beijing University of Aeronautics and Astronautics, 1994: 182-188.

[25] YU Y G, JIANG X L, CHEN J Y, et al, The fatigue damage calculated with method of the multiplication$\Delta \varepsilon_e \Delta \varepsilon_p$ [C]//Fatigue 2002, Proceedings of the Eighth International fatigue Congress, 2002: 2815-2822.

[26] YU Y G. The Calculations to its damage process for a component under cyclic load [C]// Acta Mechanica Solida Sinica FEFG'94, Proceeding of International Symposium on fracture and Strength of Solids. Wuhan: Published by Huazhong University of Science and Technology (HUST), 1994: 277-281.

术语和符号

静力参数符号：

σ_b——强度极限（MPa）

σ_s——屈服极限（MPa）

E——弹性模量（MPa）

K——单调载载荷下强度系数（MPa）

n——单调载载荷下应变硬化指数（%）；强度和寿命计算中的安全系数（无量纲）

σ_f——单调载载荷下强度系数（MPa）

$b = b_1$——单调载载荷下强度指数（%）

ε_f——单调载载荷下延性系数（%）

c——单调载载荷下延性指数（%）

低周疲劳参数符号：

σ'_s——疲劳载荷下屈服应力（MPa）

K'——低周疲劳载荷下循环强度系数（MPa）

n'——低周疲劳载荷下应变硬化指数（%）；强度和寿命计算中的安全系数（无量纲）

σ'_f——低周疲劳载荷下断裂应力（等效于强度系数）（MPa）

b'——低周疲劳载荷下强度指数（%）

ε'_f——低周疲劳载荷下延性系数（%）

c'——低周疲劳载荷下延性指数（%）

$\lambda' = -1/c'$——低周疲劳载荷下全过程损伤或裂纹扩展算式指数

损伤和裂纹计模型参数符号：

材料性能符号重要问题说明：

1. 符号 σ_s 和 σ'_s 是材料屈服应力（屈服极限）。

σ_s 是在单调（静）载荷下的材料屈服应力；

σ'_s 是在疲劳载荷下的材料屈服应力，但是 $\sigma'_s \neq \sigma_s$。

2. 符号 σ_f 和 σ_f' 是强度系数。

σ_f 是在单调载荷下的强度系数；

σ_f' 是在疲劳载荷下的强度系数，但是 $\sigma_f' \neq \sigma_f$。

3. 符号 b 和 m 是材料强度指数，$m = -1/b$。

所有的 $m_1 = m$，$m' = m$；$b_1 = b$，$b' = b$。

b 和 m 是在单调（静）载荷下的强度指数；

b' 和 m' 是在疲劳载荷下的强度指数。

但是 $m_2 \neq m$，m_2 是第二阶段损伤扩展方程的指数，文中已有具体计算式。

4. 符号 ε_f 和 ε_f' 是延性系数。

ε_f 是在单调载荷下的延性系数；

ε_f' 是在疲劳载荷下的延性系数，但是 $\varepsilon_f' \neq \varepsilon_f$。

5. 符号 c 和 λ 是材料延性指数，$\lambda = -1/c$。

所有的 $c_1 = c$，$c' = c$；$\lambda_1 = \lambda$，$\lambda_2 = \lambda$，$\lambda' = \lambda$。

c 和 λ 是在单调（静）载荷下的延性指数；

c' 和 λ' 是在疲劳载荷下的延性指数。

6. 符号 K 和 K' 是强度系数。

K 是在单调载荷下的强度系数；

K' 是在疲劳载荷下的强度系数，但是 $K' \neq K$。

7. 符号 n 和 n' 是应变硬化指数。

n 是在单调载荷下的应变硬化指数；

n' 是在疲劳载荷下的应变硬化指数，但是 $n' \neq n$。

8. 符号 E 是弹性模量，通常在单调载荷下与在疲劳载荷下基本上是一样的。

损伤值与裂纹尺寸关系的定义：

1 个损伤单位（1-damage-unit）等效于 1mm 裂纹长。

c_1——将无量纲值转换为裂纹尺寸的转换系数，$c_1 = 1$mm。

D_0 a_0——初始损伤值或初始微裂纹尺寸，用材料平均晶粒大小作为微裂纹初始长度，如 0.02mm、0.04mm。

D_{01} a_{01}——初始实际微观损伤值或短裂纹尺寸，如 0.05~0.29mm。

D_{1c} a_{1c}——静载荷下对应于屈服应力（σ_s）的损伤临界值（damage-unit）或裂纹临界尺寸（mm）。

D_{2c} a_{2c}——静载荷下对应于断裂应力（σ_f）的损伤临界值（damage-unit）或裂纹临界尺寸（mm）。

D_{1fc}, a_{1fc}——疲劳载荷下对应于屈服应力（σ'_s）的损伤临界值（damage-unit）或裂纹临界尺寸（mm）。

D_{2fc}, a_{2fc}——疲劳载荷下对应于断裂应力（σ'_f）的损伤临界值（damage-unit）或裂纹临界尺寸（mm），$D_{2fc}=D_{fc}$ $a_{2fc}=a_{fc}$。

$D=D_i$ $a=a_i$——全过程损伤变量（damage-unit）或裂纹变量（mm）。

D_{th}, a_{th}——门槛损伤值（damage-unit）或裂纹门槛尺寸（mm）。

D_{equ}, a_{equ}由二向、三向或拉、扭、剪复杂应力计算出来的当量损伤值（damage-unit）或当量裂纹尺寸（mm）。

说明：$D_{1-equ}=D_{equ}$，$a_{1-equ}=a_{equ}$。

φ——同裂纹形状和尺寸有关的修正系数（无量纲）。

$dD/dN, da/dN$——全过程损伤扩展速率（damage-unit/cycle）或裂纹扩展速率（mm/cycle）。

N——损伤体或裂纹体全过程寿命（cycle）。

$m=-1/b$——全过程损伤（裂纹）扩展速率（寿命）计算式指数（无量纲）。

m_1——从微观至细观损伤（<0.3mm）或短裂纹扩展速率（或寿命计算式指数（无量纲）。

m_2——宏观损伤或长裂纹之后的（>0.3mm）扩展速率（或寿命）计算式指数（无量纲）。

$y(a/b)$——结构件宏观损伤（长裂纹），与损伤体或裂纹体尺寸和形状有关的修正系数（无量纲）。

M, M_1——结构件孔边裂纹修正系数（无量纲）。

$F_{1/2}$——将角裂纹转换为穿透裂纹的计算式（无量纲）。

复杂应力和多轴疲劳状态下计算模型（计算式）参数符号：

$\sigma'_{equ}, \sigma_{equ}$——由二向、三向或拉、扭、剪复杂应力计算出来的当量应力（MPa）。

$\sigma'_{1-equ}, \sigma_{1-equ}$——基于第一强度理论的当量损伤应力因子（MPa）或当量裂纹应力因子（MPa·mm）。

说明：σ'_{1-equ} 等效于 σ_{equ}；σ_{1-equ} 等效于 σ_{equ}。

$\sigma'_{2-equ}, \sigma_{2-equ}$——基于第二强度理论的当量损伤应力因子（MPa）或当量裂纹应力因子（MPa·mm）。

$\sigma'_{3-equ}, \sigma_{3-equ}$——基于第三强度理论的当量损伤应力因子（MPa）或当量裂纹应力因子（MPa·mm）。

$\sigma'_{4\text{-equ}}, \sigma_{4\text{-equ}}$——基于第四强度理论的当量损伤应力因子（MPa）或当量裂纹应力因子（MPa·mm）。

四类数学模型（计算式）中计算参数符号：

方法 1：σ-型数学模型（计算式）中计算参数符号

σ'_1, σ_1——单调或疲劳载荷下 σ-损伤（裂纹）应力强度因子（MPa·damage-unit），MPa·mm。或裂纹应力强度因子

$\sigma'_{IC}, \sigma_{IC}$——单调载荷下临界损伤应力强度因子（MPa·damage-unit）或临界裂纹应力强度因子，MPa·mm。

$\sigma'_{fIC}, \sigma_{fIC}$——疲劳载荷下临界损伤应力强度因子（MPa·damage-unit）或临界裂纹应力强度因子，MPa·mm。

σ'_1, σ_1——单轴疲劳载荷下（形式1）损伤（裂纹）速率或寿命计算中应力强度因子（MPa·damage-unit），MPa·mm。

A'_σ, A_σ——单轴疲劳载荷损伤（裂纹）速率或寿命计算中材料综合性能常数（形式1）。

ϖ', ϖ——疲劳加载下（形式2）损伤（裂纹）速率或寿命计算中应力因子。

$\varpi'_\sigma, \varpi_\sigma$——疲劳加载下（形式2）损伤（裂纹）速率或寿命计算中材料综合常数。

$A_{1\text{-equ}}, A_{1\text{-equ}}$——基于第一强度理论的多轴疲劳载荷损伤（裂纹）速率或寿命计算中材料综合性能常数。

$A_{2\text{-equ}}, A_{2\text{-equ}}$——基于第二强度理论的多轴疲劳载荷损伤（裂纹）速率或寿命计算中材料综合性能常数。

$A_{3\text{-equ}}, A_{3\text{-equ}}$——基于第三强度理论的多轴疲劳载荷损伤（裂纹）速率或寿命计算中材料综合性能常数。

$A_{4\text{-equ}}, A_{4\text{-equ}}$——基于第四强度理论的多轴疲劳载荷损伤（裂纹）速率或寿命计算中材料综合性能常数。

方法 2：β-型数学模型（计算式）中计算参数符号

β'_1, β'_1——疲劳载荷下（形式1）损伤（裂纹）速率或寿命计算中应力因子（MPa·damage-unit），MPa·mm。

$\beta'_\sigma, \beta_\sigma$——疲劳载荷损伤（裂纹）速率或寿命计算中材料综合性能常数（形式A）。

ϖ', ϖ——疲劳加载下（形式B）损伤（裂纹）速率或寿命计算中应力

因子。

$\varpi'_\sigma, \varpi_\sigma$——疲劳加载下（形式B）损伤（裂纹）速率或寿命计算中材料综合常数。

$\beta'_{1-equ}, \beta_{1-equ}$——基于第一强度理论的当量损伤应力因子（MPa）或当量裂纹应力因子（MPa·mm）。

$\beta'_{2-equ}, \beta_{2-equ}$——基于第二强度理论的当量损伤应力因子（MPa）或当量裂纹应力因子（MPa·mm）。

$\beta'_{3-equ}, \beta_{3-equ}$——基于第三强度理论的当量损伤应力因子（MPa）或当量裂纹应力因子（MPa·mm）。

$\beta'_{4-equ}, \beta_{4-equ}$——基于第四强度理论的当量损伤应力因子（MPa）或当量裂纹应力因子（MPa·mm）。

$\beta'_{\sigma 1-equ}, \beta_{\sigma 1-equ}$——基于第一强度理论的多轴疲劳载荷损伤（裂纹）速率或寿命计算中材料综合性能常数。

$\beta'_{\sigma 2-equ}, \beta_{\sigma 2-equ}$——基于第二强度理论的多轴疲劳载荷损伤（裂纹）速率或寿命计算中材料综合性能常数。

$\beta'_{\sigma 3-equ}, \beta_{\sigma 3-equ}$——基于第三强度理论的多轴疲劳载荷损伤（裂纹）速率或寿命计算中材料综合性能常数。

$\beta'_{\sigma 4-equ}, \beta_{\sigma 4-equ}$——基于第四强度理论的多轴疲劳载荷损伤（裂纹）速率或寿命计算中材料综合性能常数。

方法3：γ-型数学模型（计算式）计算参数符号

γ', γ——疲劳载荷下损伤（裂纹）速率或寿命计算中应力因子（MPa·damage-unit），MPa·mm。

J'_σ, J_σ——疲劳载荷损伤（裂纹）速率或寿命计算中材料综合性能常数。

$\gamma'_{1-equ}, \gamma_{1-equ}$——基于第一强度理论的当量损伤应力因子（MPa）或当量裂纹应力因子（MPa·mm）。

$\gamma'_{2-equ}, \gamma_{2-equ}$——基于第二强度理论的当量损伤应力因子（MPa）或当量裂纹应力因子（MPa·mm）。

$\gamma'_{3-equ}, \gamma_{3-equ}$——基于第三强度理论的当量损伤应力因子（MPa）或当量裂纹应力因子（MPa·mm）。

$\gamma'_{4-equ}, \gamma_{4-equ}$——基于第四强度理论的当量损伤应力因子（MPa）或当量裂纹应力因子（MPa·mm）。

J'_{1-equ}, J_{1-equ}——基于第一强度理论的多轴疲劳载荷损伤（裂纹）速率或寿命计算中材料综合性能常数。

J'_{2-equ}, J_{2-equ}——基于第二强度理论的多轴疲劳载荷损伤(裂纹)速率或寿命计算中材料综合性能常数。

J'_{3-equ}, J_{3-equ}——基于第三强度理论的多轴疲劳载荷损伤(裂纹)速率或寿命计算中材料综合性能常数。

J'_{4-equ}, J_{4-equ}——基于第四强度理论的多轴疲劳载荷损伤(裂纹)速率或寿命计算中材料综合性能常数。

方法4：K-型数学模型（计算式）计算参数符号

K', K——疲劳载荷下损伤(裂纹)速率或寿命计算中应力因子(MPa·damage-unit)，MPa·mm。

K'_{1-equ}, K_{1-equ}——基于第一强度理论的当量损伤应力因子(MPa)或当量裂纹应力因子(MPa·mm)。

K'_{2-equ}, K_{2-equ}——基于第二强度理论的当量损伤应力因子(MPa)或当量裂纹应力因子(MPa·mm)。

K'_{3-equ}, K_{3-equ}——基于第三强度理论的当量损伤应力因子(MPa)或当量裂纹应力因子(MPa·mm)。

K'_{4-equ}, K_{4-equ}——基于第四强度理论的当量损伤应力因子(MPa)或当量裂纹应力因子(MPa·mm)。

A'_{1-equ}, A_{1-equ}——基于第一强度理论多轴疲劳载荷损伤(裂纹)速率或寿命计算中材料综合性能常数。

A'_{2-equ}, A_{2-equ}——基于第二强度理论多轴疲劳载荷损伤(裂纹)速率或寿命计算中材料综合性能常数。

A'_{3-equ}, A_{3-equ}——基于第三强度理论多轴疲劳载荷损伤(裂纹)速率或寿命计算中材料综合性能常数。

A'_{4-equ}, A_{4-equ}——基于第四强度理论多轴疲劳载荷损伤(裂纹)速率或寿命计算中材料综合性能常数。